高职高专“十一五”规划教材

液压与气压传动

李建蓉　徐长寿　主编
陶亦亦　主审

化学工业出版社
·北京·

本书内容包括液压传动控制基础、液压基本回路、气压传动控制基础、气动基本回路、典型气液电控制系统、液压与气压控制系统设计。从应用的角度出发，综合液压与气压传动技术，结合电器控制技术，贯彻理论结合实际的原则，注重培养分析问题和解决问题的能力，内容精练，基本观点清楚，重点突出。书中元件的图形符号和原理图均采用国家最新图形符号标准绘制，并在章节后附有丰富的例题、习题及其答案。

本书是高等职业院校机械类专业的教材，同时适合工程专科、职工大学、业余大学的机械类专业，并可供有关工程技术人员参考。

图书在版编目（CIP）数据

液压与气压传动/李建蓉，徐长寿主编．—北京：化学工业出版社，2007（2019.8 重印）
高职高专“十一五”规划教材
ISBN 978-7-5025-9784-9

Ⅰ．液…　Ⅱ．①李…②徐…　Ⅲ．①液压传动-高等学校：技术学院-教材②气压传动-高等学校：技术学院-教材　Ⅳ．TH13

中国版本图书馆 CIP 数据核字（2007）第 007103 号

责任编辑：高　钰　　　　文字编辑：李玉峰
责任校对：顾淑云　　　　装帧设计：尹琳琳

出版发行：化学工业出版社（北京市东城区青年湖南街 13 号　邮政编码 100011）
印　　装：大厂聚鑫印刷有限责任公司
787mm×1092mm　1/16　印张 13　字数 336 千字　　2019 年 8 月北京第 1 版第 7 次印刷

购书咨询：010-64518888　　　　售后服务：010-64518899
网　　址：http://www.cip.com.cn
凡购买本书，如有缺损质量问题，本社销售中心负责调换。

定　　价：38.00 元　

前　言

液压与气压传动技术随着社会的发展、科学技术的进步有了很大的发展，在机械工程、汽车工程、物流工程、采矿工程、冶金工程等领域有了很好的应用。为了进一步推动液压与气压传动技术的普及和发展，同时为适应高职高专院校机械和机电类专业的教学改革需要，编者根据高等职业技术教育为生产第一线培养应用型专业技术人才的基本要求编写了本书。

编写本书的指导思想是：从应用的角度综合液压与气压传动技术；以成熟的实用技术为出发点，结合电气控制技术，贯彻理论联系实际的原则，注重培养分析问题和解决问题的能力。本书叙述简明，内容深入浅出，通俗易懂，图文并茂，例题、习题丰富并有习题答案和附录，便于教与学，内容精练，基本观点清楚，重点突出，力图满足教师与学生的需要。书中元件的图形符号和原理图均采用国家最新图形符号标准绘制。

本书是高等职业院校机械类专业的教材，同时适合工程专科、职工大学、业余大学的机械类专业，并可供有关工程技术人员参考。

本书由李建蓉、徐长寿主编，陶亦亦主审。本书第一章由李建蓉、潘丽敏编写，第二章至第六章由徐长寿、潘丽敏编写，各章例题、习题及相关答案由李建蓉编写。全书由潘丽敏、徐长寿统稿。

本书经陶亦亦副教授认真、仔细审阅，并对全书提出许多有益的建议，在此表示衷心感谢。

由于编者水平有限，且编写时间紧迫，书中不当之处谨希望读者不吝指正。

编　者
2006 年 10 月

目　录

1　液压传动控制基础

1.1　液压传动的工作原理

1.1.1　液压传动系统

1.1.1.1　液压传动工作原理

液压传动是以液体压力进行能量传递和自动控制的一种传动方式。现以图 1.1 所示液压千斤顶来说明液压传动的工作原理。在图中，大、小两液压缸 9 和 2 内分别装有活塞 10 和 3，活塞与缸体之间具有良好的配合关系，不仅活塞能在缸体内滑动，而且配合面之间又能实现可靠的密封。当上提杠杆 1 时，小活塞 3 向上移动，使活塞下腔密封容积增大而形成局部真空。这时油箱 7 中的油液在大气压力作用下，顶开单向阀 5 进入小液压缸的下腔，完成一次吸油动作。当用力 F 压下杠杆 1 时，小活塞 3 下移，小液压缸下腔密封容积减小，油液受到挤压作用而使压力升高，这时单向阀 5 关闭，单向阀 4 则被打开，油液进入大液压缸，推动大活塞 10 向上移动，顶起重 G 的物体。如此反复提、压杠杆 1，便可使重物不断提高，达到起重的目的。若将截止阀 8 打开，活塞可在重力作用下实现回程。这就是液压千斤顶的工作原理。由此可知，液压传动是以密封容积中受压液体作为工作介质来传递运动和动力的一种传动。它先将机械能转换为油液的压力能，再由压力能转为机械能做功。

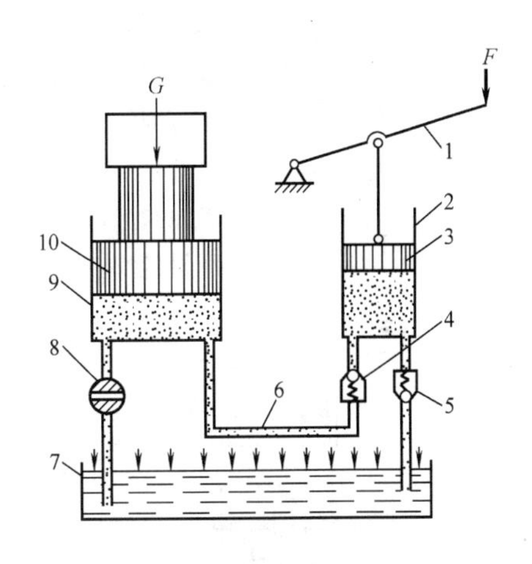

图 1.1　液压千斤顶工作原理图

1—杠杆；2—小液压缸；3—小活塞；4,5—单向阀；6—管道；7—油箱；8—截止阀；9—大液压杠；10—大活塞

液压传动的应用范围非常广，但就其工作原理来讲是相同的。下面以图 1.2 所示机床工作台液压控制系统的工作原理图为例进行分析。

图中电动机驱动液压泵 3，经滤油器 2 从油箱 1 吸油，油液被泵加压后，从泵的输出油口进入管路，在图 1.2（a）所示状态下，油液经换向阀 5、节流阀 6、换向阀 7 进入液压缸 8 左腔，推动活塞而使工作台向右移动。这时液压缸右腔的油液经换向阀 7 排回油箱。

如果将换向阀手柄转换成图 1.2（b）所示状态，则压力油将经换向阀 5、节流阀 6 和换向阀 7 进入液压缸右腔，推动活塞而使工作台向左移动，液压缸左腔油经换向阀 7 回油箱。

工作台的移动速度是通过节流阀来调节的。当节流阀开大时，进入液压缸的油液流量增多，工作台的移动速度增大；反之，工作台的移动速度减小。由此可见，进入液压缸的油液流量控制活塞的运动速度，说明速度取决于流量。

为克服移动工作台时受到的各种阻力，液压缸必须产生一个足够大的推力，这个推力是由液压缸中的油液压力所产生的。要克服的阻力越大，缸中的油液压力越高；阻力小，压力就低，这种现象说明了压力取决于负载。

系统中输入液压缸的油液是通过节流阀 6 来调节的，因此节流阀起到调节液压缸活塞速度的作用。泵所输出的多余油液达到规定压力即打开溢流阀 4 回到油箱，因此溢流阀起到调压、溢流的作用。

如果将换向阀手柄转换成图 1.2（c）所示状态，则压力管中的油液通过换向阀 5 和回油管回油箱，这时工作台停止运动。

从上例可知，液压系统由如下五部分组成。

（1）动力元件　将机械能转换为液压能的装置，给整个系统提供压力油，如液压泵。

（2）执行元件　将液压能转换为机械能的装置，以克服负载做功，如液压缸、液压马达。

（3）控制元件　控制和调节液压系统的压力、流量及液流方向，以改变执行元件输出的力（或转矩）、速度（或转速）及运动方向，如各种控制阀。

（4）辅助元件　为液压系统正常工作起辅助保证作用的元件，如油箱、滤油器、蓄能器、油管、管接头和压力表等。

（5）工作介质　传递压力的工作介质，同时还起润滑、冷却和防锈作用，通常为液压油。

1.1.1.2　液压传动系统图及图形符号

在图 1.2 所示的液压系统中，各元件是以结构符号表示的，称为结构式原理图。它直观性强，容易理解，但图形复杂，绘制困难。为了简化液压系统图，目前各国均采用元件的职能符号或简化符号来绘制液压系统图。这些符号只表示元件的职能及连接通路，而不表示结构。目前我国的液压系统原理图采用国标 GB 786.1—93 所规定的图形符号绘制，图 1.3 是把图 1.2 用对应的图形符号绘制的系统原理图。

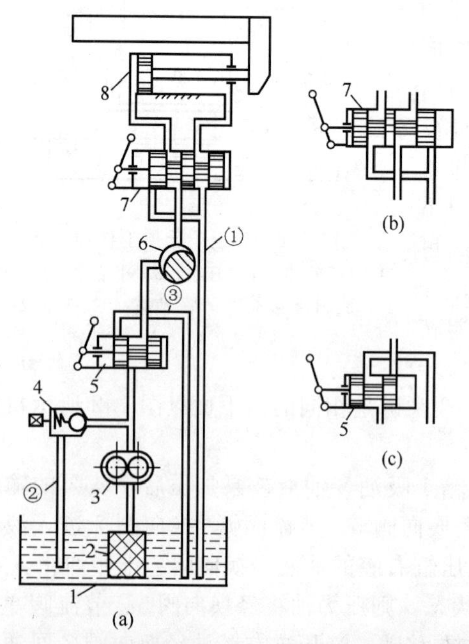

图 1.2　机床工作台液压控制系统工作原理图
1—油箱；2—滤油器；3—液压泵；4—溢流阀；5,7—换向阀；6—节流阀；8—液压缸；①～③—油管

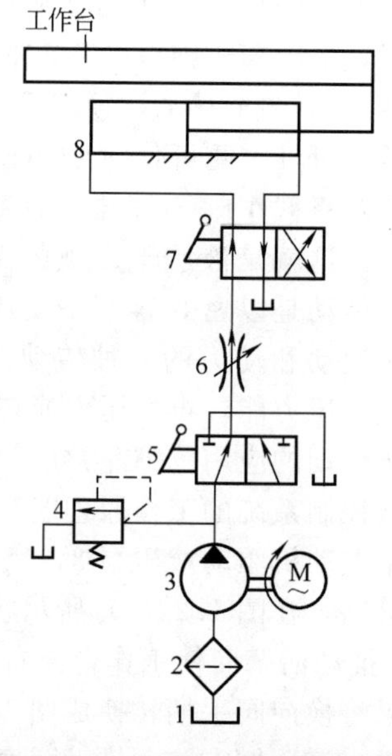

图 1.3　机床工作台液压控制系统的图形符号图
1—油箱；2—滤油器；3—液压泵；4—溢流阀；5，7—换向阀；6—节流阀；8—液压缸

1.1.1.3 液压传动的优缺点

与机械、电气传动相比，液压传动具有以下优点：

① 可以在运行过程中实现大范围的无级调速；

② 在同等输出功率下，液压传动装置体积小、重量轻、运动惯性小、反应速度快；

③ 可实现无间隙传动，运动平稳；

④ 便于实现自动工作循环和自动过载保护；

⑤ 由于一般采用油作为传动介质，对液压元件有润滑作用，因此设备可有较长的使用寿命；

⑥ 液压元件都是标准化、系列化产品，可直接从市场上购买，有利于液压系统的设计、制造和推广应用；

⑦ 可以采用大推力的液压缸或大转矩的液压马达直接带动负载，从而省去中间减速装置，使传动简化。

液压传动的主要缺点为：

① 液压传动不能保证严格的传动比，这是由液压油的可压缩性和泄漏等因素造成的；

② 液压传动在工作过程中常有较多的能量损失（摩擦损失、泄漏损失等）；

③ 液压传动对油温的变化比较敏感，它的工作稳定性容易受到温度变化的影响，因此不宜在温度变化很大的环境中工作；

④ 为了减少泄漏，液压元件在制造精度上要求比较高，因此其造价较高，且对油液的污染比较敏感；

⑤ 液压传动出现故障的原因较复杂，而且查找困难。

1.1.2 液压油的性质

1.1.2.1 密度

单位体积液体的质量称为该液体的密度，用 ρ（$\mathrm{kg/m^3}$）表示。对均质液体，其密度为

$$\rho=\frac{m}{V} \tag{1.1}$$

式中，m 为液体的质量，kg；V 为液体的体积，$\mathrm{m^3}$。

液体的密度随压力和温度的不同而有微小的变化，但在一般使用条件下，近似地认为油液的密度不变，计算时可取 15℃时的液压油密度 $\rho=900\mathrm{kg/m^3}$。

1.1.2.2 黏性

液体在外力作用下流动时，液体分子间的内聚力会阻碍其分子产生相对运动，即分子间存在摩擦力。该摩擦力是发生在液体内部的，因此称之为内摩擦力。液体流动时，在其内部呈现摩擦力的性质，称为液体的黏性。静止液体不呈现黏性。

液体黏性的大小用黏度来衡量。黏度是选择液压油的主要指标，是影响液体流动的重要物理性质。

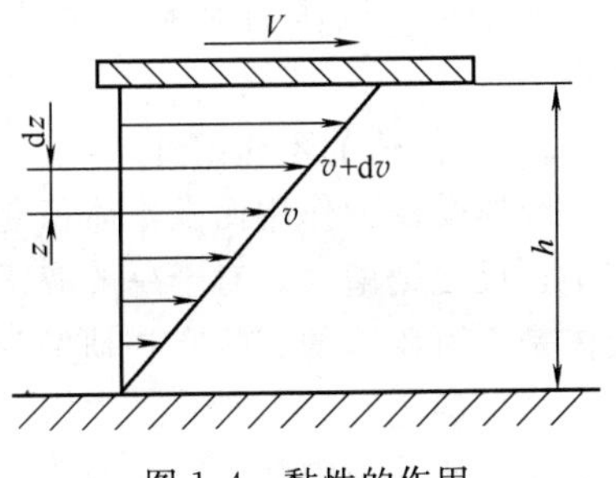

图 1.4 黏性的作用

(1) 黏度 液体流动时，由于它和固体壁面间的附着力以及它的黏性，会使其内部各液层间的速度不同。设在两个平行平面之间充满液体，两平行平板间的距离为 h，如图 1.4 所示。当上平面以速度 V 相对于静止的下平面向右移动时，紧贴于上平板极薄的一层液体，在附着力的作用下，随着上平面一起以 V 的速度向右运

动，而紧贴下平面的液体保持不动，两平面间各层液体的速度各不相同，当两平面间的距离较小时，各液层的速度按线性规律分布。

据研究，液体流动时，其液层间的内摩擦力 F 与接触面积 A 和速度差 $\mathrm{d}v$ 成正比，而与液层间距离 $\mathrm{d}z$ 成反比，即

$$F=\mu A\frac{\mathrm{d}v}{\mathrm{d}z} \tag{1.2}$$

或

$$\tau=\mu\frac{\mathrm{d}v}{\mathrm{d}z} \tag{1.3}$$

式中，μ 为液体动力黏度，也称为液体内部摩擦系数；$\tau=\frac{F}{A}$为单位面积上的摩擦力即剪应力，$\mathrm{N/m^2}$；$\frac{\mathrm{d}v}{\mathrm{d}z}$为速度梯度，即液层间相对速度对液层距离的变化率。

上式又称为牛顿内摩擦定律，由式中可以看到液体动力黏度 μ 具有明确的物理意义：它表示了液体在以单位速度梯度流动时单位面积上的摩擦力。在我国 μ 的法定计量单位是帕·秒（Pa·s或 $\mathrm{N\cdot s/m^2}$）。

如果动力黏度只与液体种类有关而与速度梯度无关，这种液体称为牛顿液体，否则为非牛顿液体，液压油一般为牛顿液体。

液体动力黏度与液体密度之比为运动黏度 ν，即

$$\nu=\frac{\mu}{\rho} \tag{1.4}$$

式中，ν 的法定计量单位是米^2/秒（$\mathrm{m^2/s}$），运动黏度因单位中只含运动参数而得名。

运动黏度 ν 并不是一个黏度的量，但工程中液体的黏度常用运动黏度来表示。如液压油的牌号，就是这种油液在 40℃时的运动黏度 ν（$\mathrm{mm^2/s}$）的平均值。如抗磨性液压油 L-HM32，就是指这种液压油在 40℃时的运动黏度 ν 的平均值为 $32\mathrm{mm^2/s}$。

工业中还常用条件黏度来度量液体的黏性。它采用特定黏度计在规定条件下测定，又称相对黏度。按各国的习惯，采用不同的条件黏度，如恩氏度（°E，前苏联、欧洲）、赛氏秒（SUS，英国、美国）、雷氏秒（RS，英国、美国）和巴氏度（°B，法国）等。它们和运动黏度间有确定的换算关系，可参阅有关手册。

（2）温度对黏度的影响　液体黏度对温度很敏感，温度略有升高，其黏度即显著下降，这可用温度升高使液体内聚力减小来解释。每种液体的黏度随温度而变化的特性不同，人们希望其变化愈小愈好。图 1.5 示出了五种典型液压油液的黏-温特性曲线。

（3）压力对黏度的影响　当压力增加时，液体分子间距离缩小，内聚力增加，其黏度也有所增加。因压力对黏度的影响不大，一般情况下，特别是当压力较低时，可不予考虑。

1.1.2.3　液体的可压缩性

液体受压力作用而发生体积变化的性质称为液体的可压缩性。当压力增大时，液体体积减小；反之则增大。对于一般液压系统，由于压力变化引起的液体体积变化不大，故可认为液体是不可压缩的。只有在研究液压系统的动态特性和高压情况下，才考虑油液的可压缩性，这可参考有关手册。必须指出，当液体中混入空气时，其可压缩性将显著增加，故应尽可能使液压系统中油液空气的含量减小到最低限度。

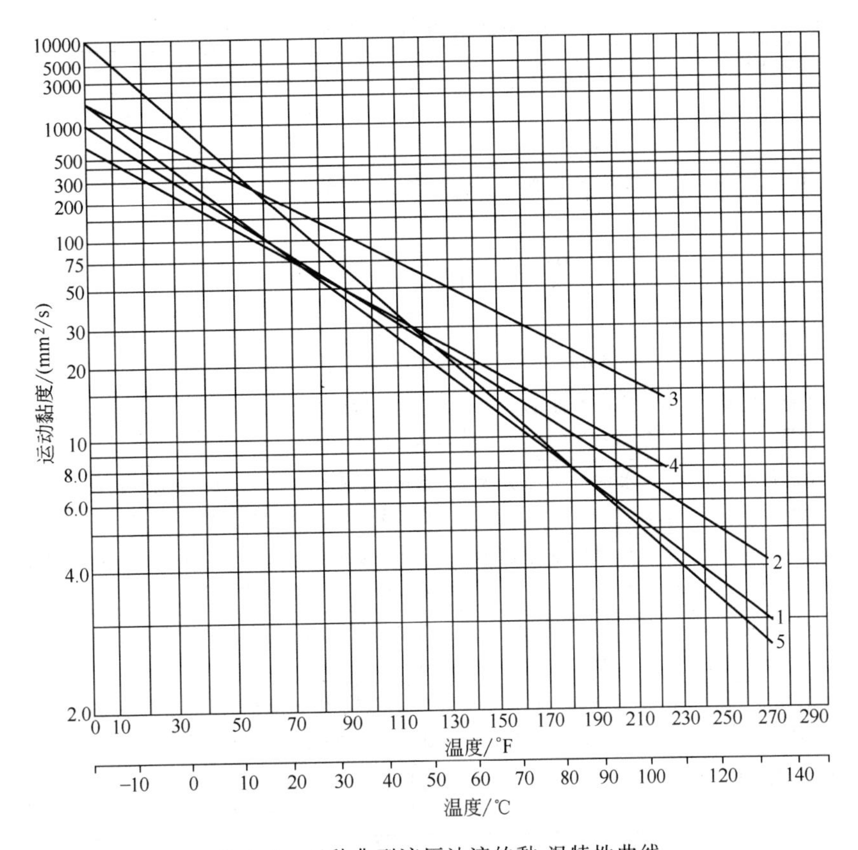

图 1.5 五种典型液压油液的黏-温特性曲线

1—石油型普通液压油；2—石油型高黏度指数液压油；3—水包油乳化液；4—水-乙二醇液；5—磷酸酯液

1.1.3 油液的选用

1.1.3.1 液压油的分类

液压控制系统中按常用的工作介质一般可分为石油型、合成型和乳化型三大类。石油型是以机械油为原料，精炼后按需要加入添加剂而成。当前我国几乎90%以上的液压设备是使用石油型液压油，这类液压油润滑性能好，但抗燃性较差。在一些高温、易燃、易爆的工作场合，应在系统中使用合成型或乳化型。液压油的分类及其性质和选用见表1.1。

1.1.3.2 液压油的选用

正确、合理地选用液压油对液压系统适应各种工作条件、工作环境对延长系统和元件的寿命、提高设备运转的可靠性、防止事故发生等方面都有着重要影响。液压油的合理选用，实质上就是对液压油的类型和牌号的选择。

(1) 液压油类型的选择　应根据设备中液压系统的工作性质和工作环境要求及液压油的特性来选择，选择时可参考表1.1。

(2) 液压油牌号的选择　液压油的黏度对系统的影响最大。黏度过大，使油的流动阻力增大，功率损失大；黏度过小，容积效率降低，系统效率降低，易污染环境。在选择时主要根据液压系统的工作条件选用适宜的黏度。一般在温度、压力较高及工作部件速度较低时，可采用黏度较高的液压油；反之宜选用黏度较低的液压油。选择时可参考表1.2。

表 1.1　液体油的分类及其性质和选用

液压油分类和代号		组成特性	应用场合
石油型	汽轮机油 L-HH	精制矿物油(或加少量抗氧剂)	适用于对润滑无特殊要求的一般循环润滑系统及机床低压液压系统,作为液压系统代用油
	普通液压油 L-HL	精制矿物油,改善其防锈抗氧性	适用于中、低压液压系统及精密机床液压系统,如磨床等精密机床
	抗磨液压油 L-HM	L-HL 油,改善其抗磨性	适用于中、高压液压系统,如高压、高速工程机械、车辆液压系统
	低温液压油 L-HV	L-HM 油,改善其黏-温特性	适用于−25℃以上的环境温度变化大和工作条件恶劣的低压或中、高压液压系统
	高黏度指数液压油 L-HG	L-HM 油,改善其黏-温特性	适用于液压和导轨润滑系统合用的机床,也可用于数控精密机床的液压系统
乳化型	水包油乳化液 L-HFAE	水的质量分数大于80%	适用于要求抗燃、经济、不回收废液的低压液压系统,如煤矿液压支架、冶金轧辊、水压机的液压系统
	油包水乳化液 L-HFB	水的质量分数小于80%	适用于要求抗燃、有良好防锈、润滑性的中压液压系统,如连续采煤机、凿岩机等液压系统
合成型	水的化学溶液 L-HFAS	水的质量分数大于80%,抗燃性好	适用于要求抗燃、经济的低压系统,如金属切削机床、加工等机械的液压系统
	水的聚合物溶液 L-HFC	水的质量分数45%左右,抗燃性好	适用于要求抗燃、清洁的中、低压液压系统;也可在低温环境下使用,如自动进料机等液压系统
	磷脂酸无水溶液 L-HFDR		适用于要求抗燃、高压、精密的液压系统,如压铸机、民航飞机液压系统、电液伺服控制系统等

表 1.2　各类液压泵推荐的液压油

液压泵类型		40℃时油液黏度/($10^{-6}m^2/s$)		适应液压油的种类和黏度牌号
		液压系统温度 5～40℃	液压系统温度 40～80℃	
叶片泵	7MPa 以下	30～50	40～75	L-HM32、L-HM46、L-HM68
	7MPa 以上	50～70	55～90	L-HM46、L-HM68、L-HM100
齿轮泵		30～70	95～165	中、低压时用:L-HL32、L-HL46、L-HL68、L-HL100、L-HL150 中、高压时用:L-HM32、L-HM46、L-HM68、L-HM100、L-HM150
径向柱塞泵		30～50	65～240	
轴向柱塞泵		30～70	70～150	

1.1.3.3　液压油的使用

① 液压系统投入运行前应按有关规定严格冲洗，使用中按规定及时更换新油，加新油时也需过滤。

② 液压系统密封应良好，以防止泄漏和外界各种尘土、杂物和水的侵入。

③ 应控制液压油的温度。油温过高，油液氧化变质，产生各种生成物。一般系统的液压油的温度应控制在 60℃以下。

1.1.4　液体静力学基础

1.1.4.1　液体静压力及其特性

静压力是指液体处于静止状态时，单位面积上所受的法向作用力。静压力在液压传动中简称压力，在物理学中则称为压强。

静止液体中某一微小面积 ΔA 上作用有法向力 ΔF，则该点压力可定义为

$$p=\lim_{\Delta A\to 0}\frac{\Delta F}{\Delta A} \tag{1.5}$$

如法向作用力 F 均匀地作用在面积 A 上，则压力可用下式表示

$$p=\frac{F}{A} \tag{1.6}$$

我国法定的压力单位为牛顿/米^2（N/m^2），称为帕斯卡，简称帕（Pa）。由于此单位太小，在液压技术中使用不便，因此常采用兆帕（MPa），$1MPa=10^6Pa$。目前国际上仍常用的单位为巴（bar），$1bar=10^5Pa=0.1MPa$。

静压力有两个重要性质：

① 液体静压力垂直于作用面，其方向和该面的内法线方向一致。这是因液体只能受压，而不能受拉之故；

② 静止液体中任何一点受到各个方向的压力都相等。如果液体中某一点受到的压力不相等，那么液体就要运动，这就破坏了静止的条件。

1.1.4.2 液体静压力基本方程

（1）静压力基本方程　图 1.6 所示容器中盛有液体，作用在液面上的压力为 p_0。如要求得液面下深 h 处 A 点的压力 p，可用下式：

$$p=p_0+\rho gh \tag{1.7}$$

式中，g 为重力加速度；ρ 为液体的密度。

式（1.7）即为静压力基本方程，它说明了：

① 静止液体中任一点的压力是液面上的压力 p_0 和液柱重力所产生的压力 ρgh 之和。当液面上只受大气压力 p_a 作用时，该点的压力为

$$p=p_a+\rho gh \tag{1.7a}$$

② 静止液体内的压力随着深度 h 的增加而线性地增加；

③ 同一液体中，深度 h 相同的各点压力相等。由压力相等的点组成的面称为等压面。显然，在重力作用下静止液体中的等压面是水平面。

（2）静压力基本方程的物理意义　设图 1.7 所示为盛有液体的密闭容器，液面压力为 p_0。选择一基准水平面（O-x），根据静压力基本方程可确定距液面深度 h 处 A 点的压力 p，即

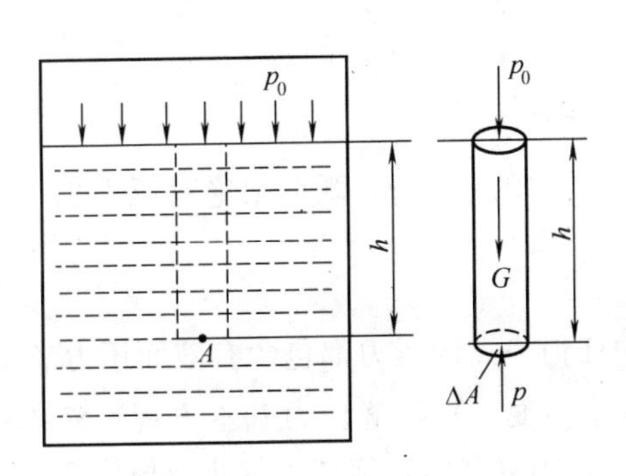

图 1.6　液面下深 h 处的压力

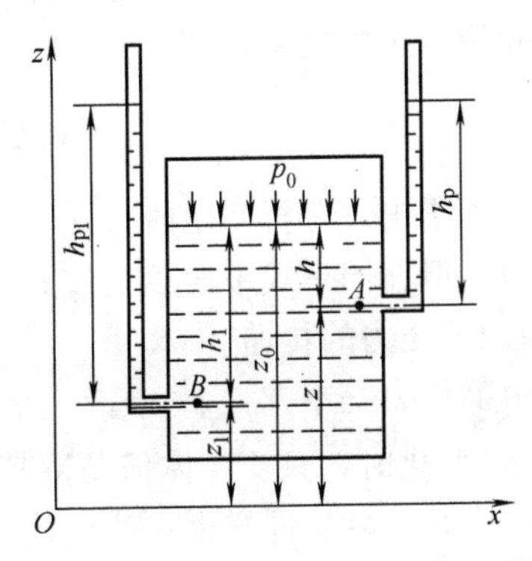

图 1.7　静压力基本方程式的物理意义

$$p=p_0+\rho gh=p_0+\rho g(z_0-z)$$

式中，z_0 为液面与基准水平面间距离；z 为液体内 A 点与基准水平面之间的距离。

整理后可得

$$\frac{p}{\rho g}+z=\frac{p_0}{\rho g}+z_0=\text{常数} \tag{1.8}$$

这是从能量角度表示静压力基本方程的一种形式。式中，z 实质上表示了 A 点单位重量液体相对于基准平面的位能。设 A 点处液体质点的质量为 m，重量为 mg，相对于基准水平面的位置势能为 mgz，则单位重量液体的位能就是$\frac{mgz}{mg}=z$，故 z 又常称作位置水头；$\frac{p}{\rho g}$表示了单位重量液体的压力能。如果在与 A 点等高的容器壁上，接一根上端封闭并抽去空气的玻璃管（见图 1.7），可以看到在静压力的作用下，液体将沿玻璃管上升至高度 h_p。根据式（1.7），有 $p=\rho gh_p$，即$\frac{p}{\rho g}=h_p$。这说明了 A 点处液体质点由于受到静压力作用而具有 mgh_p的势能，或单位重量液体具有的势能为 h_p。又因为 $h_p=\frac{p}{\rho g}$，故$\frac{p}{\rho g}$为单位重量液体的压力能，也常称为压力水头。

1.1.4.3 压力的表示方法

压力有两种表示方法：一种是以绝对零压力作为基准所表示的压力，称为绝对压力；另一种是以当地大气压力为基准所表示的压力，称为相对压力。绝大多数测压仪表都是以大气压力为基准测得的压力，故相对压力常称为表压力。

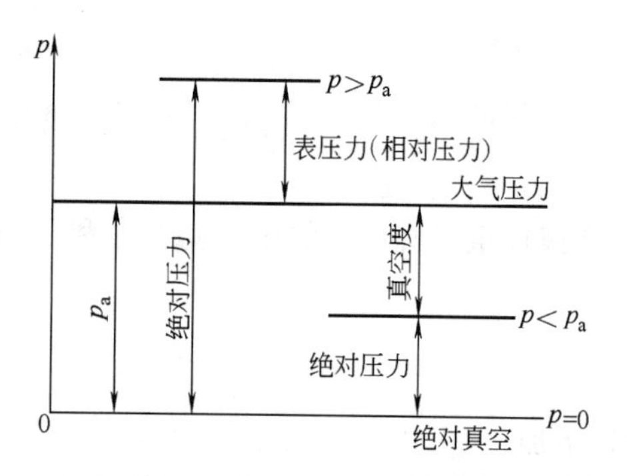

图 1.8 绝对压力、相对压力与真空度间的相互关系

压力关系如图 1.8 所示，图中 p_a 为大气压力，1 个标准大气压等于 101325Pa，约等于 0.1MPa。显然

$$\text{绝对压力}=\text{大气压力}+\text{相对压力（表压力）} \tag{1.9}$$

通常情况绝对压力是高于大气压力的，但在工程上也会遇到绝对压力低于大气压力的情况，如当液压泵运转时，吸油管内液体的绝对压力就低于大气压力，这时相对压力为负值。当相对压力为负值时，工程上称为真空度。真空度就是大气压力和绝对压力之差，即

$$\text{真空度}=\text{大气压力}-\text{绝对压力} \tag{1.10}$$

必须指出，分析问题时，式（1.7）和式（1.8）中的 p 和 p_0 既可用绝对压力也可用相对压力，但在同一式中应该一致。

1.1.4.4 压力的传递

由静压力基本方程 $p=p_0+\rho gh$ 可知，液体中任何一点的压力都包含有液面压力 p_0，如压力 p_0 变化时，只要液体仍保持其原来的静止状态不变，根据静压力基本方程，液体任一点的压力均将发生同样大小的变化。也就是说，在密闭容器内，施加于静止液体内任一点的压力能等值地传递到液体中所有的地方，这称为帕斯卡原理或静压传递原理。

通常在液压传动系统的压力管路和压力容器中，由外力所产生的压力 p_0 要比由液体自重所产生的压力 ρgh 大许多倍。例如，液压缸、管道的配置高度一般不超过10m，如取油液密度为 900kg/m³，则由油液自重所产生的压力 $\rho gh = 900 \times 9.8 \times 10 = 88200\text{Pa} = 0.0882\text{MPa}$，而液压系统内的压力通常在几到几十兆帕之间。因此，液压传动系统中，为使问题简化，通常忽略不计由液体自重所产生的压力，一般可认为静止液体内各处的压力都是相等的。这一提法虽然欠严格，但对解决实际工程问题颇为实用，为以后分析某些控制阀和液压系统的工作原理时所常用。

1.1.4.5 液体对固体壁面上的作用力

如上所述，如不考虑自重产生的那部分压力，则在密封的容器中压力也是均匀分布的，并且垂直作用于承受压力的表面上，如图 1.9 所示。当承受压力作用的表面是一个平面时，静止液体对该平面的总作用力 F 为液体的压力 p 与该平面面积 A 的乘积，其方向与该平面相垂直，即

$$F = pA \tag{1.11}$$

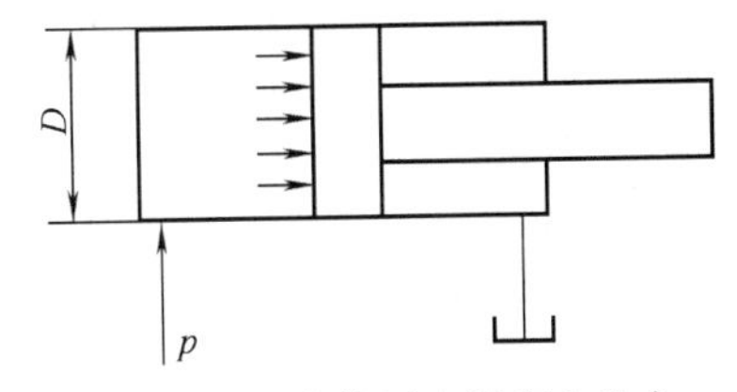

图 1.9 压力作用在活塞上的力

当固体壁面为一曲面时，液体压力在该曲面 x 方向上的总作用力 F_x 只等于液体压力 p 与曲面在该方向投影面积 A_x 的乘积，即

$$F_x = pA_x \tag{1.12}$$

式（1.12）适用于任何曲面。

1.1.5 液体动力学基础

液体动力学是研究液体在外力作用下的运动规律，即研究作用于液体上的力与液体运动间的关系。由于液体具有黏性，液体流动时有内摩擦力，因此研究液体流动时必须考虑黏性的影响。流动液体的连续性方程、伯努利方程（能量方程）和动量方程是流动液体力学的三个基本方程。本节只介绍连续性方程和伯努利方程。

1.1.5.1 几个基本概念

（1）理想液体与稳定流动　液体具有黏性，并且只有在液体流动时才呈现黏性，但黏性阻力的有关规律比较复杂。所以在开始分析时，往往先在假设液体不具有黏性的基础上推导出基本方程，再考虑黏性的影响，然后通过实验验证的方法对基本方程给予修正。对于液体的压缩性亦采用同样方法处理。通常把既无黏性又不可压缩的液体称为理想液体，而把事实上既有黏性又可压缩的液体称为实际液体。

液体流动时，液体中任何一点的压力、流速和密度都不随时间而变化的流动称为稳定流动；反之，如流动时压力、流速和密度中任何一个参数会随时间而变化的，则称为非稳定流动。

（2）通流截面、流量和平均流速　垂直于液体流动方向的截面称为通流截面，单位时间内流过某通流截面 A 的液体体积称为流量，即

$$q = \frac{V}{t} \tag{1.13}$$

式中，q 为流量，m³/s；V 为液体体积，m³；t 为该液体通过该通流截面 A 所需的时间，s。

液体在管道内流动时，实际上由于液体具有黏性，液体流动时，通流截面上各点的流速

是不等的，管道中心处流速最大，越靠近管壁流速越小，管壁处的流速为零。为计算方便，假想通流截面上各点的流速均匀分布，且以均匀流速 v 流动，此时的流速 v 定义为平均流速，且

$$v=\frac{q}{A} \tag{1.14}$$

式中，v 为平均流速，m/s；A 为通流截面面积，m^2。

1.1.5.2 流动液体的连续性方程

当理想液体在管中作稳定流动时，由于假定液体是不可压缩的，即密度 ρ 是常数，液体是连续的，不可能有空隙存在，在稳定流动时，根据质量守恒定律，液体在管内既不增多，也不能减少，因此在单位时间内流过管子每一个截面的液体质量一定是相等的。这就是液流的连续性原理，如图 1.10 所示。

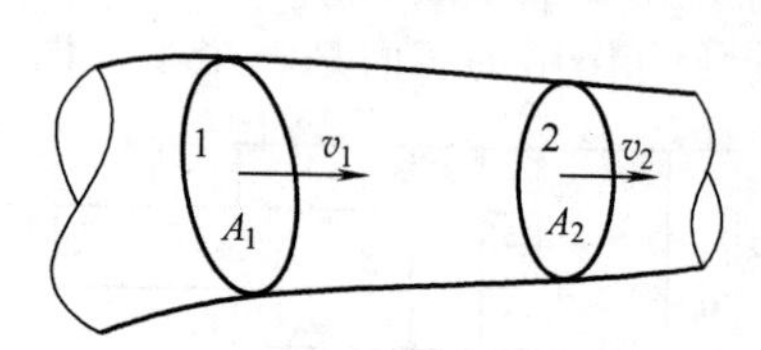

图 1.10 液流的连续性原理示意图

设图中截面 1 和 2 的面积分别为 A_1 和 A_2，两个截面中液体的平均流速分别为 v_1 和 v_2，根据液流的连续性原理，在同一单位时间内，流经截面 1 和 2 的液体质量应完全相同，即

$$\rho v_1 A_1=\rho v_2 A_2=\text{常量} \tag{1.15}$$

式（1.15）即为流动液体的连续性方程。由式（1.15）和式（1.14）可得

$$v_1 A_1=v_2 A_2=q=\text{常量}$$

或

$$\frac{v_1}{v_2}=\frac{A_2}{A_1} \tag{1.16}$$

式（1.16）表明，液体在管中的流速与截面积成反比，即在稳定流动时管子细的地方流速大，管子粗的地方流速小。

1.1.5.3 流动液体的能量方程（伯努利方程）

（1）理想液体的伯努利方程　理想液体没有黏性，它在管内作稳定流动时没有能量损失。根据能量守恒定律，同一管道在各个截面上液体的总能量都是相等的。

在图 1.11 中，液体在管道内作稳定流动，任意取两个截面 A_1、A_2，它们距离基准水平面的高度分别为 z_1、z_2，流速分别为 v_1、v_2，压力分别为 p_1、p_2。根据能量守恒定律，由

$$p_1+\rho g z_1+\frac{1}{2}\rho v_1^2=p_2+\rho g z_2+\frac{1}{2}\rho v_2^2$$

可以推出

$$\frac{p_1}{\rho g}+z_1+\frac{v_1^2}{2g}=\frac{p_2}{\rho g}+z_2+\frac{v_2^2}{2g} \tag{1.17}$$

因两截面是任意取的，故式（1.17）可改写为

$$\frac{p}{\rho g}+z+\frac{v^2}{2g}=\text{常量} \tag{1.18}$$

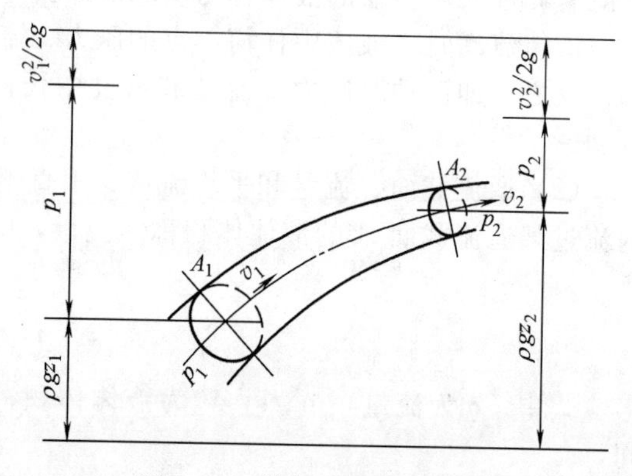

图 1.11 伯努利方程示意图

以上两式即为理想液体的伯努利方程，

式中每一项的量纲都是长度单位，分别称$\frac{p}{\rho g}$为比压能（压力水头）、z为比位能（位置水头）、$\frac{v^2}{2g}$为比动能（速度水头）。

伯努利方程的物理意义为：在管内作稳定流动的理想液体具有压力能、位能和动能三种形式的能量，在任一截面上这三种能量可以互相转换，但其总和却保持不变。而静压力基本方程则是伯努利方程（在流速为零时）的特例。

（2）实际液体的伯努利方程　实际液体具有黏性，在管中流动时，为克服黏性阻力需要消耗能量，所以实际液体的伯努利方程为

$$\frac{p_1}{\rho g}+z_1+\frac{v_1^2}{2g}=\frac{p_2}{\rho g}+z_2+\frac{v_2^2}{2g}+h_w \tag{1.19}$$

式中，h_w为以水头高度表示的能量损失。

液体流动时的能量损失也可以用压力损失Δp表示，两者的关系为

$$h_w=\frac{\Delta p}{\rho g} \tag{1.20}$$

（3）伯努利方程的应用举例

① 计算泵吸油腔的真空度。

如图1.12所示，设泵的吸油口比油箱液面高h，取油箱液面Ⅰ—Ⅰ和泵进口处截面Ⅱ—Ⅱ列写伯努利方程，并以Ⅰ—Ⅰ截面为基准水平面，则有

$$\frac{p_1}{\rho g}+\frac{v_1^2}{2g}=\frac{p_2}{\rho g}+h+\frac{v_2^2}{2g}+h_w$$

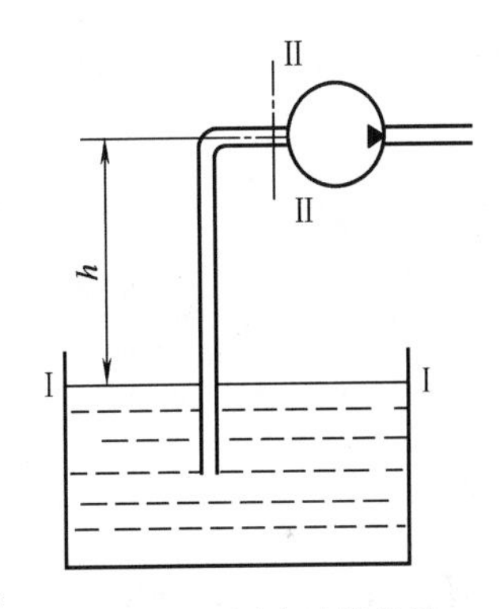

图1.12　泵自油箱吸油

p_1为油箱液面的压力，一般油箱液面与大气接触，故p_1为大气压力，即$p_1=p_a$；v_2为泵吸油口的流速，一般取吸油管内液体流速；v_1为油箱液面上液体的流速，由于$v_1 \ll v_2$故v_1可忽略不计；p_2为泵吸油口处的绝对压力，h_w为能量损失。据此，上式可简化为

$$\frac{p_a}{\rho g}=\frac{p_2}{\rho g}+h+\frac{v_2^2}{2g}+h_w$$

泵的吸油口真空度为

$$p_a-p_2=\rho gh+\frac{\rho v_2^2}{2}+\rho gh_w=\rho gh+\frac{\rho v_2^2}{2}+\Delta p \tag{1.21}$$

式中，$p=\rho gh_w$是与h_w相应的压力损失。

由式（1.21）可以看出，泵吸油口处的真空度由三部分组成：a. 把油液提升到一定高度h所需的压力；b. 产生一定的流速所需要的压力；c. 吸油管内压力损失，由于$\frac{\rho v^2}{2}$和Δp恒为正值，若泵安装在油箱液面之上，则ρgh亦为正值，这样泵的进口处必定形成真空度。实际上液体是靠液面的大气压力压进泵去的；如果泵安装在液面以下，那么ρgh必为负值，当$|\rho gh|>\frac{\rho v_2^2}{2}+\rho gh_w$时，泵的进口处可以没有真空度。

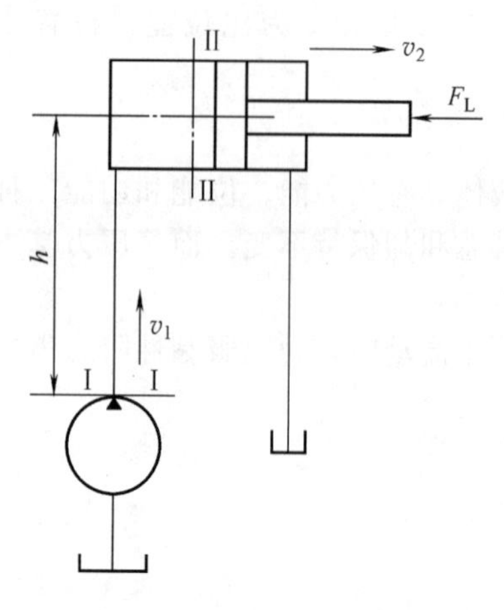

图 1.13 泵的出口压力计算

泵吸油口的真空度不能太大，即泵吸油口处的绝对压力不能太低。如泵吸油口处的绝对压力低于液体在该温度下的空气分离压，溶解在液体内的空气就要析出，形成气穴现象，产生噪声和振动，影响泵和系统的正常工作。所以对泵的吸油高度通常是有限制的，一般泵的安装高度不宜大于 0.5m，以使吸油管内的流速较低。

② 计算泵的出口压力。

如图 1.13 所示，泵驱动液压缸中活塞克服负载 F_L 而运动。设液压缸中心距出口处的高度为 h，可根据伯努利方程来确定泵的出口压力。选取图示Ⅰ—Ⅰ、Ⅱ—Ⅱ截面列写伯努利方程，并以Ⅰ—Ⅰ截面为基准水平面，则有

$$\frac{p_1}{\rho g}+\frac{v_1^2}{2g}=\frac{p_2}{\rho g}+\frac{v_2^2}{2g}+h+h_w$$

式中，h_w 为泵出口到液压缸的能量损失；p_1 为泵的出口压力；p_2 为液压缸克服负载 F_L 所需的工作压力，$p_2=F_L/A$，A 为缸的有效面积；v_2 为活塞的运动速度，即液体在液压缸中的流速；v_1 为油管中液体的流速。因此泵的出口压力为

$$p_1=p_2+\left(\frac{\rho v_2^2}{2}-\frac{\rho v_1^2}{2}\right)+\rho gh+\Delta p \tag{1.22}$$

在液压传动中，油管中油液的流速一般不超过 6m/s，而液压缸中油液的流速更要低得多，若取油管中的油液的流速为 6m/s，油液的密度取 900kg/m^3，则与速度水头相应的压力为

$$\rho v^2/2=900\times6^2/2=0.0162\ (\text{MPa})$$

同时，如果缸比泵高 5m，这时

$$\rho gh=900\times9.8\times5=0.0441\ (\text{MPa})$$

而缸的工作压力 p_2 一般为几兆帕到几十兆帕，故在压力管道中，大多数情况下$\frac{\rho v^2}{2}$和 ρgh 两项忽略不计。这时式（1.22）可简化为

$$p_1=p_2+\Delta p \tag{1.23}$$

从上述两例可以看出，在吸油管道中，其压力较低，故式（1.21）中必须考虑位置水头和速度水头。而在压力管道中，其压力较高，故速度水头和位置水头常可忽略。在分析问题时，必须予以注意。

通过上述两例分析，可将应用伯努利方程解决实际问题的一般方法归纳如下：

a. 选取两个计算截面，一个设在所求参数的截面上，另一个设在已知参数的截面上；

b. 选取适当的基准水平面；

c. 按照液体流动方向列出伯努利方程；

d. 忽略影响较小的次要因素以简化方程；

e. 若未知数的数量多于方程数，则必须列出其他辅助方程，如连续性方程、静压力方程等联立求解。

1.1.6　管路压力损失

实际液体具有黏性，在流动时就有阻力，为了克服阻力就必然要消耗能量，这样就有能量损失。能量损失主要表现为压力损失，这就是实际液体伯努利方程中最后一项的含义。

压力损失过大，将使功率消耗增加、油液发热、泄漏增加、效率降低、液压系统性能变坏。因此，在液压系统中正确估算压力损失的大小，从而找出减少压力损失的途径是有其实际意义的。液压系统中的液压损失分为两类，即沿程压力损失和局部压力损失。

1.1.6.1　沿程压力损失

液体在等直径的直管中流动，由于液体流动时的内摩擦力而引起的压力损失，称为沿程压力损失，用 Δp_λ表示。

1.1.6.2　局部压力损失

液体在流经管道截面形状突然变化（如弯管、管接头、阀口等）时，致使液体的流速方向和大小突然改变而引起的压力损失，称为局部压力损失，用 Δp_ξ表示。

管路系统的总压力损失等于所有沿程压力损失与所有局部压力损失之和，即

$$\sum \Delta p = \sum \Delta p_\lambda + \sum \Delta p_\xi \tag{1.24}$$

液压系统中的压力损失过大，也就是功率损耗增加，这将导致油液发热加剧，泄漏增大，系统效率降低，甚至影响系统工作性能。以 Δp 表示压力损失，R_y表示液阻，则 Δp 与管路中通过的流量 q 和液阻 R_y之间有如下关系

$$\Delta p = R_y q^n \tag{1.25}$$

式中，n 为指数，由管道的结构形式所决定，通常 $1 \leqslant n \leqslant 2$。

由式（1.25）可知，压力损失与液阻、流量成正比，即管路液阻愈大，流量愈大，则压力损失就愈大。管路中的液阻与管道的截面形状、面积大小、管路长度及油液性质等因素有关。为了减少压力损失，应尽量缩短管路长度，减少管道截面的突变，提高管道内壁的光滑程度，限制液流的速度等。

1.1.7　液压冲击

在液压系统中，由于某种原因，液体压力在一瞬间会突然升高，产生一个很大的压力峰值，这种现象称为液压冲击。

1.1.7.1　液压冲击产生的原因

① 因液流通道迅速关闭或液流换向使液流速度的大小或方向突然变化时，液流惯性导致液压冲击。如迅速关闭阀门，液体的流动速度突然降为零，这时液体受到挤压，液体的压力急剧升高，而引起液压冲击。

② 高速运动工作部件的惯性力也会引起液压冲击。如工作部件换向或制动时，常用控制阀关闭回油路，使油液不能继续排出，但由于工作部件的惯性而继续向前运动，使封闭的油液受到挤压，造成压力急剧升高而产生液压冲击。

③ 由于液压系统中某些元件反应不够灵敏，也会造成液压冲击。例如，溢流阀在超压时不能迅速打开，限压式变量泵不能在压力升高时自动减少输油量等，都会出现压力超调现象，因而造成液压冲击。

1.1.7.2　液压冲击的危害

产生液压冲击时，系统的瞬时压力峰值有时比正常工作压力高好几倍，因而引起设备振

动和噪声，影响系统正常工作；液压冲击还会损坏密封装置、液压元件和管道；有时还会造成压力继电器、顺序阀等液压元件产生误动作，影响系统正常工作。因此，在液压系统设计和使用中必须设法防止或减小液压冲击。

1.1.7.3 减少液压冲击的措施

液压冲击危害极大，根据其产生原因，可采取以下措施来减小液压冲击：

① 缓慢开、关阀门，减少冲击波的强度；

② 限制管路中液流的流速；

③ 在液压冲击源附近设置蓄能器；

④ 在容易出现液压冲击的地方安装限压安全阀。

1.1.8 气穴现象

1.1.8.1 气穴与气蚀

在液流中，当某点处的压力空气低于空气分离压时，原来溶解于油液中的空气会游离出来，形成气泡，若压力继续降到相应温度的液体饱和蒸气压力时，液体就会加速汽化，形成大量气泡，这种形成气泡的现象叫气穴现象。

气穴现象多发生在阀口和液压泵的吸油口。在阀口处，一般由于通流截面较小而使流速很高，根据伯努利方程可知，该处的压力会很低，以致产生气穴。在液压泵的吸油过程中，吸油口的绝对压力会低于大气压，如果液压泵的安装高度太大，再加上吸油口处过滤器和管道阻力、油液黏度等因素的影响，泵入口处的真空度会很大，也会产生气穴。

当液压系统出现气穴现象时，大量的气泡使液流的流动特性变坏，造成流量和压力的不稳定，当带有气泡的液流进入高压区时，周围的高压会使气泡崩溃，使局部产生非常高的湿度和冲击压力，引起振动和噪声。当附着在金属表面的气泡破灭的时候，局部产生的高温和高压会使金属表面疲劳，时间一长会造成金属表面的侵蚀、剥落，甚至出现海绵状的小洞穴。这种由于气穴造成的对金属表面的腐蚀作用称为气蚀。气蚀会缩短元件的使用寿命，严重时将会造成故障。

1.1.8.2 减少气穴现象的措施

为减少气穴现象和气蚀的危害，一般采取以下措施：

① 减少阀孔其他元件通道前后的压力降，一般使压力比 $p_1/p_2<3.5$；

② 尽量降低液压泵的吸油高度，采用内径较大的吸油管并少用弯头，吸油管端的过滤器容量要大，以减少管道阻力，必要时对大流量泵采用辅助泵供油；

③ 各元件的联结处要密封可靠、防止空气进入；

④ 对容易产生气蚀的元件，如泵的配流装置等，要采用抗腐蚀能力强的金属材料，增强元件的机械强度。

1.1.9 例题与习题

1.1.9.1 例题

【例 1.1-1】 图 1.14 中，两个液压缸水平放置。活塞 5 用以推动一个工作台，工作台的运动阻力为 F_R。活塞 1 上施加作用力 F。液压缸 2 的孔径为 20mm，液压缸 4 的孔径为 50mm，$F_R=1962.5$N。计算以下几种情况下密封容积中液体压力并分析两活塞的运动情况。

(1) 当活塞 1 上作用力 F 为 314N 时；

(2) 当 F 为 157N 时；

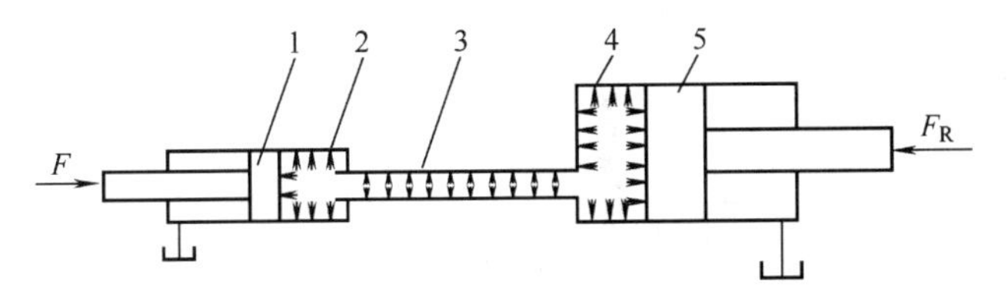

图 1.14 两个水平放置的液压缸

1,5—活塞；2,4—液压缸；3—管道

(3) 作用力 F 超过 314N 时。

解：(1) 密封腔内液体压力为

$$p=\frac{F}{A_1}=\frac{314}{\pi/4\times0.02^2}=1\times10^6\ (\mathrm{N/m^2})=1\ (\mathrm{MPa})$$

液体作用于活塞 5 上的力为

$$F_R'=F\times\frac{A_2}{A_1}=314\times\frac{0.05^2}{0.02^2}=1962.5\ (\mathrm{N})$$

由于工作台上阻力 F_R 为 1962.5N，故活塞 1 通过液体使活塞 5 和工作台作等速运动，工作台速度为活塞 1 速度的 4/25。

(2) 密封腔内液体压力为

$$p=\frac{F}{A_1}=\frac{157}{\pi/4\times0.02^2}=0.5\times10^6\ (\mathrm{N/m^2})=0.5\ (\mathrm{MPa})$$

液体作用于活塞 5 上的力为

$$F_R'=F\times\frac{A_2}{A_1}=157\times\frac{0.05^2}{0.02^2}=981\ (\mathrm{N})$$

不足以克服工作台的阻力，活塞 1 和 5 都不动。

(3) 由于工作台上阻力为 1962.5N，由 (1)，当活塞 1 上作用力为 314N 时，两活塞即以各自的速度作等速运动。故作等速运动时，活塞 1 上的力只能达到 314N。

【例 1.1-2】 例 1.1-1 中，其他条件不变，只是使活塞 1 上的作用力 F 和阻力 F_R 都反向，即拉动活塞 1。问活塞 5 能否产生运动？为什么？如果工作台的运动阻力 F_R 为零，则又将怎样？

解：由于液体不能承受拉力，所以拉活塞 1 时不能使活塞 5 克服工作台阻力而产生运动。当拉力超过活塞 1 左端面上大气压力所产生的作用力时，液体被“拉断”，即密封容积中出现真空。如果工作台的运动阻力为零，且活塞和活塞杆上摩擦力也为零，则此时活塞 5 右端面上大气压力的作用力将推动活塞 5 向左运动，即出现活塞 1 拉活塞 5 运动的情况。但实际上，活塞、活塞杆和工作台上总存在摩擦力，上述“拉动”的情况是不大可能出现的。

【例 1.1-3】 如图 1.15 (a) 所示，U 形管测压计内装有水银（学名汞），U 形管左端与装有液体的容器相连，右端开口与大气相通。已知：$h=20\mathrm{cm}$，$h_1=30\mathrm{cm}$，容器内液体为水，水银的密度为 $13.6\times10^3\mathrm{kg/m^3}$。试利用静压力基本方程中等压面概念，计算 A 点的相对压力和绝对压力。又如图 1.15 (b) 所示，容器内同样装有水，$h_1=15\mathrm{cm}$，$h_2=30\mathrm{cm}$。试求 A 点处的真空度和绝对压力。

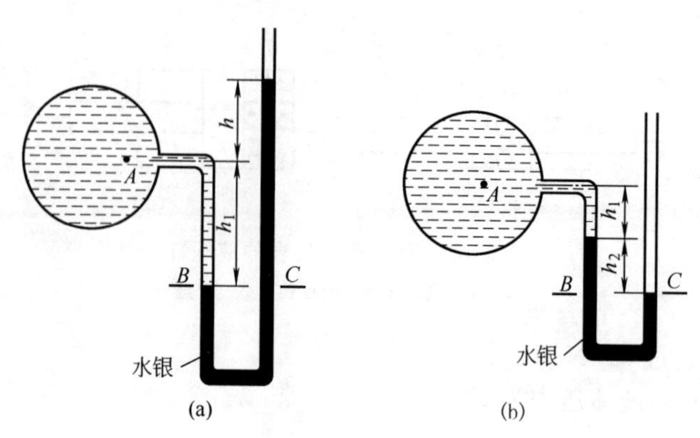

图 1.15　U形管测压计

解：(1) 取 B—C 面为等压面［见图 1.15 (a)］

U形测压计左支　　$p_C=\rho_{汞}g(h+h_1)$

U形测压计右支　　$p_B=p_A+\rho_{水}gh_1$

因为 $p_B=p_C$，所以　　$p_A+\rho_{水}gh_1=\rho_{汞}g(h+h_1)$

$$p_A=\rho_{汞}gh+gh_1(\rho_{汞}-\rho_{水})=13.6\times10^3\times9.81\times0.2+9.81\times0.3\times(13.6\times10^3-10^3)$$
$$=63765\ (\mathrm{N/m^2})\approx0.064\ (\mathrm{MPa})$$

以上求得的结果为相对压力，A 处的绝对压力

$$p_A=0.101+0.064=0.165\ (\mathrm{MPa})$$

(2) 取 B—C 面为等压面［见图 1.15 (b)］

$$p_B=p_A+\rho_{水}gh_1+\rho_{汞}gh_2$$

所以 $p_A=p_B-(\rho_{水}gh_1+\rho_{汞}gh_2)=101325-10^3\times9.81\times0.15-13.6\times10^3\times9.81\times0.3$

$$=59828\ (\mathrm{Pa})\approx0.06\ (\mathrm{MPa})$$

以上求得的结果为绝对压力，真空度为

$$p_a-p_A=101325-59828=41497\ (\mathrm{Pa})\approx0.04\ (\mathrm{MPa})$$

【例 1.1-4】 如图 1.16 所示的两种安全阀，阀芯的形状分别为球形和圆锥形。阀座孔直径 $d=10\mathrm{mm}$，球阀和锥阀的最大直径 $D=15\mathrm{mm}$。当油液压力 $p_1=10\mathrm{MPa}$ 时，压力油克服弹簧力顶开阀芯而溢油，溢油腔有背压 $p_2=0.5\mathrm{MPa}$。试求两阀弹簧的预紧力。

解：球阀受 p_1 作用向上的力为

$$F_1=\frac{\pi}{4}d^2p_1$$

受 p_2 作用向下的力为

$$F_2=\frac{\pi}{4}d^2p_2$$

列出球阀受力平衡方程式

$$p_1\frac{\pi d^2}{4}=F_s+p_2\frac{\pi d^2}{4}$$

式中，F_s为弹簧的预紧力，故

$$F_s=p_1\frac{\pi d^2}{4}-p_2\frac{\pi d^2}{4}=(p_1-p_2)\frac{\pi d^2}{4}=(10-0.5)\times 10^6\times\frac{\pi\times(0.01)^2}{4}=746\ (\text{N})$$

锥形阀芯受力情况和球阀相同，故 F_s也相等。

【例 1.1-5】 如图 1.17 所示，液压泵以 $Q=25\text{L/min}$ 的流量向液压缸供油，液压缸内径 $D=50\text{mm}$，活塞杆直径 $d=30\text{mm}$，油管直径 $d_1=d_2=15\text{mm}$。试求活塞的运动速度及油液在进、回油管中的流速。

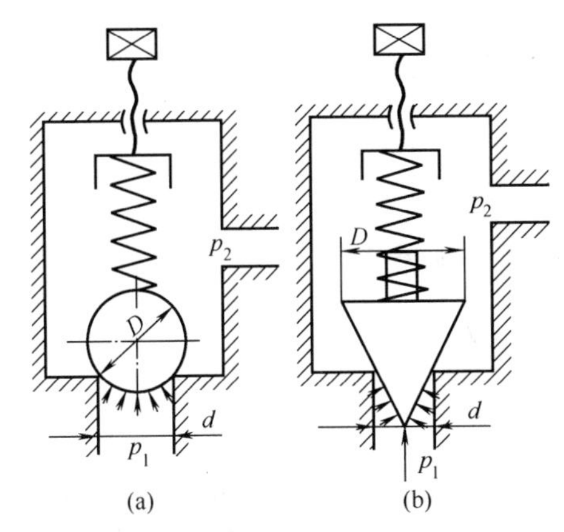

图 1.16 球阀和锥阀的受力

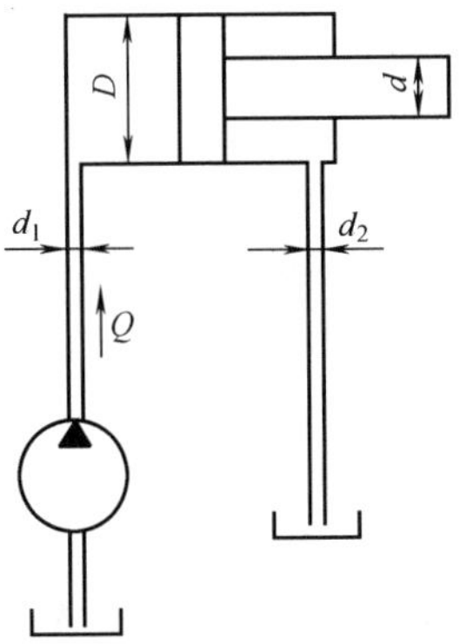

图 1.17 液压泵向液压缸供油

解： 计算液压缸进、回油管中的流速时，不能直接应用连续性方程，因为进油管和回油管已为活塞所隔开。

由已知流量可求得进油管流速

$$v_1=\frac{Q}{\frac{\pi d_1^2}{4}}=\frac{25\times 10^3\times 4}{\pi\times 1.5^2}=14147\ (\text{cm/min})\approx 2.4\ (\text{m/s})$$

由进入液压缸的流量可求得活塞运动速度

$$v=\frac{Q}{\frac{\pi D^2}{4}}=\frac{25\times 10^3\times 4}{\pi\times 5^2}=1273\ (\text{cm/min})\approx 0.21\ (\text{m/s})$$

由连续性方程

$$v\frac{\pi(D^2-d^2)}{4}=v_2\frac{\pi d_2^2}{4}$$

故回油管中流速为

$$v_2=v\frac{\frac{\pi}{4}(D^2-d^2)}{\frac{\pi d_1^2}{4}}=v\frac{D^2-d^2}{d_1^2}=0.21\times\frac{5^2-3^2}{1.5^2}=1.5\ (\text{m/s})$$

【例 1.1-6】 试用连续性方程和伯努利方程分析图 1.18 所示变截面水平管道各截面上的压力。设管道通流面积 $A_1>A_2>A_3$。

解： 由连续性原理

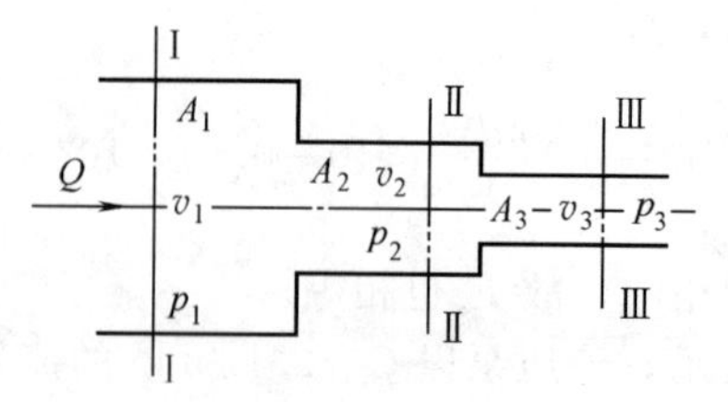

图 1.18　变截面水平管道

$$A_1 v_1 = A_2 v_2 = A_3 v_3 = Q$$

因为 $A_1 > A_2 > A_3$，所以 $v_1 < v_2 < v_3$，再由伯努利方程

$$\frac{p_1}{\rho g} + \frac{v_1^2}{2g} + z_1 = \frac{p_2}{\rho g} + \frac{v_2^2}{2g} + z_2 = \frac{p_3}{\rho g} + \frac{v_3^2}{2g} + z_3 = 常量$$

由于管道水平放置，故 $z_1 = z_2 = z_3$，上式可改写为

$$\frac{p_1}{\rho g} + \frac{v_1^2}{2g} = \frac{p_2}{\rho g} + \frac{v_2^2}{2g} = \frac{p_3}{\rho g} + \frac{v_3^2}{2g}$$

因为 $v_1 < v_2 < v_3$，所以 $p_1 > p_2 > p_3$。

【例 1.1-7】 图 1.19 所示为文氏流量计原理图。已知 $D_1 = 200\text{mm}$，$D_2 = 100\text{mm}$。当有一定流量的水通过流量计时，水银柱压力计读数 $h = 45\text{mmHg}$。不计能量损失，求通过流量计的流量（提示：用伯努利方程、连续性方程和静压力基本方程联立求解）。

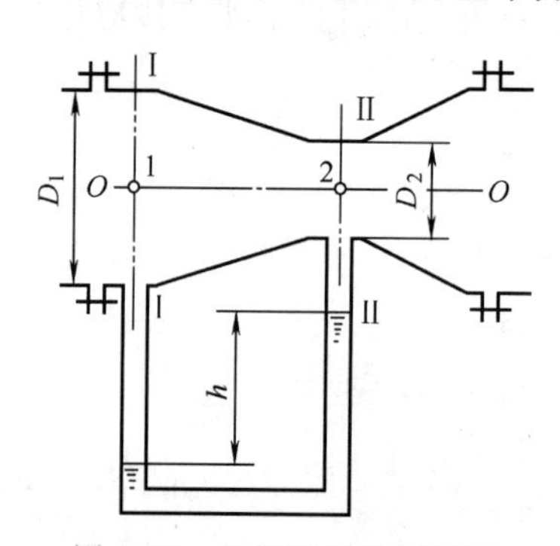

图 1.19　文氏流量计原理图

解：取 D_1 处断面Ⅰ—Ⅰ，D_2 处断面Ⅱ—Ⅱ，并以中心线为基准，列出伯努利方程

$$p_1 + \frac{\rho v_1^2}{2} + \rho g z_1 = p_2 + \frac{\rho v_2^2}{2} + \rho g z_2 + \Delta p$$

由于 $z_1 = z_2 = 0$，并不计压力损失 Δp，故上式可简化为

$$p_1 - p_2 = \frac{\rho v_2^2}{2} - \frac{\rho v_1^2}{2} = \frac{\rho}{2}\left(v_2^2 - v_1^2\right)$$

由连续性方程 $v_1 A_1 = v_2 A_2$ 得

$$v_2 = v_1 \frac{A_1}{A_2} = v_1 \frac{D_1^2}{D_2^2}$$

代入上式后得

$$p_1-p_2=\frac{\rho v_2^2}{2}-\frac{\rho v_1^2}{2}=\frac{\rho v_1^2}{2}\left(\frac{D_1^4}{D_2^4}-1\right)$$

所以

$$v_1=\sqrt{\frac{2(p_1-p_2)}{\rho\left(\frac{D_1^4}{D_2^4}-1\right)}}$$

由静压力基本方程

$$p_1-p_2=(\rho_{汞}-\rho)gh=\rho gh\left(\frac{\rho_{汞}}{\rho}-1\right)$$

所以

$$Q=v_1A_1=\frac{\pi D_1^2}{4}\sqrt{\frac{2gh\left(\frac{\rho_{汞}}{\rho}-1\right)}{\frac{D_1^4}{D_2^4}-1}}=\frac{\pi}{4}\times 0.2^2\sqrt{\frac{2\times 0.045\times 9.81\times(13.6-1)}{\frac{2^4}{1^4}-1}}=27\ (\mathrm{L/s})$$

1.1.9.2　习题

习题 1.1-1　图 1.20 中千斤顶小活塞直径 10mm，行程 20mm，大活塞直径 40mm，重物 W 重 50000N，杠杆 l=25mm，L=500mm。求：

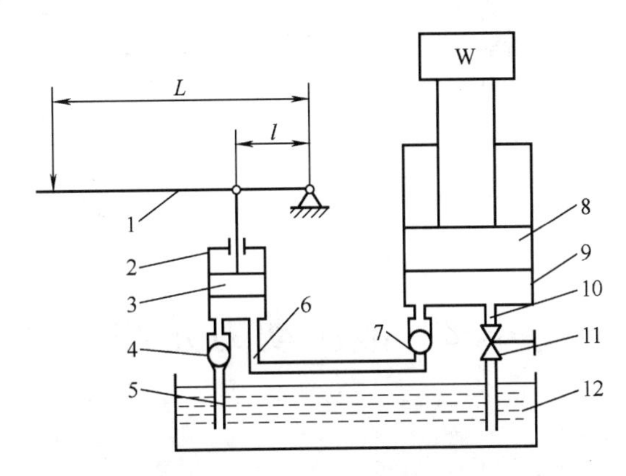

图 1.20　液压千斤顶原理

1—杠杆；2—小液压缸；3—小活塞；4,7—单向阀；5,6,10—管道；8—大活塞；9—大液压缸；11—放油阀门；12—油箱

(1) 杠杆端施加多少力才能顶起重物 W；

(2) 此时密封容积中液体压力；

(3) 杠杆上下一次 W 的上升量。

习题 1.1-2　如果小活塞上摩擦力为 200N，大活塞上摩擦力为 1000N，并且杠杆上下一次，密封容积中油液外泄 0.2cm^3 至油箱。重新完成习题 1.1-1 的要求。

习题 1.1-3　如图 1.21 所示，已知容器 A 中液体的密度 ρ_A=900kg/m^3，容器 B 中液体的密度 ρ_B=1.2×10^{3}kg/m^3，z_A=200mm，z_B=180mm，h=60mm，U 形计中测压介质为

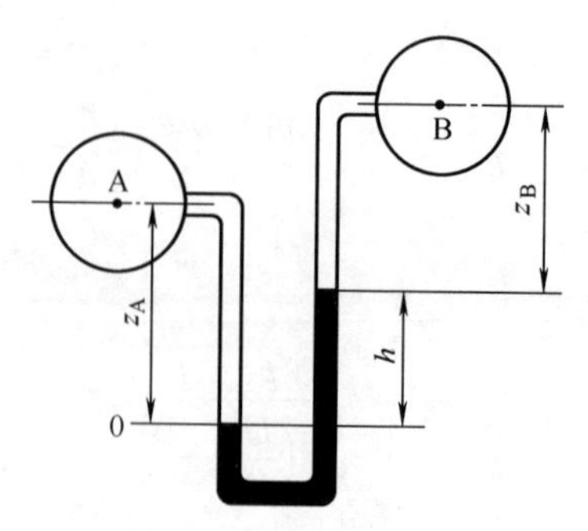

图 1.21　U 形计测压

汞，$\rho_{汞}=13.6\times10^3\,\mathrm{kg/m^3}$。试求 A、B 两容器内压力之差。

习题 1.1-4　如图 1.22 所示，液压缸直径 $D=150\mathrm{mm}$，柱塞直径 $d=100\mathrm{mm}$，液压缸中充满油液，如果柱塞上［图（a）］和缸体上［图（b）］作用力为 50000N，不计油液自重所产生的压力，求液压缸中液体的压力。

习题 1.1-5　图 1.23 所示为一种抽吸设备。水平管出口通大气，当水平管内液体流量达到某一数值时，处于面积为 A_1 处的垂直管子将从液箱内抽吸液体。液箱表面为大气压力。水平管内液体（抽吸用）和被抽吸介质相同。有关尺寸如下：面积 $A_1=3.2\mathrm{cm}^2$，$A_2=4A_1$，$h=1\mathrm{m}$，不计液体流动时的能量损失。问水平管内流量达多少时才能开始抽吸？

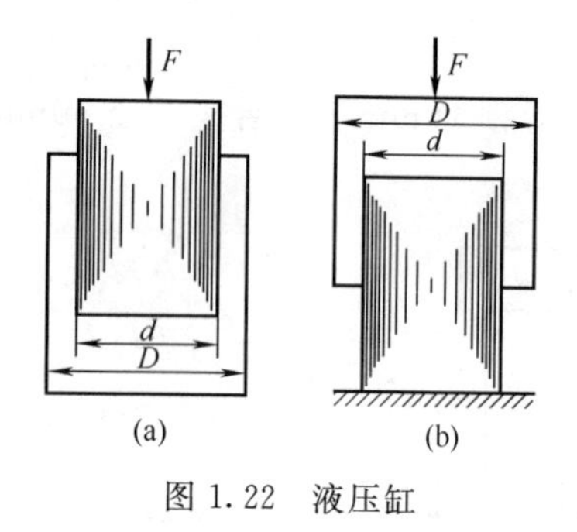

图 1.22　液压缸

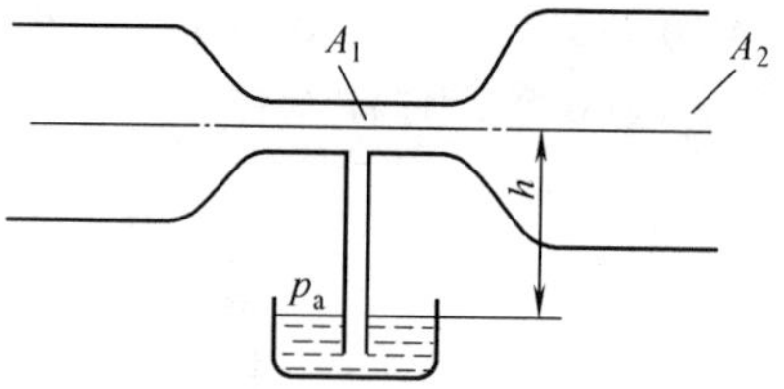

图 1.23　一种抽吸设备

1.2　液压动力元件

1.2.1　液压泵概述

在液压系统中，液压泵作为动力元件，将电动机输入的机械能转变为液压能，向系统提供一定的压力和流量液压油。

1.2.1.1　液压泵的工作原理

图 1.24 是单柱塞泵的工作原理图。图中（a）的柱塞 2 在弹簧 3 的作用下紧压在凸轮 1 上，原动机带动凸轮 1 旋转，使柱塞 2 在泵体中作往复运动。当柱塞向外伸出时，密封油腔 4 的容积由小变大，形成真空，油箱（必须和大气相通或密闭充压油箱）中的油液在大气压的作用下，顶开单向阀 5（这时单向阀 6 关闭）进入密封油腔 4，实现吸油。当柱塞向里顶入时，密封油腔 4 的容积由大变小，其中的油液受到挤压而产生压力，当能克服单向阀 6 中弹簧的作用力时，油液便会顶开单向阀 6（这时单向阀 5 封住吸油管）进入系统实现压油。凸轮连续旋转，柱塞就不断地进行吸油和压油。从单柱塞泵的工作原理中可知，泵的吸、压

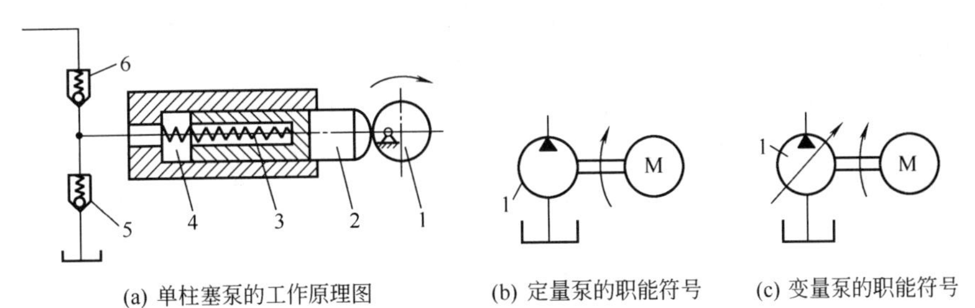

(a) 单柱塞泵的工作原理图　(b) 定量泵的职能符号　(c) 变量泵的职能符号

图 1.24 单柱塞泵工作原理

1—凸轮；2—柱塞；3—弹簧；4—密封油腔；5，6—单向阀

油是依靠密封容积变化来完成的，所以这种泵称为容积泵。容积泵按输入流量是否可调节又有定量泵与变量泵之分，图 1.24（b）和图 1.24（c）分别为定量泵和变量泵的职能符号。

容积泵必须具有以下特性：

① 有周期性的密封容积变化，由小变大时吸油，由大变小时压油；

② 有配流装置，它保证密封容积由小变大时只与吸油管相通，密封容积由大变小只与压油管相通。上述单柱塞泵中的两个单向阀 5 和 6 就是起配流作用的，是配流装置的一种。

在压油过程中，密封容积中压出去的油液压力取决于油液从单向阀 6 流出后遇到的阻力大小。因为，泵的输出压力取决于外界负载；在吸油过程中，密封容积中的压力低于大气压，油箱中的油液在液面大气压力的作用下进入，所以油箱液面的压力（不一定是大气压，某些密封油箱的液面充有高于大气压力的惰性气体）是保证容积泵吸油的外部条件。

1.2.1.2 液压泵的性能参数

（1）压力

① 工作压力　液压泵工作时输出的压力称为工作压力。工作压力取决于外界负载的大小和排油管路上的压力损失，与液压泵的实际流量无关。

② 额定压力　液压泵在正常工作条件下，按试验标准规定连续运转的最高压力称为液压泵的额定压力。

③ 最高允许压力　在超过额定压力的情况下，根据试验标准规定，允许液压泵短暂运行的最高压力值，称之为液压泵的最高允许压力。

（2）排量和流量

① 排量 V　液压泵每转一周，由其密封容积几何尺寸变化，计算而得的排出液体的体积叫液压泵的排量（m^3/r）。排量可以调节的液压泵称为变量泵；排量一定的液压泵则称为定量泵。

② 理论流量 q_t　是指在不考虑液压泵内部泄漏的条件下，在单位时间内所排出的液体体积的平均值。显然，其值为液压泵排量 V，与主轴转速 n（r/s）的乘积，即

$$q_t = Vn \tag{1.26}$$

③ 实际流量 q　液压泵在某一具体工况下，单位时间内所排出的液体体积称为实际流量，它等于理论流量 q_t 减去泄漏和压缩损失后的流量 q_1，即

$$q = q_t - q_1 \tag{1.27}$$

④ 额定流量 q_n　液压泵在正常工作条件下，按试验标准规定（如在额定压力和额定转速下）必须保证的流量。

（3）功率和效率

① 液压泵的功率损失　液压泵的功率损失有容积损失和机械损失两部分。

a. 容积损失　是指液压泵流量上的损失，液压泵的实际输出流量总是小于其理论流量，主要原因是由于液压泵的内部高压腔的泄漏、油液的压缩以及在吸油过程中由于吸油阻力太大、油液黏度大以及液压泵转速高等原因而导致油液不能全部充满密封工作腔。液压泵的容积损失用容积效率来表示，它等于液压泵的实际输出流量 q 与其理论流量 q_t 之比，即

$$\eta_v=\frac{q}{q_t}=\frac{q_t-q_1}{q_t}=1-\frac{q_1}{q_t} \tag{1.28}$$

因此液压泵的实际输出流量 q 为

$$q=q_t\eta_v=Vn\eta_v \tag{1.29}$$

液压泵的容积效率随着液压泵工作压力的增大而减小，且随液压泵的结构类型不同而异，但恒小于1。

b. 机械损失　是指液压泵在转矩上的损失。液压泵的实际输入转矩 T 总是大于理论上所需要的转矩 T_t，其主要原因是由于液压泵泵体内相对运动部件之间因机械摩擦而引起的摩擦转矩损失以及液体的黏性而引起的摩擦损失。液压泵的机械损失用机械效率表示，它等于液压泵的理论转矩 T_t 与实际输入转矩 T 之比，设转矩损失为 T_1，则液压泵的机械效率为

$$\eta_m=\frac{T_t}{T}=\frac{T_t}{T_t+T_1}=\frac{1}{1+\frac{T_1}{T_t}} \tag{1.30}$$

在不考虑任何损失的理想下，机械能全部转变为液压能，即

$$T_t\omega=\Delta p q_t \tag{1.31}$$

将 $q_t=Vn$，$\omega=2\pi n$ 带入式（1.31）可得

$$T_t=\frac{\Delta pV}{2\pi} \tag{1.32}$$

② 液压泵的功率

a. 输入功率 P_i　是指作用在液压泵主轴上的机械功率，当输入转矩为 T，角速度为 ω 时，有

$$P_i=T\omega \tag{1.33}$$

b. 输出功率 P　是指液压泵在工作过程中的实际吸、压油口间的压差 Δp 和输出流量 q 的乘积，即

$$P=\Delta pq \tag{1.34}$$

式中，Δp 为液压泵吸、压油口之间的压力差，N/m^2；q 为液压泵的输出流量，m^3/s；P 为液压泵的输出功率，N·m/s 或 W。

在工程实际中，若液压泵吸、压油口的压力差 Δp 的单位用 MPa 表示，输出流量 q 的单位用 L/min 表示，则液压泵的输出功率 P（kW）可表示为

$$P=\frac{\Delta pq}{60} \tag{1.35}$$

在实际的计算中，若油箱通大气，液压泵吸、压油口的压力差往往用液压泵出口压力 p 代入。

③ 液压泵的总效率　液压泵的总效率是指液压泵的实际输出功率与其输入功率的比值，即

$$\eta=\frac{P}{P_i}=\frac{\Delta pq}{T\omega}=\frac{\Delta pq_t\eta_v}{\frac{T_t\omega}{\eta_m}}=\eta_v\eta_m \tag{1.36}$$

由式（1.36）可知，液压泵的总效率等于其容积效率与机械效率的乘积，所以液压泵的输入功率也可写成

$$P_i=\frac{\Delta pq}{\eta} \tag{1.37}$$

液压泵 η_v、η 和 q 这些参数和压力 p 之间的关系曲线如图 1.25 所示；泵的能量转换与效率可用图 1.26 表示。

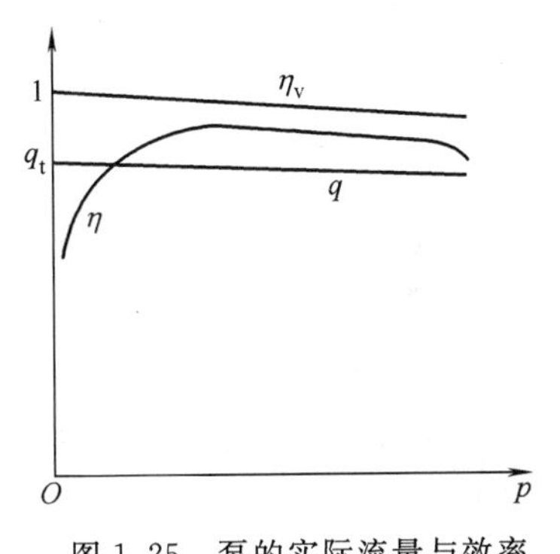

图 1.25　泵的实际流量与效率

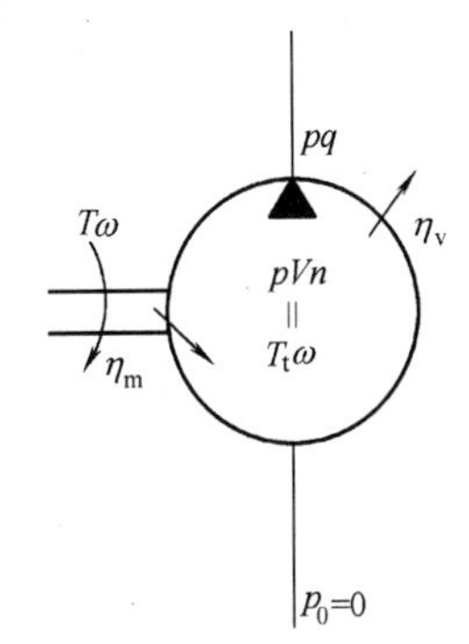

图 1.26　泵的能量转换与效率

1.2.1.3　液压泵的类型

液压泵按其排量是否可调节分为定量泵与变量泵两类；按结构形式分为柱塞泵、叶片泵、齿轮泵等。

1.2.2　齿轮泵

齿轮泵是利用齿轮啮合原理工作的，根据啮合方式不同分为外啮合齿轮泵和内啮合齿轮泵两种。因螺杆的螺旋面可视为齿轮曲线作螺旋运动所形成的表面，螺杆的啮合相当于无数个无限薄的齿轮曲线的啮合，因此将螺杆泵放在齿轮泵一节介绍。

1.2.2.1　外啮合齿轮泵

（1）典型结构和工作原理　外啮合齿轮泵的典型结构如图 1.27 所示。它主要由前端盖 8、后端盖 4、泵体 7、一对相互啮合的齿轮 6、输入轴 12 和转轴 15 等零件组成。齿轮泵的工作原理见图 1.28。当齿轮按图示的方向旋转时，啮合点（线）把密封容积分割成两部分，啮合点右侧的轮齿脱离啮合，密封容积由小变大，形成真空，油箱的油在大气压力作用下，经吸油管进入泵的吸油口，吸入的油液被齿间槽带入啮合点左侧的压油腔；在压油腔，轮齿进入啮合，密封容积由大变小，油被挤压出去，从压油口压到系统中。齿轮泵没有单独的配流装置，齿轮啮合点（线）起配流作用。

（2）结构特点　外啮合齿轮泵的泄漏、困油和径向液压力不平衡是影响齿轮泵性能指标

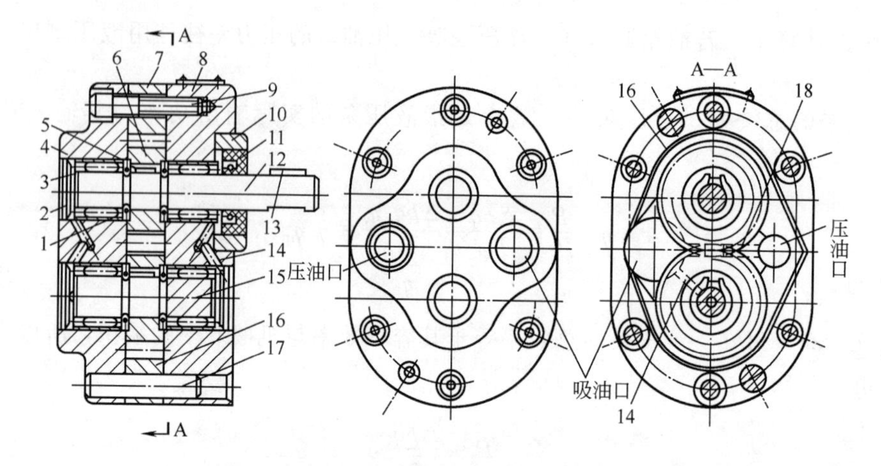

图 1.27　低压齿轮泵的结构

1—卡圈；2—堵盖；3—轴承；4—后端盖；5,13—键；6—齿轮；7—泵体；8—前端盖；9—螺钉；10—密封盖；11—密封圈；12—输入轴；14—卸油槽；15—转轴；16—卸荷槽；17—圆柱销；18—困油卸荷槽

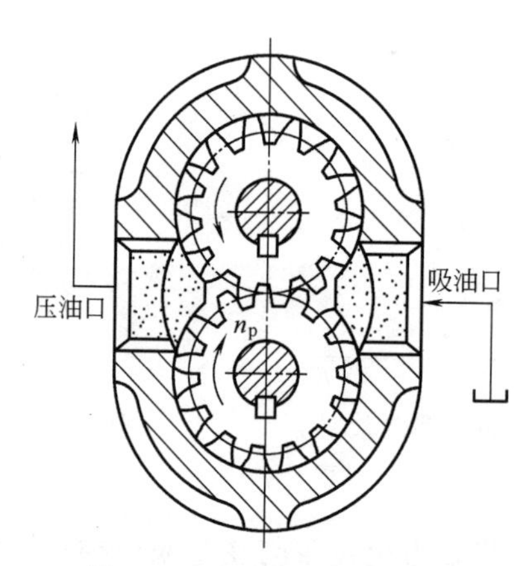

图 1.28　齿轮泵的工作原理

和寿命的三大问题。由于采用了不同结构措施来解决这三大问题导致不同齿轮泵的不同结构特点。

① 泄漏　齿轮泵存在着三个可能产生泄漏的部位：齿轮端面和端盖间、齿轮外圆和泵体内孔间以及两个齿轮的齿面啮合处。其中对泄漏影响最大的是齿轮端面和端盖间的轴向间隙，通过轴向间隙的泄漏量可占总泄漏量的 75%～80%，因为这里泄漏途径短，泄漏面积大。轴向间隙过大，泄漏量多，会使容积效率降低；但间隙过小，齿轮面和端盖之间的机械摩擦损失增加，会使泵的机械效率降低。因此设计和制造时必须严格控制泵的轴向间隙。

② 困油　齿轮泵要平稳工作，齿轮啮合的重叠系数必须大于 1，也就是说要求在一对轮齿即将脱开啮合前，后面的一对轮齿就要开始啮合，在这一小段时间内，同时啮合的就有两对轮齿，这时留在齿间的油液就困在两对轮齿和前后泵盖所形成的密闭空间，如图 1.29 (a) 所示。当齿轮继续旋转时，这个空间的容积逐渐减小，直到两个啮合点 A、B 处于节点两侧的对称位置时，如图 1.29 (b) 所示，密封容积减至最小。由于油液的可压缩性很小，当封闭空间的容积减小时，被困的油液受挤压，压力急剧上升，油液从零件接合面的缝隙中

强行挤出使齿轮和轴承受到很大的径向力；当齿轮继续旋转，这个封闭容积又增大到如图 1.29（c）所示的最大位置，当容积增大时会造成局部真空，使油液中溶解的气体分离，产生气穴现象，这些都将使齿轮泵产生强烈的噪声，这就是齿轮泵的困油现象。

消除困油的方法，通常是在齿轮泵的两侧端盖上铣两条卸荷槽［如图 1.29（d）中虚线所示］，当封闭容积减小时，使其与压油腔相通；当封闭容积增大时，使其与吸油腔相通。

一般齿轮泵两卸荷槽是非对称开设的，往往向吸油腔偏移，但无论怎样，两槽间的距离必须保证在任何时候都不能使吸油腔和压油腔相互串通。

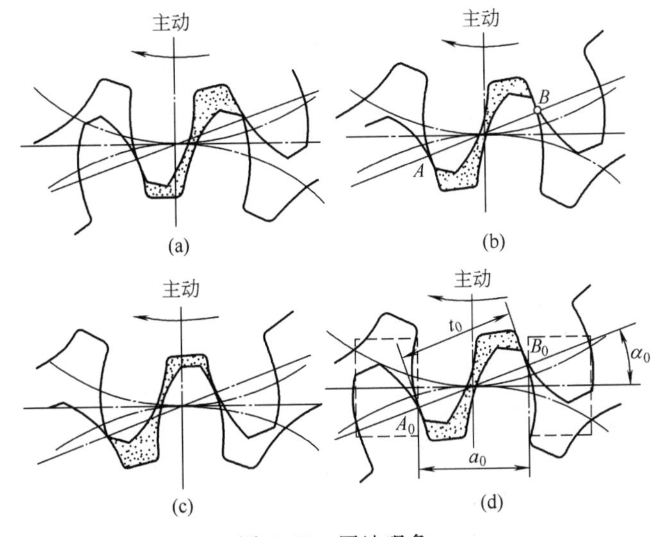

图 1.29　困油现象

③ 径向不平衡力　在齿轮泵中，作用在齿轮外圆上的压力是不相等的，在高压腔和吸油腔处齿轮外圆和齿廓表面承受着工作压力和吸油腔压力，在齿轮和壳体内孔的径向缝隙中，可以认为压力由高压腔压力逐渐分级下降到吸油腔压力，这些液体压力综合作用的结果，相当于给齿轮一个径向的作用力（即不平衡力），使齿轮和轴承受载。工作压力越大，径向不平衡力也越大。径向不平衡力很大时能使轴弯曲，齿顶和壳体产生接触，同时加速轴承的磨损，降低轴承的寿命。为了减小径向不平衡力的影响，有的泵上采取了缩小压油口的办法，使压力油仅作用在一个齿到两个齿的范围内，同时适当增大径向间隙，使齿轮在压力作用下，齿顶不能和壳体相接触。

④ 优缺点　外啮合齿轮泵的优点是结构简单，尺寸小，重量轻，制造方便，价格低廉，工作可靠，自吸能力强（允许的吸油真空度大），对油液污染不敏感，维护容易。它的缺点是一些机件承受不平衡径向力，磨损严重，泄漏大，工作压力的提高受到限制。此外，它的流量脉动大，因而压力脉动和噪声都比较大。它主要用于一些要求不太高的场合，如机床的冷却系统、润滑系统及定位、夹紧系统等。高压齿轮泵额定压力可达 16～21MPa，可用于工程机械、冶金、矿业机械和船舶液压系统。

（3）提高外啮合齿轮泵压力的措施　要提高外啮合齿轮泵的压力，必须要减小端面的泄漏，一般采用齿轮端面间隙自动补偿的办法。图 1.30 示出了端面间隙的补偿原理。利用特制的通道把泵内压油腔的压力油引导到浮动轴套 2 的外侧 A 腔，作用在（用密封圈分隔构成）一定形状和大小的面积上，产生液压作用力，使轴套压向齿轮端面，这个力必须大于齿轮端面作用在轴套内侧的作用力，才能保证在各种压力下，轴套始终自动贴紧齿轮端面，减小泵内通过端面的泄漏，达到提高压力的目的。

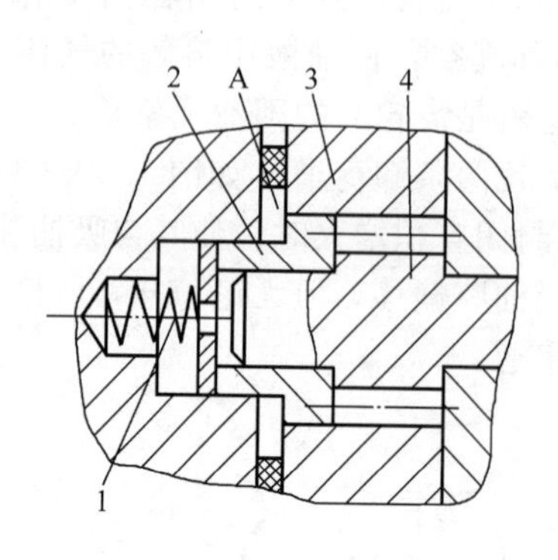

图 1.30 端面间隙补偿装置示意图

1—弹簧；2—轴套；3—泵体；4—轴齿轮

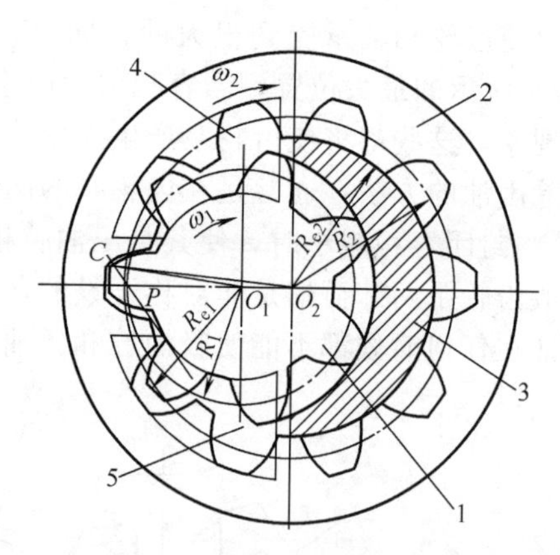

图 1.31 内啮合齿轮泵的工作原理

1—小齿轮（主动齿轮）；2—内齿轮（从动齿轮）；3—月牙板；4—吸油腔；5—压油腔

1.2.2.2 内啮合齿轮泵

图 1.31 示出了内啮合齿轮泵的工作原理。一对相互啮合的小齿轮和内齿轮与侧板所围成的密封容积被齿啮合线和月牙板分隔成两部分，当传动轴带动小齿轮按图示方向旋转时，内齿轮同向旋转。图中上半部齿轮脱开啮合，所在的密封容积增大，为吸油腔；下半部轮齿进入啮合，所在密封容积减小，为压油腔。

内啮合齿轮泵的最大优点是无困油现象，流量脉动较外啮合齿轮泵小，噪声低。当采用轴向和径向间隙补偿措施后，泵的额定压力可达 30MPa，且容积效率和总效率均较高。

1.2.2.3 螺杆泵

图 1.32 为一种三螺杆泵的结构图，在壳体 2 内放置有三根平行的双头螺杆，中间为主动螺杆（凸螺杆），两侧为从动螺杆（凹螺杆）。互相啮合的三根螺杆与壳体之间形成多个密闭容积，每个密闭的容积为一级，其长度约等于螺杆的螺距。当传动轴（图中与凸螺杆为一整体）顺时针方向旋转（从轴伸出端看）时，左端螺杆密封空间逐渐形成，容积增大为吸油腔；右端螺杆密封空间逐渐消失，容积减小为压油腔。在吸油腔与压油腔之间至少有一个完整的密闭工作腔，螺杆的级数越多，泵的额定压力越高（每一级工作压力差为 2～2.5MPa）。

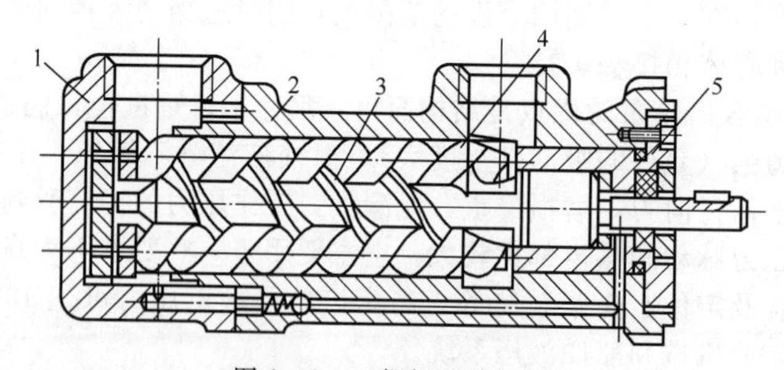

图 1.32 三螺杆泵结构图

1—后盖；2—壳体；3—主动螺杆（凸螺杆）；4—从动螺杆（凹螺杆）；5—前盖

螺杆泵结构简单、紧凑、体积小、运转平稳，最大优点是输出流量均匀，噪声低，特别适用于压力和流量稳定要求较高的精密机械。此外，螺杆泵的自吸性能好、允许采用高转速、流量大，因此常用在大型液压系统做补油泵。因螺杆泵内的油液由吸油腔到压油腔为搅动地提升，因此又常用来输送黏度较大的液体，如原油。螺杆泵的主要缺点是螺杆形状复杂，加工较困难，不易保证精度。

螺杆泵除三螺杆的结构外，尚有单螺杆泵和双螺杆泵，它们多用在石油化工部门。

内啮合齿轮泵和螺杆泵因加工工艺复杂，加工精度要求高，需要专门的加工设备，因此，应用受到一定限制。

1.2.3 叶片泵

叶片泵有两类；双作用叶片泵和单作用叶片泵。双作用叶片泵只能做成定量泵，而单作用泵一般是变量泵。

1.2.3.1 双作用叶片泵

(1) 典型结构和工作原理　如图 1.33 所示，双作用叶片泵是由后泵体 1、左配流装置 2、叶片 5、定子 4、右配流装置 6、前泵体 7 和传动轴 9 等主要零件组成。它的工作原理见图 1.34。叶片 5 可在转子 3 的槽内自由滑动，当电机通过传动轴带动转子 3 旋转时，叶片在离心力的作用力下紧贴定子 4 的内表面。这样由定子的内表面、转子的外表面、叶片和左、右配流装置就形成若干个密封工作容积。定子 4 的内表面由两段长半径圆弧、两段短半径圆弧和四段过渡曲线组成，Ⅰ、Ⅱ、Ⅲ、Ⅳ四个配流窗口开在定子两侧的配流装置上，其位置与定子的过渡曲线相对应，Ⅰ、Ⅲ通吸油口，Ⅱ、Ⅳ通压油口。当两叶片都在短半径圆弧区内时，密封容积最小，而两叶片都在长半径圆弧区内时，密封容积最大，因此当转子沿图示方向转动，密封容积由小变大时，经Ⅰ、Ⅲ窗口吸油，由大变小时，经Ⅱ、Ⅳ窗口压油。由于转子转一周，泵吸、压油两次，所以称这种泵为双作用泵。这种泵的传动轴受到的液压力是平衡的，故轴和轴承受力较小，有利于提高泵的工作压力。双作用泵容积效率在 0.8～0.95 之间，当转速 n 选定后，泵的流量也就确定了。因此说，双作用叶片泵的流量不能调节，是定量泵。

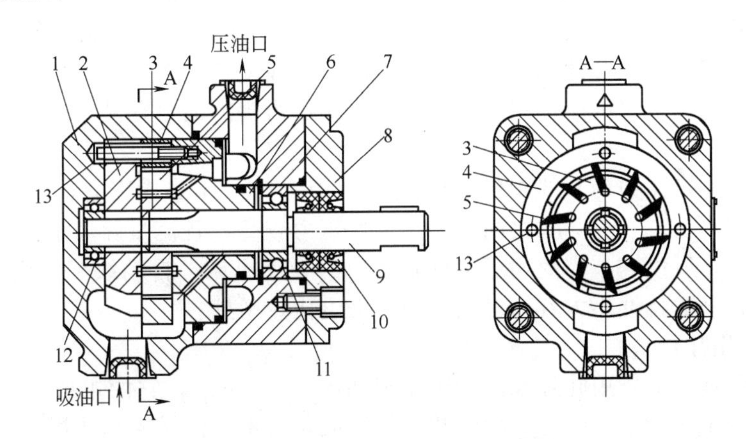

图 1.33　YB1 型双作用叶片泵的结构

1—后泵体；2—左配流装置；3—转子；4—定子；5—叶片；6—右配流装置；7—前泵体；8—密封盖；9—传动轴；10—密封圈；11,12—轴承；13—螺钉

(2) 结构特点

① 保证叶片紧贴定子内表面　前面讲过，叶片是靠离心力的作用紧贴定子内表面的。为了使叶片在压油区，仍能紧贴定子内表面，在其叶片底部都通压力油（见图 1.33)，这样，在压油区，作用在叶片底部和顶部的液压力相互平衡，可保证叶片靠离心力与定子内表面保持接触。但在吸油区，叶片在底部的液压力和离心力的共同作用下压向定子内表面，产生较大的接触力，加速这部分内表面的磨损，这是这种泵使用压力不能过高的主要原因。

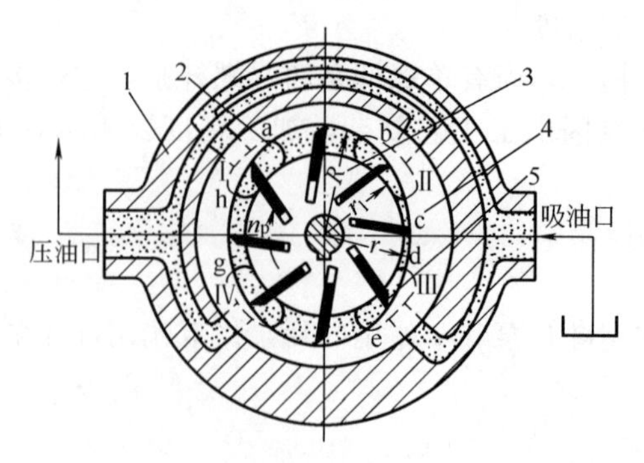

图 1.34 双作用叶片泵的工作原理

1—泵体；2—定子；3—转子；4—叶片；5—配流装置

为减小叶片的侧向受力，在双作用叶片泵中，将叶片顺着转子回转方向前倾一个 θ 角，以使叶片在槽中移动灵活，并可减少磨损。一般前倾角 θ 取 10°～14°，YB_1 型叶片泵的前倾角 θ 取 13°。但近年的研究表明，叶片倾角并非完全必要，某些高压双作用叶片泵的转子槽取径向的，从使用效果看，情况良好。

② 定子内曲线　双作用叶片泵的定子内曲线是由四段园弧和过渡曲线组成的。为了减少冲击，应使叶片在转子槽中作径向运动时速度没有突变，因此，目前过渡曲线常采用等加速-等减速曲线。

③ 配流装置上的三角槽　从吸油区过来的密封容积进入压油区时，会产生压力突变并引起流量脉动，为了缓解这一现象，在配流窗口上开始进入压油区一侧开一个三角槽（见图 1.33），这有助于减小流量脉动和噪声。三角槽的尺寸一般由实验决定。

④ 端面间隙　为了使转子和叶片能自由旋转，它与配流装置之间应保持一定的间隙。中小型叶片泵的端面间隙一般为 0.02～0.04mm。间隙不能过大，过大会使泄漏量增加，泵容积效率降低。某些高压叶片泵的配流装置比较薄，在配流装置外侧液压油的作用下，配流装置产生变形。这样，泵的端面间隙可随泵的工作压力提高而自动减小，以达到提高容积效率的目的。

上述叶片泵额定压力为 6.3MPa，转速在 1000～1500r/min，流量有 6～100L/min 多种规格，其容积效率在 0.8～0.95 之间。因其工作压力较高，且流量脉动小，工作平稳，噪声较小，寿命较长，所以它被广泛用于机械制造中的专用机床、自动线等中低压液压系统中，但其结构复杂，吸油特性不太好，对油液的污染也比较敏感。

1.2.3.2　单作用叶片泵

（1）工作原理　单作用叶片泵的工作原理如图 1.35 所示，它的主要组成部分与双作用相同，也是由定子、转子、叶片、配流装置等组成，所不同的是，单作用叶片泵的内表面是一个圆形，转子与定子间有偏心距 e_0，在配流装置上只开有一个吸油窗口和一个压油窗口。当转子在电动机驱动下按图示箭头方向旋转时，叶片经定子下半部时，在离心力的作用下，从叶片槽中伸出，两叶片间的密封容积增大，实现吸油；叶片经定子上半部时，被定子内表面逐渐压入叶片槽内，密封容积减小，实现压油。泵的转子每转一转，每个密封容积吸、压油各一次，故称单作用叶片泵。这种泵，由于转子受不平衡的径向液压力的作用，轴承所承受的负载比较大，使泵的工作压力受到限制，所以一般都做成中压泵或中高压泵。

单作用叶片泵的偏心距 e_0 通常做成可调的，以改变泵的输出流量。偏心距越大，输出流量也就越大，即为变量叶片泵。变量叶片泵的变量方式有手调和自调两种。自调又有限压式、恒流式、恒压式等几种，目前最常用的是限压式。限压式又可分为外反馈式和内反馈式。

(2) 限压式变量叶片泵 图 1.35 亦为外反馈限压式变量泵的工作原理图。图中转子 1 的中心 O_1 是固定的，定子 2 的中心 O_2 可以左右移动。在限压弹簧 3 的作用下，定子被推向左端与柱塞 6 贴紧，使定子中心 O_2 与转子中心 O_1 有一初始偏心距 e_0，它决定了泵的最大流量 q_0。e_0 的大小可由流量调节螺钉 7 来调节。泵的出口压力 p，经泵体内通道作用在反馈柱塞 6 的左侧，使反馈柱塞对定子产生一个作用力 pA（A 为柱塞面积），它平衡限压弹簧的预紧力 kx_0（k 为弹簧刚度，x_0 为弹簧预压缩量）。当负载变化时，pA 便随之变化，则定子相对转子左右移动，使偏心距和流量改变。当泵的工作压力 $p<kx_0/A$ 时，偏心距 e_0 保持不变，泵的输出流量为最大流量 q_0。当 $p=P_B=kx_0/A$ 时，偏心距 e_0 仍保持不变，泵仍输出最大流量 q_0，P_B 称为限定压力（即保持 e_0 不变的最大工作压力）。当 $p>kx_0/A$ 时，限压弹簧被压缩，定子右移，偏心距 e_0 减小，泵的输出流量也随之减小。当泵的压力升高到使偏心距近似为零时，这时泵的输出流量为零，而微小偏心距所排出的流量仅用来补偿内泄漏，此时泵的工作压力称为极限压力，用 P_C 表示。这时无论泵的工作压力负载如何增大，泵的工作压力也不再升高，故称为限压式变量泵。

限压式变量叶片泵的流量压力特性如图 1.36 所示。图中 AB 线段是泵的定量段曲线，它表示工作压力小于 P_B 时，输出流量最大而且基本保持不变。通过流量调节螺钉 7 可改变泵的初始偏心距 e_0，即可改变泵最大输出流量的大小，从而使 AB 段曲线上下平移。曲线上 BC 段是泵的变量段曲线，当泵的工作压力大于 P_B 时，随着泵的工作压力升高，泵的流量也相应减小，当压力升高至 P_C 时，输出流量为零。通过调压螺钉 4 可改变 P_B 的大小，从而使 BC 段左右平移。若改变弹簧刚度 k，可改变 BC 段的斜率。

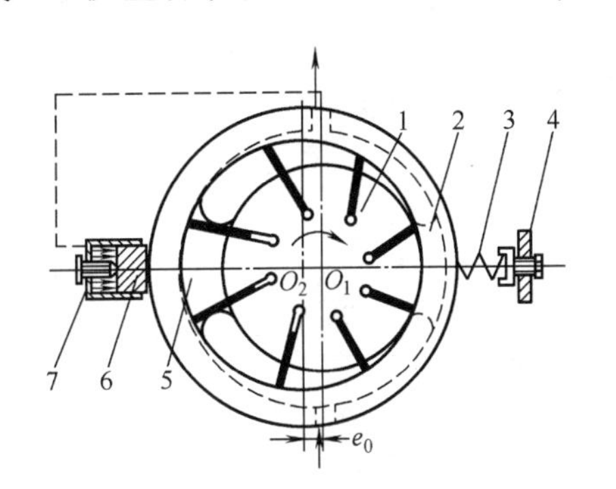

图 1.35 限压式变量泵的工作原理
1—转子；2—定子；3—弹簧；4—调压螺钉；
5—配流装置；6—柱塞；7—流量调节螺钉

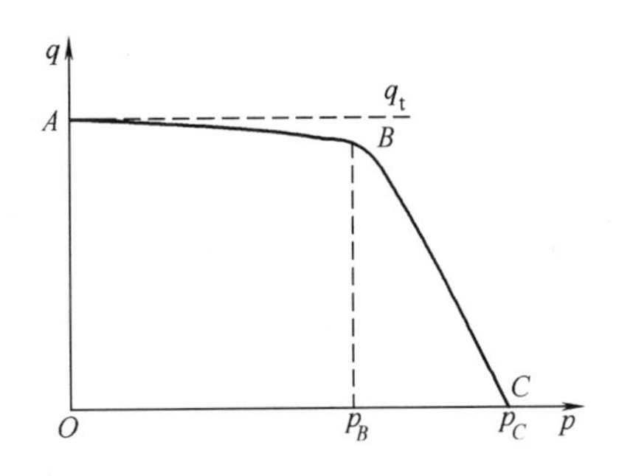

图 1.36 外反馈限压式变量叶片泵的流量压力特性

限压式变量叶片泵能按负载大小自动调节流量，功率利用合理，可减少油液发热，故常用于执行元件有快慢速要求或有保压要求的场合。快速进给时负载小，压力低，流量大，泵处于特性曲线 AB 段。慢速进给时负载大，压力高，流量小，泵自动转换到特性曲线 BC 段。保压时，在近 P_C 点工作，提供小流量以补偿系统泄漏。

这种限压式变量叶片泵的额定压力为 6.3MPa，常用于组合机床和压力机液压系统中。

1.2.3.3 叶片泵的使用要点

① 为了使叶片泵可靠地吸油，其转速必须在 500～1500r/min 的范围，转速太低时，叶片不能紧压定子的内表面和吸油；转速太高则造成泵的“吸空”现象，泵的工作不正常。油的黏度要选用适当，黏度太大，吸油阻力增大；油液过稀，间隙影响，真空度不够，会对吸油造成不良影响。

② 叶片泵对油中的污染很敏感，工作可靠性较差，油液不清会使叶片卡死，因此必须

注意油液良好过滤和环境清洁。

③ 因泵的叶片有安装倾角，故转子只允许单向旋转，不应反向使用，否则会使叶片折断。

1.2.4 轴向柱塞泵

从前述可知，柱塞泵是依靠柱塞在其缸内作往复运动，改变密封腔的容积来完成吸、压油的。由于单柱塞泵的流量是不均匀的（半圈压油半圈吸油），因此大多数使用的柱塞泵一般都做成多柱塞式。根据柱塞是沿径向配置还是轴向配置，多柱塞泵可以分为径向柱塞泵和轴向柱塞泵，因径向柱塞泵很少采用，这里不作介绍。

轴向柱塞泵是指一种柱塞轴线相互平行并且平行于缸体轴线的多柱塞泵，它可分为斜盘式（直轴式）和斜轴式两种。

1.2.4.1 斜盘式轴向柱塞泵的工作原理

斜盘式轴向柱塞泵的工作原理如图 1.37 所示。配流装置 1 上的两个弧形孔（见左视图）为吸、压油窗口，斜盘 11 与配流装置 1 均固定不动，弹簧 6 通过内套筒 8 将压盘 9 和滑履 10 紧压在斜盘 11 上。传动轴 2 通过键 3 带动缸体 4 和柱塞 7 旋转，当柱塞从图示最下方的位置向上方转动时，被滑履（其头部为球铰连接）从柱塞孔中拉出，使柱塞与柱塞孔组成的密封腔容积由小变大，油液通过配流装置的吸油窗口被吸进柱塞孔内，从而完成吸油过程；当柱塞从图示最上方的位置向下转动时，柱塞被斜盘的斜面通过滑履压进柱塞孔内，使密封腔容积由大变小，油液受压，通过配流装置的排油窗口排出，从而完成排油过程。缸体旋转一圈，每个柱塞都完成一次吸油和压油。

经研究，一般柱塞取奇数时，流量脉动小，多数泵采用 7 或 9 个柱塞。

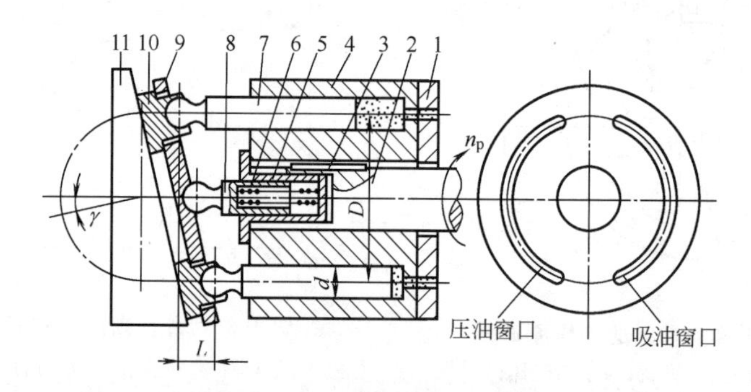

图 1.37 轴向柱塞泵的工作原理图

1—配流装置；2—传动轴；3—键；4—缸体；5—外套筒；6—弹簧；7—柱塞；8—内套筒；9—压盘；10—滑履；11—斜盘

1.2.4.2 斜盘式轴向柱塞泵的结构特点

（1）典型结构 图 1.38 为一种直轴式轴向柱塞泵的结构。图中 25 为斜盘、2 为柱塞、7 为缸体、6 为配流装置、4 为传动轴。这里柱塞的球状头部装在滑履 1 内，以缸体为支撑的弹簧 8 通过钢球推压回程盘 26，回程盘和柱塞、滑履一同转动。在压油过程中借助斜盘 25 推动柱塞作轴向运动；在吸油时依靠回程盘、钢球和弹簧组成的回程装置将滑履紧紧压在斜盘表面上滑动，弹簧 8 一般称之为回程弹簧，这样的泵具有自吸能力。在滑履与斜盘相接触的部分有一油室，它通过柱塞中间的小孔与缸体中的工作腔相连，压力油进入油室后在滑履与斜盘的接触面形成了一层油膜，起着静压支承的作用，使滑履作用在斜盘上的力大大减小，因而磨损也减小。传动轴 4 通过左边的花键带动缸体 7 旋转，由于滑履 1 紧贴在斜盘

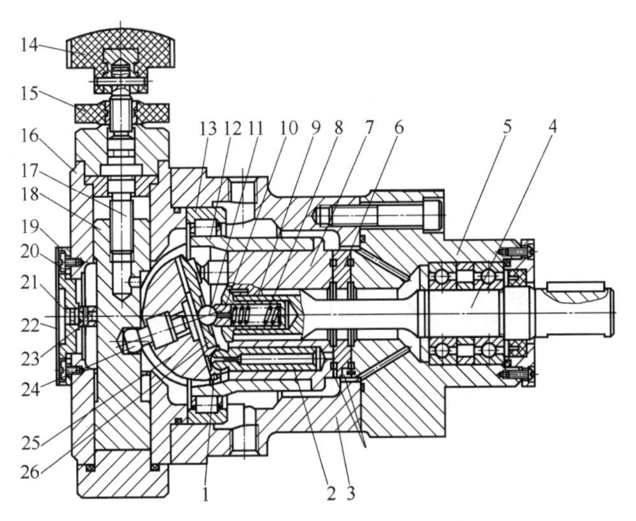

图 1.38 直轴式轴向柱塞泵的结构

1—滑履；2—柱塞；3—泵体；4—传动轴；5—右泵盖；6—配流装置；7—缸体；8—弹簧；9—外套；10—内套；11—钢球；12—钢套；13—滚动轴承；14—手轮；15—锁紧螺母；16—变量壳体；17—螺杆；18—变量活塞；19—小法兰；20—螺钉；21—小轴；22—刻度表；23—销子；24—销轴；25—斜盘；26—回程盘

表面上，柱塞在随着缸体旋转的同时在缸体中作往复运动。缸体中柱塞底部的密封工作容积是通过配流装置 6 与泵的进出口相通的。随着传动轴的转动，液压泵就连续地吸油和排油。

(2) 变量机构 若要改变轴向柱塞泵的输出流量，只要改变斜盘的倾角，即可改变轴向柱塞泵的排量和输出流量。下面介绍常用的轴向柱塞泵的手动变量机构和伺服变量机构的工作原理。

① 手动变量机构 如图 1.38 所示，转动手轮 14，使螺杆 17 转动，带动变量活塞 18 作轴向移动（因导向键的作用，变量活塞只能作轴向移动，不能转动）。通过销轴 24 使斜盘 25 绕变量机构壳体上圆弧导轨面的中心（即为钢球中心）旋转，从而使斜盘倾角改变，达到变量的目的。当流量达到要求时，可用锁紧螺母 15 锁紧。这种变量机构结构简单，但操纵不轻便，且不能在工作过程中变量。

② 伺服变量结构 图 1.39 (a) 所示为轴向柱塞泵的伺服变量机构，用此机构代替图 1.38 所示轴向柱塞泵的手动变量机构，就成为手动伺服变量泵。其工作原理为：泵输出的高压油由通道经单向阀 a 进入变量机构壳体 5 的下腔 d，液压力作用在变量活塞 4 的下端。当与伺服阀阀芯 1 相连接的拉杆不动时（图示状态），变量活塞 4 的上腔 g 处于封闭状态，变量活塞不动，斜盘 3 在某一相应的位置上。当使拉杆向下移动时，推动阀芯 1 一起向下移动，d 腔的压力油经通道 e 进入上腔 g，由于变量活塞上端的有效面积大于下端的有效面积，向下的液压力大于向上的液压力，故变量活塞 4 也随之向下移动，直到将通道 e 的油口封闭为止，变量活塞的移动量等于拉杆的位移量。当变量活塞向下移动时，通过销轴带动斜盘 3 摆动，斜盘倾斜角增加，泵的输出流量随之增加；当拉杆带动伺服阀芯向上运动时，阀芯将通道 f 打开，上腔 g 通过卸压通道 f 接通油箱而卸压，变量活塞向上移动，直到阀芯将卸压通道关闭为止。它的移动量也等于拉杆的移动量，这时斜盘也被带动作相应的摆动，使倾角减小，泵的流量也随之相应地减小。图 1.39 (b) 为该伺服机构的工作原理。由以上可知，伺服变量机构是通过操作液压伺服阀动作，利用泵输出的压力油推动变量活塞来实现变量的。故加在拉杆上的力很小，控制灵敏。拉杆可用手动方式或机械方式操作，斜盘可以倾斜

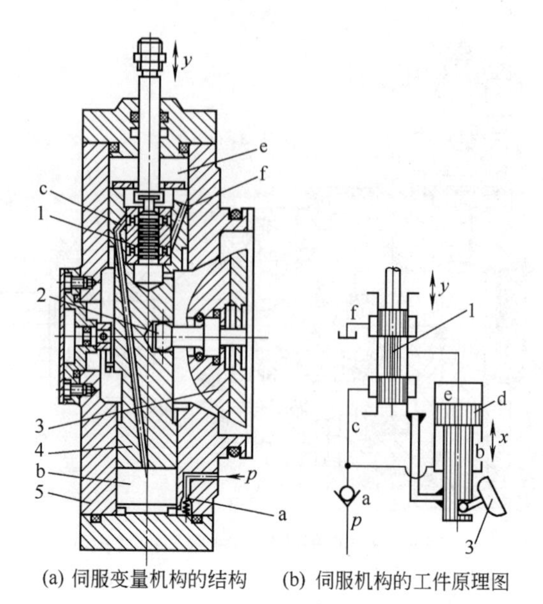

(a) 伺服变量机构的结构　(b) 伺服机构的工件原理图

图 1.39　伺服变量机构

1—阀芯；2—球铰；3—斜盘；4—活塞；5—壳体；

a—单向阀；b—压力腔；c—阻尼孔；d—活塞；e—活塞上腔；f—回油管

±18°，故在工作过程中泵的吸、压油方向可以变换，因而这种泵就成为双向变量液压泵。

除了以上介绍的两种变量机构以外，轴向柱塞泵还有很多种变量机构，如恒功率变量机构、恒压变量机构、恒流量变量机构等，这些变量机构与轴向柱塞泵的泵体部分组合就成为各种不同变量方式的轴向柱塞泵。

柱塞泵具有结构紧凑、工作压力高、效率高及流量调节方便等优点，因此，广泛应用在高压、大流量、大功率的液压系统中和流量需要调节的场合，如液压机、龙门刨床、拉床及工程机械等设备。但其结构复杂、制造精度要求高、价格贵、对油液污染敏感，故一般是在其他类型的泵达不到要求时才采用。

1.2.5　液压泵的选用

液压泵的选用应包括泵的额定流量、额定压力和结构类型的确定等。泵的额定流量和压力经计算后按系统的实际需要选取（详见第 6 章），这里主要讨论泵类型的选择。

表 1.3 为常用液压泵的性能参数比较表，供选用时参考。一般条件下，低压系统或辅助装置选用低压齿轮泵，中压系统多采用叶片泵，高压系统多选用柱塞泵。由于柱塞泵价格较高，所以对平稳性、脉动性和噪声要求不高的高压系统，或者工作环境较差的场合，可采用高压齿轮泵。

表 1.3　常用液压泵的技术性能

类型 性能	外啮合齿轮泵	双作用叶片泵	限压式变量叶片泵	轴向柱塞泵	径向柱塞泵	螺杆泵
额定压力/10^5Pa	25～175	63～280	63～100	70～400	320～1280	25～100
排量/(mL/r)	2.5～210	2.5～237	10～125	2.5～1616	0.25～188	0.16～1463
转速/(r/min)	1450～4000	600～2800	600～1800	960～7500	960～2400	100～1800
变量性能	不能	不能	能	能	能	不能
容积效率	0.70～0.95	0.85～0.95	0.60～0.90	0.90～0.97	0.95	0.70～0.95
总效率	0.65～0.90	0.65～0.85	0.55～0.85	0.80～0.90	0.90	0.70～0.85

1.2.6 例题与习题

1.2.6.1 例题

【例 1.2-1】 某泵排量 $V=50\text{cm}^3/\text{r}$，总泄漏量 $q_1=cp$，$c=29\times10^{-5}\text{cm}^3/\text{Pa}\cdot\text{min}$。泵以 1450r/min 的转速转动，分别计算 $p=0$，2.5MPa，5MPa，7.5MPa 和 10MPa 时泵的实际流量和容积效率。如泵的摩擦损失转矩为 2N·m，且与压力无关，试计算上述几种压力下的总效率。当用电机带动时，电机功率应多大？

解： 泵的实际流量

$$q=q_t-q_1=Vn-cp=50\times1450-29p\times10^{-5}\ (\text{cm}^3/\text{min})$$

泵的容积效率

$$\eta_v=1-\frac{q_1}{q_t}=1-\frac{29p\times10^{-5}}{50\times1450}$$

泵的机械效率

$$\eta_m=\frac{T_t}{T}=\frac{T_t}{T_t+T_1}$$

其中

$$T_t=\frac{pV}{2\pi}=\frac{p\times50\times10^{-6}}{2\pi}\ (\text{N}\cdot\text{m})$$

$$T_1=2\ (\text{N}\cdot\text{m})$$

所以

$$\eta_m=\frac{\dfrac{p\times50\times10^{-6}}{2\pi}}{\dfrac{p\times50\times10^{-6}}{2\pi}+2}=\frac{5p\times10^{-5}}{5p\times10^{-5}+4\pi}$$

根据以上算式计算的结果列表 1.4 如下。泵效率曲线见图 1.40。

表 1.4 计算结果

p/MPa	0	2.5	5	7.5	10
q/(L/min)	72.5	71.8	71.1	70.3	69.6
η_v	1	0.99	0.98	0.97	0.96
η_m	0	0.907	0.951	0.967	0.975
η	0	0.898	0.934	0.938	0.936

电动机功率

$$P_i=\frac{pq}{\eta}=\frac{10\times10^6\times69.6\times10^{-3}}{0.936\times60}=12393\ (\text{W})\approx1.24\ (\text{kW})$$

【例 1.2-2】 如果柱塞泵的配流装置偏离正确位置一定角度，会产生什么现象？当偏离 90°时又将有怎样的结果？

解： 配流装置的正确位置应使其二配流槽对称于斜盘的顶点分布。如果错开一角度，则配流槽将同时与密封容积处于减小和处于增大位置的柱塞相通，其实际吸入或排出的油液为

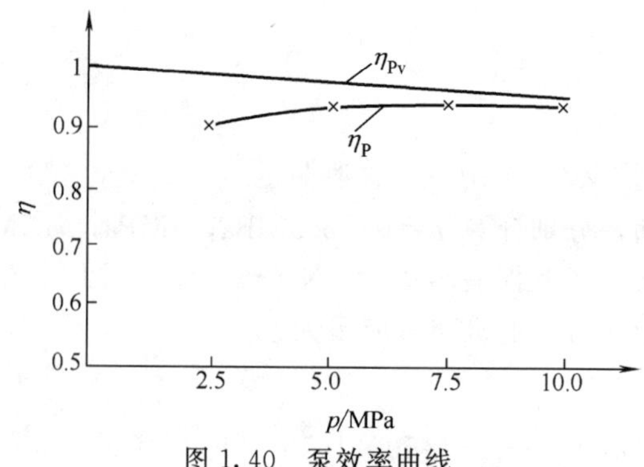

图 1.40　泵效率曲线

这两部分体积之差，即实际排量减小。当错开角度达到 90°时，减小和增加的密封容积相等，泵不再有流量输出。故一般在装配时应保持配流装置的正确位置，但在个别泵中利用这一原理来改变泵的排量，即成为变量泵。

【例 1.2-3】 如图 1.41 所示，A 阀是一个通流截面可变的节流阀，B 阀是一溢流阀，如不计管道压力损失，试说明泵出口处的压力等于多少？

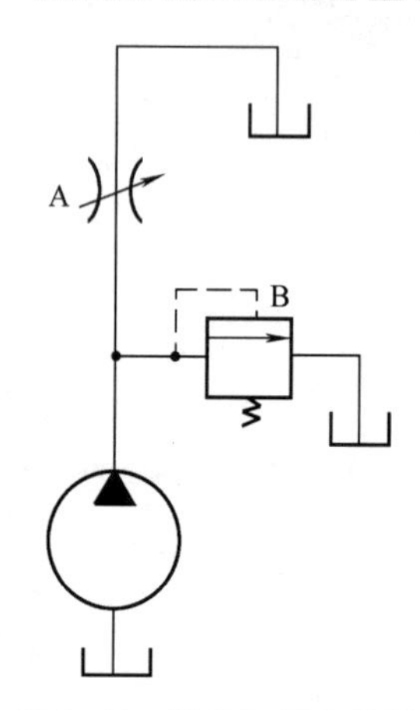

图 1.41　泵出口压力计算

解：实际上，这里 A 阀可以设想为一自来水龙头，调节其通流截面便可调节通过的流量。B 阀为溢流阀，当阀进口的压力达到它的调定压力 p_y时，油液便可通过溢流阀而流回油箱，同时维持阀进口处的压力恒定，不再变化。这两个阀的细节，将于第 1.4 节详述。

当 A 阀的通流截面最大时，油液没有阻力，泵全部流量通过 A 阀，B 阀不打开，泵出口处压力近乎为零。随着 A 阀通流截面不断关小，油流的阻力不断增大，此时泵出口处的压力逐渐增大。当 A 阀的通流截面减小到某一值时，泵出口处压力升到 p_y值，此时 B 阀被打开，部分油液通过它流回油箱。之后，如继续关小 A 阀，泵出口处压力不再升高，维持 B 阀的调定压力 p_y值，而这时仅仅是通过 A 阀的流量进一步减小而已。

注：由此例可证明“系统的压力决定于负载”这一基本原理，而负载可以是要克服的外加负载，也可以是诸如孔口通道等的阻力负载。要使溢流阀打开，弹簧作用在溢流阀芯上的预压力亦是一种负载。

【例 1.2-4】 泵的额定流量为 100L/min，额定压力为 2.5MPa，当转速为 1450r/min 时，机械效率 η_m 为 0.9。由实验测得，当泵出口压力为零时，流量为 106L/min；压力为 2.5MPa 时，流量为 100.7L/min。求：

（1）泵的容积效率；

（2）如泵的转速下降到 500r/min，在额定压力下工作时，估算泵的流量为多少？

（3）上述两种转速下泵的驱动功率。

解：（1）出口压力为零时的流量为理论流量，即 106L/min，所以泵的容积效率 η_v = 100.7/106=0.95。

（2）转速为 500r/min 时，泵的理论流量为 106×(500/1450)=36.55（L/min），因压力仍是额定压力，故此时的泵的流量为 36.55×0.95=34.72（L/min）。

（3）泵的驱动功率在第一种情况下为（2.5×106)/(60×0.9)=4.91（kW），第二种情况下为（2.5×36.55)/(60×0.9)=1.69（kW）。

1.2.6.2　习题

习题 1.2-1　某液压泵在转速为 950r/min 时的理论流量为 160L/min，在压力 29.5MPa 和同样转速下测得的实际流量为 150L/min，总效率为 0.87。求：

（1）泵的容积效率；

（2）泵在上述工况下所需的电机功率；

（3）泵在上述工况下的机械效率；

（4）驱动此泵需多大转矩？

习题 1.2-2　图 1.42 所示凸轮转子泵，其定子内曲线为完整的圆弧，壳体上有两片不旋转但可以伸缩（靠弹簧压紧）的叶片，转子外形与一般叶片泵的定子曲线相似。说明泵的工作原理，在图上标出其进、出油口，并指出凸轮转一转泵吸、排油几次。

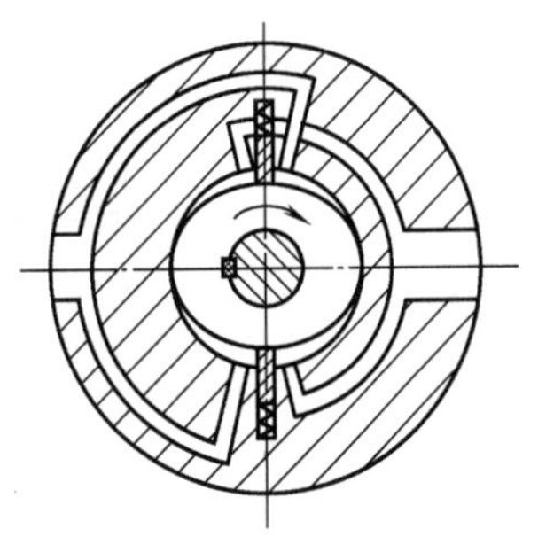

图 1.42　凸轮转子泵

习题 1.2-3　泵的输出压力为 5MPa，排量为 10mL/r，机械效率为 0.95，容积效率为 0.9。当转速为 1200r/min 时，泵的输出功率和驱动泵的电机功率等于多少？

习题 1.2-4　设液压泵转速为 950r/min，排量为 168mL/r，在额定压力 295×10^5Pa 和同样转速下，测得的实际流量为 150L/min，额定工况下的总效率为 0.87。求：

（1）泵的理论流量 q_t；

（2）泵的容积效率 η_v；

（3）泵的机械效率；

（4）泵在额定工况下所需电机驱动功率；

（5）驱动泵的转矩。

1.3　液压执行元件

在液压系统中，液压马达和液压缸作为执行元件，将液压能转变机械能，驱动工作部件做功。

1.3.1　液压马达

1.3.1.1　液压马达的工作原理

液压马达和液压泵在原理上可逆，结构上类似，但由于用途不同，它们的结构有一定差别。常用的液压马达有柱塞式、叶片式和齿轮式等。

下面以轴向柱塞马达为例说明液压马达的工作原理，轴向柱塞液压马达的结构和轴向柱塞泵相同，图 1.43 为其工作原理。其中斜盘 1 和配流装置 4 是固定不动的，缸体 2 与马达传动轴 5 相连并一起转动。斜盘的中心线与缸体的轴线相交一个倾斜角 α。当压力油通过配流装置的进油口输入到缸体的柱塞孔时，处于高压区的各个柱塞，在压力油的作用下，顶在斜盘的端面上。斜盘给每个柱塞的反作用力 F 是垂直于斜盘端面的。该反作用力可分解为两个分力：水平分力 F_x，它和作用在柱塞上的液压推力相平衡；另一个为垂直分力 F_y，使处于压油区的每个柱塞都对转子中心产生一个转矩，这些转矩的总和使缸体带动液压马达传动轴 5 作逆时针方向旋转。若使进、回油路交换，即改变输入油方向，则液压马达的旋转方向亦随之改变。斜盘倾斜角 α 的改变及排量的变化，不仅影响马达的转矩，而且影响它的转速和转向。斜盘倾角越大，产生的转矩越大，转速越低。

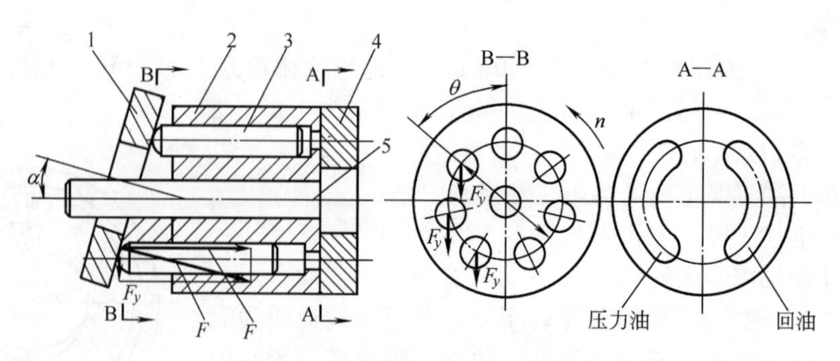

图 1.43　轴向柱塞马达的工作原理

1—斜盘；2—缸体；3—柱塞；4—配流装置；5—马达传动轴

1.3.1.2　液压马达性能参数

液压马达（以下简称马达）输出的是机械能，所以它的主要性能参数是转速和转矩。与泵类似，马达的输出转速和转矩都和其排量 V 有关，因此，排量是马达最重要的与结构有关的参数。

（1）马达的转速　马达转一转时需要的液体体积为马达排量 V，若马达每分钟以 n 转旋转时，则理论流量 q_t 为

$$q_t = Vn \tag{1.38}$$

由于存在泄漏，实际流量 q 等于理论流量加上泄漏量 q_1，即

$$q = q_t + q_1 = Vn + q_1 \tag{1.39}$$

因此马达的容积效率 η_v 为

$$\eta_v = \frac{q_t}{q} = \frac{Vn}{Vn + q_1} \tag{1.40}$$

所以马达的实际转速为

$$n = \frac{q_t}{V} = \frac{q\eta_v}{V} \tag{1.41}$$

（2）马达的转矩　在不考虑任何损失的情况下，根据能量守恒定律有

$$pq_t = T_t\omega \tag{1.42}$$

式中，p 为马达的进口压力（设马达的出口压力为零）；T_t 为马达的理论转矩；ω 为马达的角速度，$\omega = 2\pi n$。

由式（1.42）可得

$$T_t = \frac{pV}{2\pi} \tag{1.43}$$

实际使用中，马达存在机械摩擦损失，马达实际输出的转矩 T 要比理论转矩 T_t 小。

设由机械摩擦引起的转矩损失为 T_1，则其机械效率 η_m 为

$$\eta_m = \frac{T}{T_t} = \frac{T_t - T_1}{T_t} \tag{1.44}$$

马达的实际输出转矩

$$T=T_{\mathrm{t}}\eta_{\mathrm{m}}=\frac{pV}{2\pi}\eta_{\mathrm{m}} \tag{1.45}$$

马达的能量转换和效率可用图 1.44 表示；液压马达的不同职能符号如图 1.45（a）和图 1.45（b）所示。

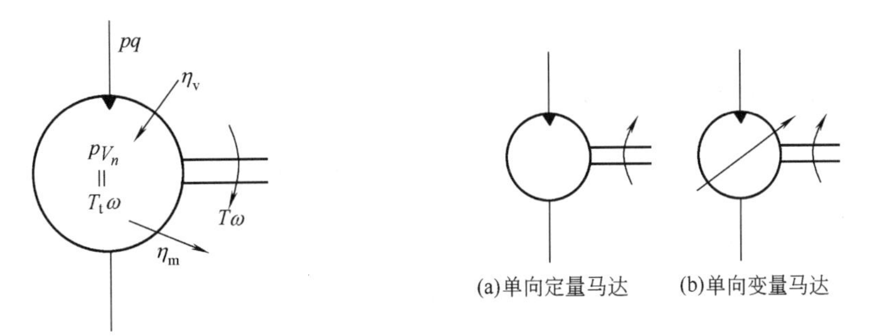

图 1.44　液压马达的能量转换和效率　　图 1.45　液压马达的职能符号

1.3.1.3　液压马达的选用

由于液压马达和泵在结构上类似，关于泵的选用原则同样适用于马达。一般齿轮马达结构简单、价格便宜，常用于高转速、低转矩和运动平稳性要求不高的工作场合，如风扇、驱动研磨机等。叶片马达转动惯性量小，动作灵敏，但容积效率不高，机械特性软，适用于中速以上、转矩中等、要求启动、换向频繁的场合，如磨床工作台的驱动、机床操作系统等。轴向柱塞马达容积效率高，调速范围大，且低速稳定性好，但耐冲击性能稍差，常用于要求较高的高压系统，如船舶、工程机械、交通机械、起重机械等的回转、起重液压系统中。采用低速大转矩径向柱塞马达时，则不再需要减速箱，可直接驱动起重机绞盘、行走机械车轮等。

1.3.2　液压缸

液压缸是将液压能转变成机械能的能量转换装置，属于执行元件，一般用来实现往复直线运动或往复摆动。

1.3.2.1　液压缸的类型和特点

液压缸有很多种形式，按其结构特点可分为活塞缸、柱塞缸、摆动缸三大类；按作用方式又可分为双作用式和单作用式两种。对于双作用式液压缸，两个方向的运动都是由压力油控制实现的；单作用式液压缸则只能使活塞（或柱塞）单方向运动，其反向运动必须依靠外力来实现。

（1）活塞式液压缸　活塞式液压缸可分为双活塞杆和单活塞杆两种。

① 双活塞杆液压缸　双活塞杆液压缸的两端都有活塞杆伸出，根据安装方式不同可分为活塞杆固定式和缸筒固定式两种。如图 1.46（a）所示为缸筒固定式双杆活塞缸，它的进、出油口位于缸筒两端，压力油推动活塞通过活塞杆带动工作台移动。此安装形式工作台移动范围等于活塞有效行程 L 的 3 倍，占地面积大，因此仅适用于小型机床。图 1.46（b）是活塞杆固定式，缸筒与工作台相连，活塞杆通过支架固定在机床上。这种安装形式，工作台的移动范围等于活塞有效行程 L 的 2 倍，因此占地面积小，常用于大中型设备中。图 1.46（c）为职能符号。

双活塞杆液压缸通常是两个活塞缸相同，活塞两端的有效面积相同。如果供油压力和流

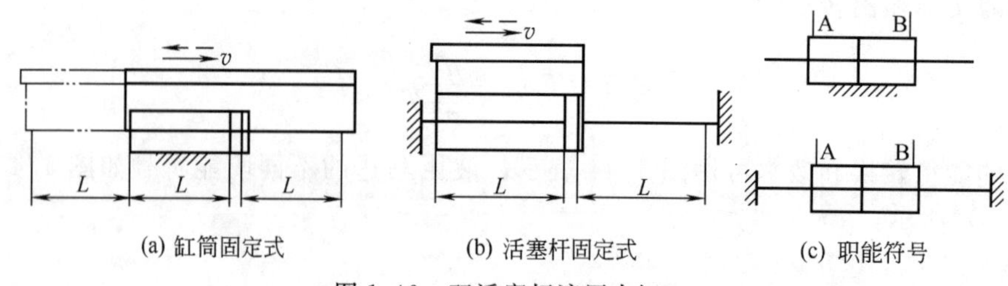

(a) 缸筒固定式　(b) 活塞杆固定式　(c) 职能符号

图 1.46　双活塞杆液压力缸

量不变，则活塞往复运动时两个方向的作用力 F_1 和 F_2 相等，速度 v_1 和 v_2 相等，其值为

$$F_1=F_2=pA=p\frac{\pi(D^2-d^2)}{4} \tag{1.46}$$

$$v_1=v_2=\frac{4q}{\pi(D^2-d^2)} \tag{1.47}$$

式中，F_1、F_2 为活塞上的作用力，N；p 为液压缸的油液压力，Pa；v_1、v_2 为活塞运动速度，m/s；A 为活塞有效面积，m^2；d 为活塞杆直径，m；D 为活塞直径，m；q 为进入液压缸的流量，m^3/s。

② 单活塞杆液压缸　单活塞杆液压缸的简图如图 1.47 所示，其活塞仅一端有活塞杆。这种液压缸也有活塞杆固定和缸筒固定两种形式，其工作原理与双杆式相同。由图可见，液压缸工作台的最大运动范围是活塞或缸筒有效行程 L 的两倍，结构紧凑，应用广泛。

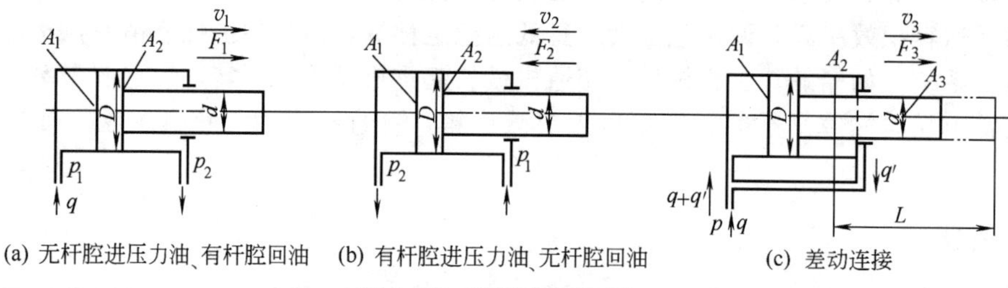

(a) 无杆腔进压力油、有杆腔回油　(b) 有杆腔进压力油、无杆腔回油　(c) 差动连接

图 1.47　单活塞杆液压缸

由于活塞两端的有效作用面积 A_1、A_2 不相等，因此当向两腔分别供油且供油压力和流量相同时，活塞或缸筒向两个方向的推力 F 和速度 v 是不相同的，其计算公式分别如下。

a. 如图 1.47（a）所示，当无杆腔进压力油、有杆腔回油时

$$F_1=p_1A_1-p_2A_2=\frac{\pi}{4}[D^2p_1-(D^2-d^2)p_2] \tag{1.48}$$

$$v_1=\frac{q}{A_1}=\frac{4q}{\pi D^2} \tag{1.49}$$

b. 如图 1.47（b）所示，当有杆腔进压力油、无杆腔回油时

$$F_2=p_1A_2-p_2A_1=\frac{\pi}{4}[(D^2-d^2)p_1-D^2p_2] \tag{1.50}$$

$$v_2=\frac{4q}{\pi(D^2-d^2)} \tag{1.51}$$

c. 如图 1.47（c）所示，差动连接即无杆腔和有杆腔同时通压力油时（活塞在压力差的

作用下向右运动，并使有杆腔排出的油液也进入无杆腔）

$$F_3=p(A_1-A_2)=pA_3=\frac{\pi}{4}d^2p \tag{1.52}$$

$$v_3=\frac{q}{A_1-A_2}=\frac{q}{A_3}=\frac{4q}{\pi d^2} \tag{1.53}$$

由上可知，无杆腔进油时其推力 F_1 大于有杆腔进油时推力 F_2，速度 v_1 小于有杆腔进油时速度 v_2；对同样大小的液压缸在差动连接时，活塞的速度 v_3 大于非差动连接时的速度 v_1，因而可以获得快速运动。因此，单活塞杆液压缸常用于实现“快进（差动连接）→工进（无杆腔进压力油）→快退（有杆腔进压力油）”工作循环的组合机床等机械设备的液压系统中。

(2) 柱塞式液压缸　图 1.48 为柱塞式液压缸［图中 (c) 为职能符号］，它具有以下特点。

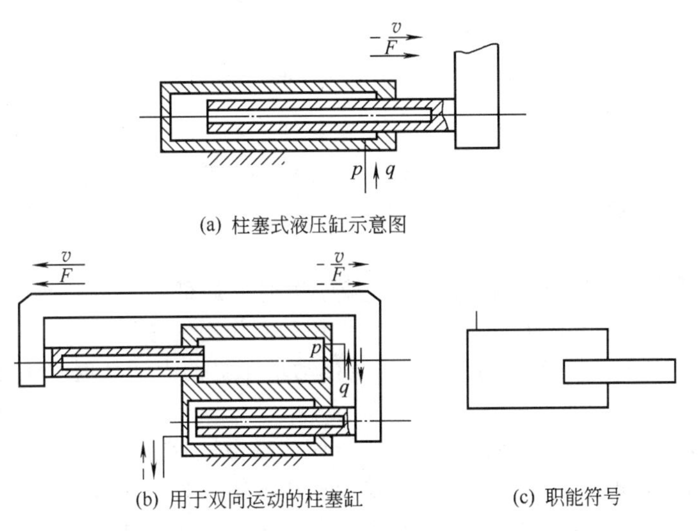

(a) 柱塞式液压缸示意图

(b) 用于双向运动的柱塞缸　　(c) 职能符号

图 1.48　柱塞式液压缸

① 柱塞式液压缸是单作用液压缸，即靠液压力只能实现一个方向的运动，回程要靠自重（当液压缸垂直放置时）或其他外力，若需用于双向运动，柱塞常成对使用。

② 工作时柱塞总是受压，因而要有足够的刚度。

③ 柱塞和缸筒内壁不接触，缸筒内孔只需粗加工或不加工，具有工艺性好、成本低的优点，适用于行程较长的场合。

④ 柱塞重量往往比较大，水平放置时因自重而易造成密封件和导向件单边磨损，故柱塞式液压缸垂直使用更为有利。

柱塞输出的力和速度分别为

$$F=pA=p\,\frac{\pi d^2}{4} \tag{1.54}$$

$$v=\frac{q}{A}=\frac{4q}{\pi d^2} \tag{1.55}$$

式中，d 为柱塞直径，m；其他符号意义同前。

(3) 摆动式液压缸　摆动式液压缸是一种输出转矩并实现往复摆动的液压执行元件，又称摆动式液压马达或回转液压缸，常有单叶片式和双叶片式两种形式。如图 1.49 所示，摆动式液压缸由叶片轴 1、缸体 2、定子块 3 和回转叶片 4 等组成，定子块固定在缸体上，叶片与叶片轴连为一体。当油口 A、B 交替输入压力油时，叶片带动叶片轴作往复摆动，输出转矩和角速度。单叶片式输出轴的摆动角小于 310°；双叶片式输出轴的摆动角小于 150°，但输出转矩是单叶片式的两倍。图 1.49（c）为摆动式液压缸的职能符号。

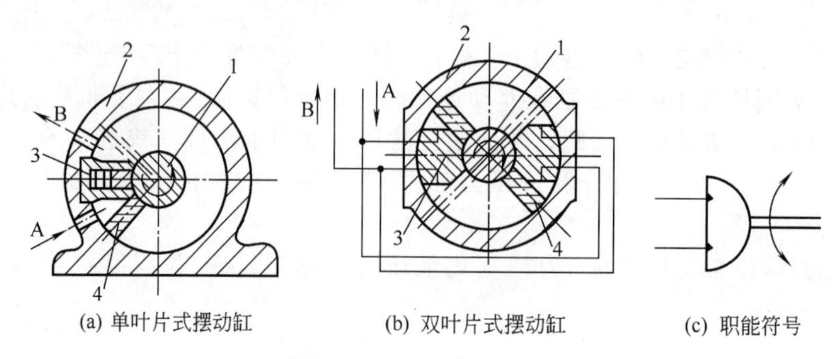

(a) 单叶片式摆动缸　(b) 双叶片式摆动缸　(c) 职能符号

图 1.49　摆动式液压缸

1—叶片轴；2—缸体；3—定子块；4—回转叶片

摆动式液压缸结构紧凑，输出转矩大，但密封性差，一般只用于机床和工夹具的夹紧装置、送料装置、转位装置、周期性进给机构、工业机器人的手臂和手腕的回转机构及工程机械回转机构等中低压系统。

（4）其他液压缸

① 增压缸　增压液压缸又称增压器。在某些短时或局部需要高压液体的液压系统中，常用增压缸与低压大流量泵配合作用，它有单作用和双作用两种形式。单作用增压缸的工作原理如图 1.50（a）所示。当低压为 p_1 的油液推动增压缸的大活塞时，大活塞推动与其连成一体的小活塞，输出压力为 p_2 的高压液体。

当小活塞运动到终点时，不能再输出高压液体，需要将活塞退回到左端位置，再向右行时才又输出高压液体，即只能在一次行程中输出高压液体。为了克服这一缺点可采用双作用增压缸，如图 1.50（b）所示，由两个高压端连续向系统供油。增压缸仅仅是增压输出的压力，并不能增大输出的能量。图中压力增大比例的计算式请自行分析。

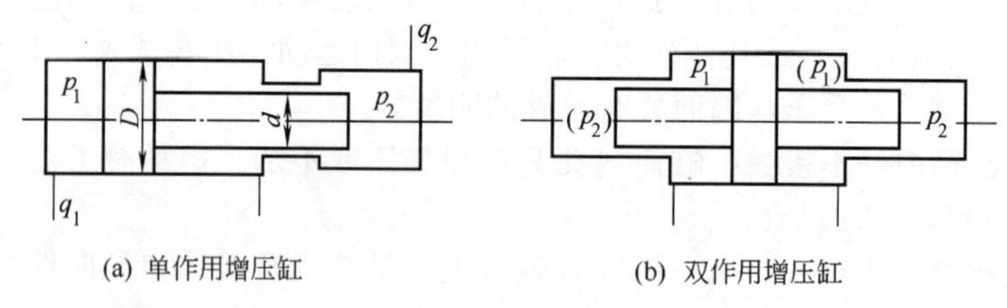

(a) 单作用增压缸　(b) 双作用增压缸

图 1.50　增压缸

② 伸缩缸　伸缩缸又称多级缸，由两级或多级活塞缸套装成（图 1.51）。它的前一级活塞就是后一级的缸体，这种伸缩缸的各级活塞依次伸出，可获得很长的行程。活塞伸出的顺序从大到小，相应的推力也是由大变小，而伸出速度则由慢变快。空载缩的顺序一般从小到大，缩回后缸的总长较短，结构紧凑，常用在工程机械上。

③ 齿轮缸　齿轮式液压缸又称无杆式活塞缸，它由两个柱塞缸和一条齿轮齿条传动装置组成，如图 1.52 所示。当压力油推动左右往复运动时，齿条就推动齿轮作往复旋转，从而驱动工作部件（如组合机床中的旋转工作台）作周期性的往复旋转运动。

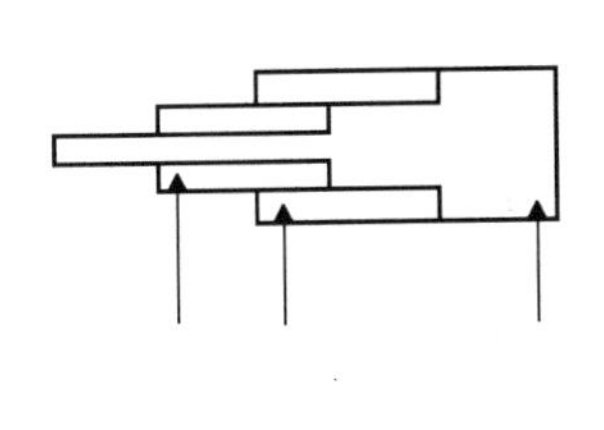

图 1.51 伸缩缸

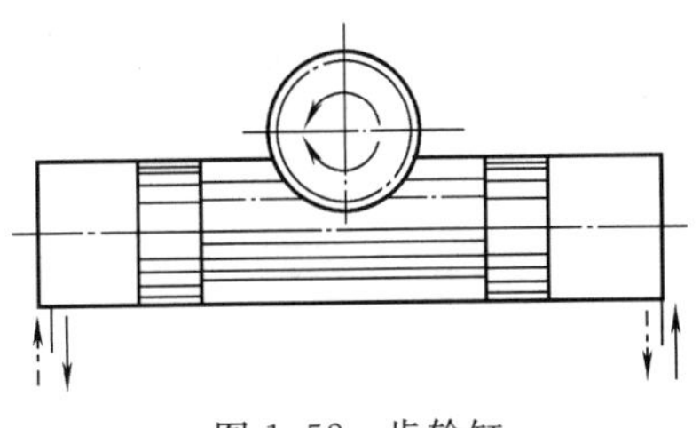

图 1.52 齿轮缸

1.3.2.2 液压杠的典型结构及组成

(1) 液压缸的典型结构举例 图 1.53 所示为双活塞杆液压缸结构。它由缸筒 5、前后支架（缸筒的端盖）3、前后导向套 4、前后压盖 2、活塞 6、两根活塞杆 1、两套 V 形密封圈 8、密封纸垫 7 等组成。

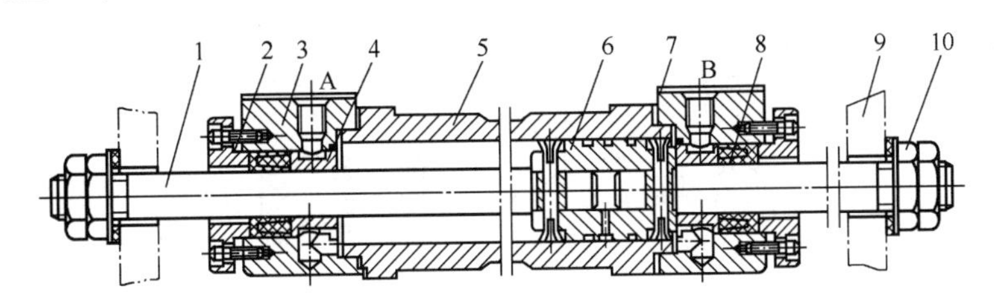

图 1.53 双活塞杆液压缸结构

1—活塞杆；2—压盖；3—端盖；4—导向套；5—缸筒；6—活塞；7—密封纸垫；8—密封圈；9—工作台支架；10—螺母

液压缸的缸筒固定在机身上不动，活塞杆用螺母 10 与工作支架 9 连接在一起，螺母设置在支架 9 的外侧，活塞杆仅受拉力，其直径可以做得很细，且受热伸长时也不会受阻而弯曲。进、出油口 A、B 开在液压缸前后端盖 3 上端，有利于排出液压缸中的空气。当压力油从液压缸 A 口进入左腔，右腔油液从 B 口回油时，活塞带动工作台向右移动；反之，活塞带动工作台向左移动。

这种液压缸缸筒与端盖用法兰连接，活塞与活塞杆用销钉连接，活塞与缸筒之间采用间隙密封。导向套 4 与活塞杆配合起导向支承作用。

由上可知，液压缸主要由缸体组件（缸筒、端盖、压盖）、活塞组件（活塞、活塞杆、导向套）和密封装置等组成。

(2) 液压缸的组成

① 缸体组件 缸体组件是液压缸的主体，因此应具有足够的强度和刚度。缸体组件主要有缸体和缸盖。缸体材料普遍采用冷拔和热轧无缝缸管。缸盖装在缸筒两端，与缸筒形成密闭油缸。

进行缸体组件设计时既要考虑强度，又要选择工艺性较好的结构形式。

缸体组件的结构、连接形式与优缺点见表 1.5，选用时应根据具体工作条件全面权衡利弊来确定。

② 活塞组件 活塞组件主要考虑活塞和活塞杆的连接形式，可参考表 1.6。

③ 密封装置 液压缸的密封装置用以防止油液的泄漏（液压缸不允许外泄并要求内泄漏尽可能小）。密封装置设计的好坏对于液压缸的静、动态性能有着重要的影响。一般要求密封应具有良好的密封性，尽可能长的寿命，制造简单、拆装方便、成本低。液压缸的密封主要指活塞、活塞杆处的动密封和缸盖等处的静密封。有关密封装置详见后述。

表 1.5　缸体组件的结构、连接形式与优缺点

焊　接		钢 丝 连 接	
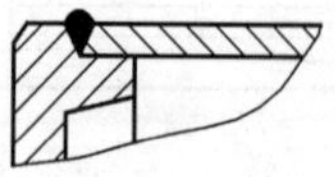		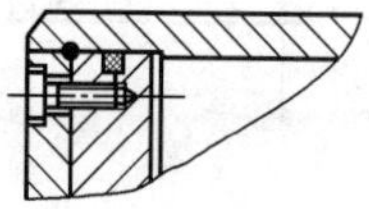	
优点： 1. 结构简单 2. 尺寸较小	缺点： 1. 缸筒有可能变形 2. 缸底内径较难保证精度 3. 只能用于一端	优点： 1. 结构简单 2. 尺寸较小，重量轻	缺点： 承载能力小，只用于低压、小直径缸
螺 纹 连 接		拉 杆 连 接	
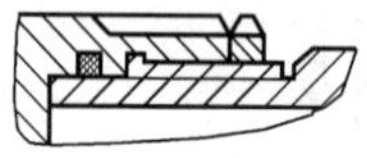	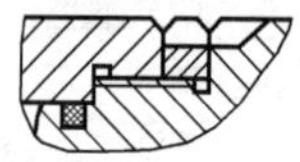	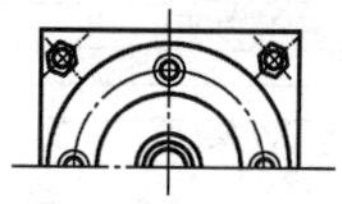	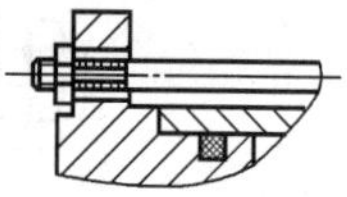
优点： 1. 重量较轻 2. 外形较小	缺点： 1. 端部要加工大尺寸螺纹，结构复杂 2. 装卸要用专用工具，缸外径过大时不宜采用	优点： 1. 缸筒结构简单，最易加工 2. 结构通用性大 3. 容易装卸	缺点： 重量较重，外形尺寸较大，高压及缸体较长时不宜采用
法 兰 连 接		半 环 连 接	
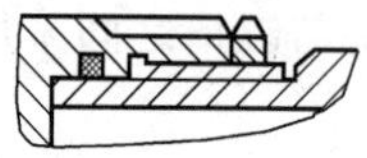	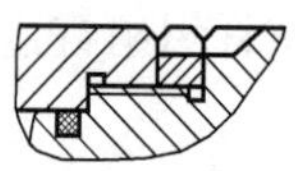	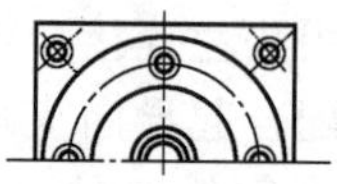	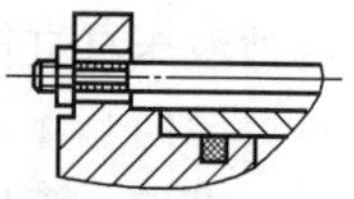
优点： 1. 用较短的螺钉代替长螺杆，重量轻于拉杆式 2. 无论高低压、直径大小、行程长短均适应	缺点： 1. 比螺纹连接重 2. 毛坯上要带法兰，工艺复杂	优点： 毛坯上不要法兰，结构简单，是法兰式的改进	缺点： 键槽使缸筒的强度有所削弱，缸壁需相应加厚，适用于压力不太高的情况

④ 排气装置　液压缸往往会有空气渗入，产生爬行和振动，严重时使系统不能正常工作，因此设计液压缸时，必须考虑排出空气的装置。

对于要求不高的液压缸，往往可以不设专门的排气装置，而是将油口置于缸筒两端的最高处，这样也能利用液流将空气带到油箱而排出。但对于稳定性要求较高的液压缸，常常在液压缸的最高处设专门的排气装置，如排气塞、排气阀等。图 1.54 所示为液压缸上的两种排气塞，松开螺钉即可排气，将气排完拧紧螺钉，液压缸便可正常工作。

表 1.6　活塞与活塞杆的连接

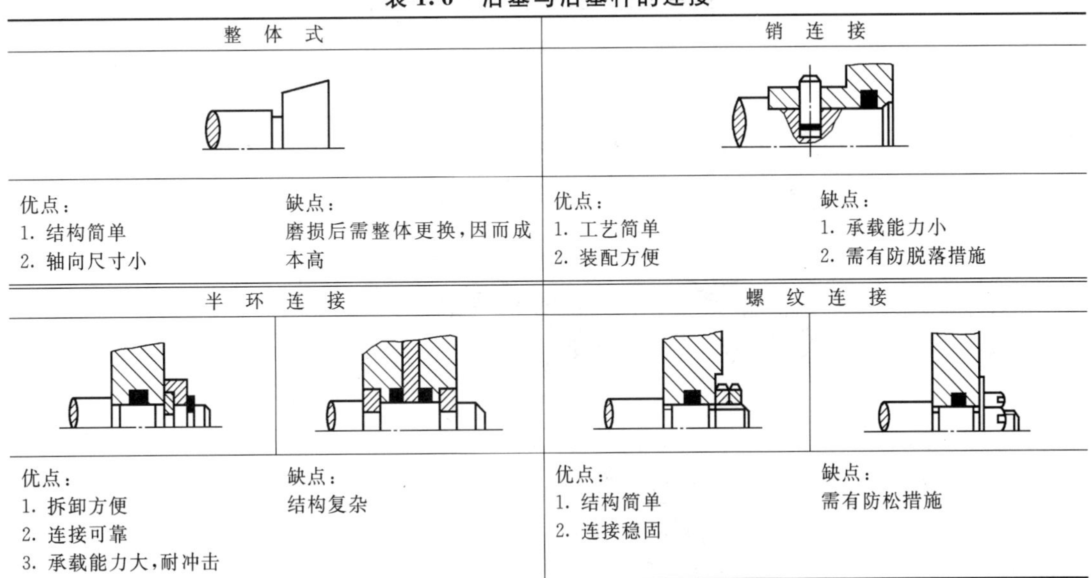

整体式		销连接	
优点： 1. 结构简单 2. 轴向尺寸小	缺点： 磨损后需整体更换，因而成本高	优点： 1. 工艺简单 2. 装配方便	缺点： 1. 承载能力小 2. 需有防脱落措施
半环连接		螺纹连接	
优点： 1. 拆卸方便 2. 连接可靠 3. 承载能力大，耐冲击	缺点： 结构复杂	优点： 1. 结构简单 2. 连接稳固	缺点： 需有防松措施

⑤ 缓冲装置　为了避免活塞在行程两端撞击缸盖而产生噪声、影响工作精度甚至损坏机件，常在液压缸两端设置缓冲装置。缓冲的原理是使活塞在与缸盖接近时增大回油阻力，以达到降低运动速度的目的。缓冲装置是通过缓冲柱塞做成圆锥式或开设三角沟槽来实现缓冲的，也有采用可调节流孔缓冲装置，详见图 1.55。

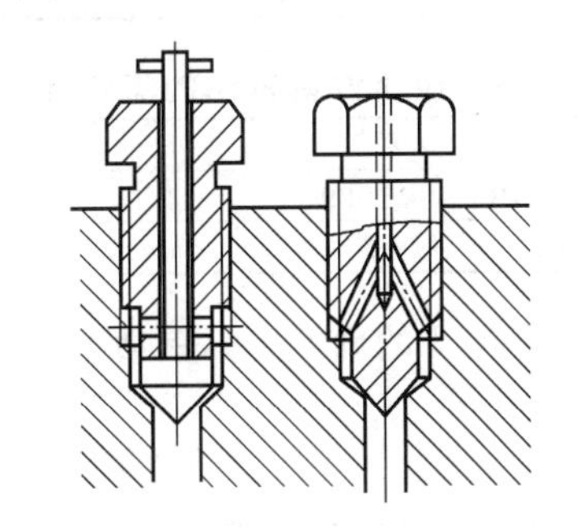

图 1.54　液压缸的排气装置

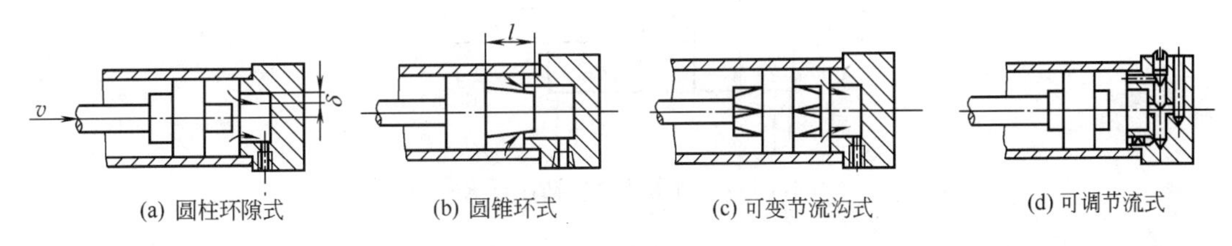

(a) 圆柱环隙式　(b) 圆锥环式　(c) 可变节流沟式　(d) 可调节流式

图 1.55　液压缸的缓冲装置

(3) 液压缸的安装形式　根据液压系统所需驱动部件的具体情况不同，液压缸的安装形式也有所不同。常用的液压缸的安装形式可参考表 1.7。

1.3.2.3　液压缸的设计计算

(1) 液压缸工作压力的确定　液压缸工作压力主要根据液压设备的类型来确定，对不同用途的液压设备，由于工作条件不同，通常采用的压力范围也不同。设计时，可用类比法来确定。表 1.8 列出的数据，可供选定工作压力时参考。

表 1.7 常用液压缸的安装形式

安装形式	简 图	特 点
法兰式	法兰 (a) 前端法兰式；法兰 (b) 后端法兰式	安装螺杆受拉力大小为前端式大，后端式小
耳轴式	耳轴 (a) 前端耳轴式；耳轴 (b) 后端耳轴式	液压缸可在垂直面内摆动
耳环式	耳环	液压缸可在垂直面内摆动，但销轴受力较大
底座式	侧面脚架	液压缸可受倾翻力矩

表 1.8 液压设备常用的工作压力

设备类型	机 床				农业机械或中型工程机械	液压机、重型机械、起重运输机械
	磨床	组合机床	龙门刨床	拉床		
工作压力 p/MPa	0.8～2.0	3～5	2～8	8～10	10～16	20～32

(2) 液压缸内径 D 和活塞杆直径 d 的确定　以单活塞杆液压缸为例说明其计算过程。

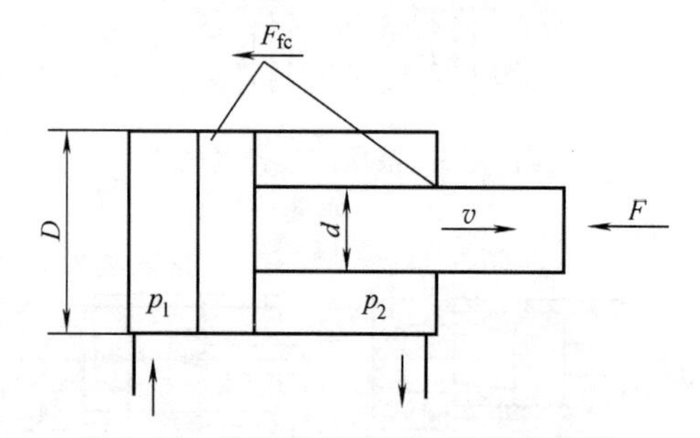

图 1.56 单活塞杆液压缸计算示意图

由图 1.56 知

$$\frac{\pi}{4}D^2 p_1 = F + \frac{\pi}{4}(D^2 - d^2)p_2 + F_{fc} \tag{1.56}$$

$$D^2 = \frac{4(F + F_{fc})}{\pi p_1} + (D^2 - d^2)\frac{p_2}{p_1}$$

式中，p_1 为液压缸工作压力，初算时可取系统工作压力 p_p；p_2 为液压缸回油腔背压力，初算时无法准确计算，可先根据表 1.9 估计；d/D 为活塞杆直径与液压缸内径之比，可按表 1.10 选取；F 为工作循环中最大的外负荷；F_{fc} 为液压缸密封处摩擦力，它的精确值不易求得，常用液压缸的机械效率 η_{cm} 进行估算。

表 1.9 执行元件背压的估计值

系统类型		背压 p_2/MPa
中、低压系统 0～8MPa	简单的系统和一般轻载的节流调速系统	0.2～0.5
	回油路带调速阀的调速系统	0.5～0.8
	回油路带背压阀	0.5～1.0
	采用带补液液压泵的闭式回路	0.8～1.5
中高压系统>8～16MPa	采用带补液液压泵的闭式回路	比中低压系统高 50%～100%
高压系统>16～32MPa	锻压机械等	初算时背压可忽略不计

表 1.10 液压缸内径 *D* 与活塞杆直径 *d* 的关系

按机床类型选取 d/D		按液压缸工作压力选取 d/D	
机床类型	d/D	工作压力 p/MPa	d/D
磨床、珩磨及研磨机床	0.2～0.3	≤2	0.2～0.3
插床、拉床、刨床	0.5	>2～5	0.5～0.58
钻、镗、车、铣床	0.7	>5～7	0.62～0.70
—	—	>7	0.70

$$F+F_{fc}=F/\eta_{cm} \tag{1.57}$$

式中，η_{cm} 为液压缸的机械效率，一般 $\eta_{cm}=0.9\sim0.97$。

将 η_{cm} 带入式（1.56），可求得 D 为

$$D=\sqrt{\frac{4F}{\pi p_1 \eta_{cm}\left\{1-\frac{p_2}{p_1}\left[1-\left(\frac{d}{D}\right)^2\right]\right\}}} \tag{1.58}$$

活塞杆直径可由 d/D 值算出，由计算所得的 D 与 d 值分别按表 1.11 与表 1.12 圆整到相近的标准直径，以便采用标准的密封元件。

表 1.11 液压缸内径尺寸系列（GB 2348—80） 单位：mm

8	10	12	16	20	25	32
40	50	63	80	(90)	100	(110)
125	(140)	160	(180)	200	(220)	250
320	400	500	630			

表 1.12 活塞杆直径系列（GB 2348—80） 单位：mm

4	5	6	8	10	12	14	16	18
20	22	25	28	32	36	40	45	50
56	63	70	80	90	100	110	125	140
160	180	200	220	250	280	320	360	400

对选定后的液压缸内径 D，必须进行最小稳定速度的验算。要保证液压缸节流腔的有效工作面积 A，必须大于保证最小稳定速度的最小有效面积 A_{min}，即 $A>A_{min}$。

$$A_{min}=\frac{q_{min}}{v_{min}} \tag{1.59}$$

式中，q_{min} 为流量阀的最小稳定流量，一般从选定流量阀的产品样本中查得；v_{min} 为液压缸的最低速度，由设计要求给定。

如果液压缸节流腔的有效工作面积 A 不大于计算所得的最小有效面积 A_{min}，则说明液

压缸不能保证最小稳定速度，此时必须增大液压缸的内径，以满足速度稳定的要求。

（3）液压缸壁厚和外径的计算　液压缸壁厚由液压缸的强度条件来计算。

液压缸壁厚一般是指缸筒结构中最薄处的厚度。从材料力学可知，承受内压力的圆筒，其内应力分布规律因壁厚的不同而异。一般计算时可分为薄壁圆筒和厚壁圆筒。

液压缸内径 D 与其壁厚 δ 的比值 $D/\delta \geqslant 10$ 的圆筒称为薄壁圆筒。起重运输机械和工程机械的液压缸，一般用无缝钢管材料，大多属于薄壁圆筒结构，其壁厚按薄壁圆筒公式计算

$$\delta=\frac{p_y D}{2[\sigma]} \tag{1.60}$$

式中，δ 为液压缸壁厚，m；D 为液压缸内径，m；p_y 为试验压力，一般取最大工作压力的 1.25～1.5 倍，MPa；$[\sigma]$ 为缸筒材料的许用应力。其值为：锻钢，$[\sigma]=110\sim120$MPa；铸钢，$[\sigma]=100\sim110$MPa；无缝钢管，$[\sigma]=100\sim110$MPa；高强度铸铁，$[\sigma]=60$MPa；灰铸铁，$[\sigma]=25$MPa。

在中低压液压系统中，按式（1.60）计算所得液压缸的壁厚往往会很小，使缸体的刚度往往很不够，如在切削加工过程中的变形、安装变形等引起液压缸工作过程卡死或漏油。因此，一般不作计算，按经验选取，必要时按式（1.60）进行校核。

对于 $D/\delta<10$ 时，应按材料力学中的厚壁圆筒公式进行壁厚的计算。

对脆性及塑料材料

$$\delta \geqslant \frac{D}{2}\left(\sqrt{\frac{[\sigma]+0.4 p_y}{[\sigma]-1.3 p_y}}-1\right) \tag{1.61}$$

式中，符号含义与前面相同。

液压缸壁厚算出后，即可求出缸体的外径 D_1 为

$$D_1=D+2\delta \tag{1.62}$$

式中，D_1 值应按无缝钢管标准，或按有关标准圆整为标准值。

（4）液压缸工作行程的确定　液压缸工作行程长度可根据执行机构实际工作的最大行程来确定，并参照表 1.13 中的系列尺寸来选取标准值。

表 1.13　液压缸活塞行程参数系列（GB 2349—80）　　单位：mm

Ⅰ	25	50	80	100	125	160	200	250
	320	400	500	630	800	1000	1250	1600
	2000	2500	3200	4000				
Ⅱ	40	63	90	110	140	180	220	280
	360	450	550	700	900	1100	1400	1800
	2200	2800	3900					
Ⅲ	240	260	300	340	380	420	480	530
	600	650	750	850	950	1050	1200	1300
	1500	1700	1900	2100	2400	2600	3000	3800

注：液压缸活塞行程参数依Ⅰ、Ⅱ、Ⅲ次序优先选用。

（5）缸盖厚度的确定　一般液压缸多为平底缸盖，其有效厚度 t 按强度要求可用下面两种公式进行近似计算。

无孔情况下

$$t \geqslant 0.433 D_2 \sqrt{\frac{p_y}{[\sigma]}} \tag{1.63}$$

有孔情况下

$$t \geqslant 0.433 D_2 \sqrt{\frac{p_y D_2}{[\sigma](D_2 - d_0)}} \tag{1.64}$$

式中，t 为缸盖有效厚度，m；D_2 为缸盖止口内径，m；d_0 为缸盖孔的直径，m。

(6) 最小导向长度的确定　当活塞杆全部外伸时，从活塞杆支撑面中心到缸盖滑动支撑面中心的距离 H 称为最小导向长度，见图 1.57。如果导向长度过小，将使液压缸的初始挠度（间隙引起的挠度）增大，影响液压缸的稳定性，因此设计时必须保证有一定的最小导向长度。

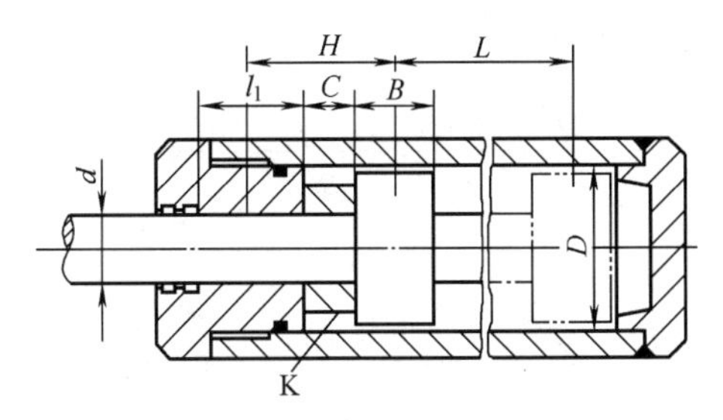

图 1.57　液压缸的导向长度

对一般的液压缸，最小导向长度 H 应满足以下要求

$$H \geqslant \frac{L}{20} + \frac{D}{2} \tag{1.65}$$

式中，L 为液压缸的最大行程；D 为液压缸的内径。

活塞的宽度 B 一般取 $(0.6\sim1.0)D$；缸盖滑动支撑面的长度 l_1，根据液压缸内径 D 而定。

当 $D<80\text{mm}$ 时，取 $l_1=(0.6\sim1.0)D$；

当 $D>80\text{mm}$ 时，取 $l_1=(0.6\sim1.0)d$。

为保证最小导向长度 H，若过分增大 l_1 和 B 都是不适宜的，必要时可在缸盖与活塞之间增加一隔套 K 来增加 H 的值。隔套的长度 C 由需要的最小导向长度 H 决定，即

$$C = H - \frac{1}{2}(l_1 + B) \tag{1.66}$$

(7) 缸体长度的确定　液压缸缸体内部长度应等于活塞的行程与活塞的宽度之和。缸体外形长度还要考虑到两端端盖的厚度。一般液压缸缸体长度不应大于内径的 20～30 倍。

(8) 活塞杆稳定性的验算　当液压缸支撑长度 $L_B \geqslant (10\sim15)d$ 时，需考虑活塞杆弯曲稳定性并进行验算。液压缸的支撑长度 L_B 是指活塞杆全部外伸时，液压缸支撑点与活塞杆前端连接处之间的距离；d 为活塞杆直径，具体计算方法可参考有关资料。

1.3.3　例题与习题

1.3.3.1　例题

【例 1.3-1】　液压马达的排量 q 等于 $50\text{cm}^3/\text{r}$，泄漏量 $\Delta Q = cp$，$c = 3\times10^{-4}\text{cm}^3/\text{Pa}\cdot\text{min}$。液压马达的摩擦转矩为 4N·m，且假设与负载无关。输入流量为 50L/min。试分别计算液压马达负载转矩为 0，20N·m，40N·m，60N·m 和 80N·m 时的转速和总效率。

解：液压马达的理论转矩

$$M_T = M + 4 \quad (\text{N} \cdot \text{m})$$

马达的工作压力

$$p = \frac{2\pi M_T}{q} = \frac{2\pi(M+4)}{5 \times 10^{-6}} \quad (\text{Pa})$$

泄漏

$$\Delta Q = cp = 3p \times 10^{-4} \quad (\text{cm}^3/\text{min})$$

转速

$$n = \frac{Q - \Delta Q}{q} = \frac{50 \times 10^3 - 3p \times 10^{-4}}{50} \quad (\text{r/min})$$

容积效率

$$\eta_{Mv} = \frac{Q - \Delta Q}{Q} = 1 - \frac{3p \times 10^{-4}}{50 \times 10^3} = 1 - 6p \times 10^{-9}$$

机械效率

$$\eta_{Mm} = \frac{M}{M_T} = \frac{M}{M+4}$$

总效率

$$\eta_M = \eta_{Mv} \eta_{Mm}$$

计算结果列表 1.14 如下。

表 1.14 计算结果

M_M/N·m	0	20	40	60	80
M_T/N·m	4	24	44	64	84
$P/10^5$Pa	5.0	30.2	55.3	80.4	105.5
$\Delta Q/(\text{cm}^3/\text{min})$	150	900	1658	2412	3165
n/(r/min)	997	982	967	952	937
η_{Mv}	0.997	0.982	0.967	0.952	0.937
η_{Mm}	0	0.833	0.909	0.938	0.952
η_M	0	0.818	0.879	0.892	0.892

【例 1.3-2】 某液压马达的进油压力为 100×10^5Pa，排量为 200mL/r，总效率为 0.75，机械效率为 0.9。试计算：

(1) 该马达能输出的理论转矩；

(2) 若马达的转速为 500r/min，则输入马达的流量为多少？

(3) 若外负载为 200N·m（n=500r/min）时，该马达输入功率和输出功率各为多少？

解：(1) 依公式 $T_t = \frac{1}{2\pi}\Delta pV$，可算得马达输出的理论转矩为 $\frac{1}{2\pi} \times 100 \times 10^5 \times 200 \times 10^{-6}$ (N·m)=318.3 (N·m)。

(2) 转速为500r/min时，马达的理论流量为 $q_t=q_mV=200\times500\times10^{-3}$ (L/min)＝100 (L/min)，因其容积效率 $\eta_v=\frac{\eta}{\eta_m}=\frac{0.75}{0.9}=0.83$，所以输入的流量为 $\frac{q_t}{\eta_v}=\frac{100}{0.83}$ (L/min)＝120 (L/min)。

(3) 压力为 100×10^5Pa时，它能输出的实际转矩为 318.3×0.9 (N·m)＝286.5 (N·m)，如外负载为200N·m，则压力差不是 100×10^5Pa，而是 69.8×10^5Pa，所以此时马达的输入功率为 $P_i=\Delta p\cdot Vn/\eta_v=69.8\times10^5\times200\times10^{-6}\times500/(60\times0.83\times1000)$ (kW)＝14 (kW)，输出功率为 $P_o=P_i\eta=14\times0.75$ (kW)＝10.5 (kW)。

注：从此题的演算，请注意马达各参数的计算方法，其效率的计算和泵是不同的。对马达而言：$\eta_v=q_t/q_i=P_t/P_i$，$\eta_m=T_o/T_t=P_o/P_t$；而对泵而言：$\eta_v=q_o/q_t=P_o/P_t$，$\eta_m=T_t/T_i=P_t/P_i$。这里的下角标志，i为输入，t为理论，o为输出。P为功率，T为转矩。

【例1.3-3】 向一差动连接液压缸供油，液压油的流量为 Q，压力为 p。当活塞杆直径变小时，其活塞运动速度 v 及作用力 F 将如何变化？要使 $v_3/v_2=2$，则活塞与活塞杆直径之比应为多少？

解： 差动连接时活塞杆截面积为其有效工作面积，故活塞杆直径减小时，作用力减小，速度提高。根据式 (1.51) 和式 (1.53)，$\frac{v_3}{v_2}=\frac{D^2-d^2}{d^2}$。题中要求 $\frac{v_3}{v_2}=2$，则 $\frac{D}{d}=\sqrt{3}$。

【例1.3-4】 为什么说伸缩式液压缸活塞伸出的顺序是从大到小，而空载缩回的顺序是由小到大？

解： 如果活塞上的负载不变，大活塞运动所需压力较低，故伸出时大活塞先动。但一般大活塞（及活塞杆）上的摩擦力比小活塞大得多，故空载缩回时推动小活塞所需的压力较低，小活塞先动。

【例1.3-5】 一个单活塞杆液压缸，无杆腔进压力油时为工作行程，此时负载为55000N。有杆腔进油时为快速退回，要求速度提高一倍。液压缸工作压力为7MPa，不考虑背压。计算选用活塞和活塞杆直径及校核活塞杆的强度。

解： 根据式 (1.52) $F=p\frac{\pi}{4}D^2$，$F=55000$N，$p=7\times10^6$Pa

所以 $D=\sqrt{\frac{4F}{\pi p}}=\sqrt{\frac{4\times5.5\times10^4}{\pi\times7\times10^6}}=0.1$ (m)，取 $D=100$mm。

由于题中要求 $\frac{v_2}{v_1}=2$，所以 $\frac{D^2}{D^2-d^2}=2$，$D=\sqrt{2}d$，取 $d=70$mm。

活塞杆所受压应力为

$$\sigma=\frac{4F}{\pi d^2}=\frac{55000\times4}{\pi\times0.07^2}=1.43\times10^7\ \text{(Pa)}$$

远小于一般钢材的许用应力。

【例1.3-6】 图1.58所示两液压缸，缸内径 D、活塞杆直径 d 均相同，若输入缸中的流量都是 q，压力为 p，出口处的油都直接通油箱，且不计一切摩擦损失。试比较它们的推力、运动速度和运动方向。

解： 图1.58 (a) 为两双杆活塞缸串联在一起的增力缸，杆固定，缸筒运动，缸所产生之推力

$$F=2pA=\frac{\pi}{2}p(D^2-d^2)$$

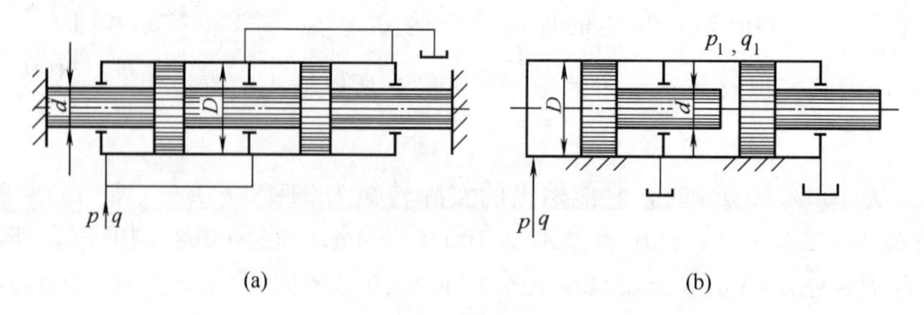

图 1.58　两液压缸比较

输入两缸的总流量为 q，故输入每一缸的流量为 $q/2$，故运动速度

$$v=\frac{\frac{q}{2}}{A}=\frac{2q}{\pi(D^2-d^2)}$$

因杆固定，故缸运动方向向左。

图 1.58（b）为单杆缸和柱塞缸组成的增压缸，输出的压力为

$$p_1=p\left(\frac{D}{d}\right)^2$$

输出流量 q_1 为

$$q_1=\frac{\pi}{4}d^2\ \frac{4q}{\pi D^2}=q\left(\frac{d}{D}\right)^2$$

以增压后的压力 p_1 输入另一单杆缸的无杆腔，产生之推力为

$$F=p_1\ \frac{\pi}{4}D^2=\frac{\pi}{4}D^2\,p\left(\frac{D}{d}\right)^2$$

以 q_1 的流量输入单杆缸的无杆腔，活塞移动的速度为

$$v=\frac{q_1}{\frac{\pi}{4}D^2}=\frac{4q}{\pi D^2}\left(\frac{d}{D}\right)^2$$

活塞运动方向向右。

注：如果图 1.58（b）右端的回油不通油箱，而接通另一油路，则此油路可得到更高的压力。

1.3.3.2　习题

习题 1.3-1　图 1.59 所示马达的排量 $q'=250\text{mL/r}$，入口压力 $p_1=100\times10^5\text{Pa}$，出口压力 $p_2=5\times10^5\text{Pa}$，总效率 $\eta=0.9$，容积效率 $\eta_v=0.92$。当输入流量为 22L/min 时，试求：

(1) 马达的实际转速；

(2) 马达的输出转矩。

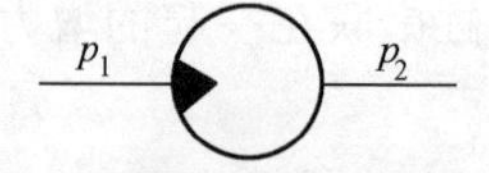

图 1.59　马达

习题 1.3-2　一液压马达，要求输出转矩为 52.5N·m，转速为 30r/min，马达排量为 105mL/r，马达的机械效率和容积效率均为 0.9，出口压力 $p_2=2\times10^5$Pa。试求马达所需的流量和压力各为多少？

习题 1.3-3　图 1.60 为定量泵和定量马达系统。泵输出压力 $p_P=100\times10^5$Pa，排量 $V_P=10$mL/r，转速 $n_P=1450$r/min，机械效率 $\eta_{mP}=0.9$，容积效率 $\eta_{vP}=0.9$，马达排量 $V_M=10$mL/r，机械效率 $\eta_{mM}=0.9$，容积效率 $\eta_{vM}=0.9$，泵出口和马达进口间管道压力损失 5×10^5Pa，其他损失不计。试求：

（1）泵的驱动功率；

（2）泵的输出功率；

（3）马达输出转速、转矩和功率。

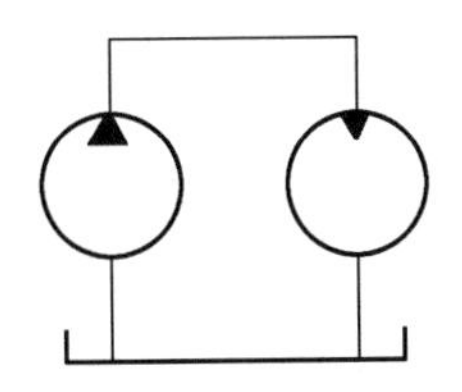

图 1.60　定量泵和定量马达系统

习题 1.3-4　已知液压缸的活塞有效面积 A，运动速度 v，有效负载为 F_L，供给液压缸的流量为 Q，压力为 p。液压缸的总泄漏量为 ΔQ，总摩擦阻力为 f。试根据液压马达容积效率和机械效率的定义，求液压缸的容积效率和机械效率的表达式。

习题 1.3-5　图 1.61 所示为一柱塞缸，其中柱塞固定，缸筒运动。压力油从空心柱塞中通入，压力为 p，流量为 Q。柱塞外径 d，内径 d_0。试求缸筒运动速度 v 和产生的推力 F。

习题 1.3-6　图 1.62 中用一对柱塞实现工作台的往复。如这两柱塞直径分别为 d_1 和 d_2，供油流量和压力分别为 Q 和 p，试求其两个方向运动时的速度和推力。

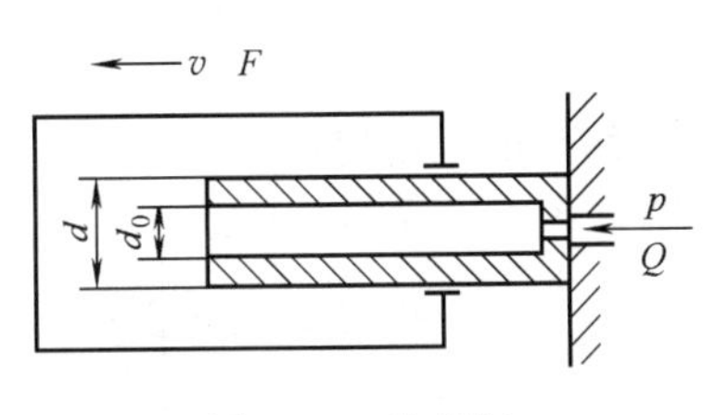

图 1.61　柱塞杠

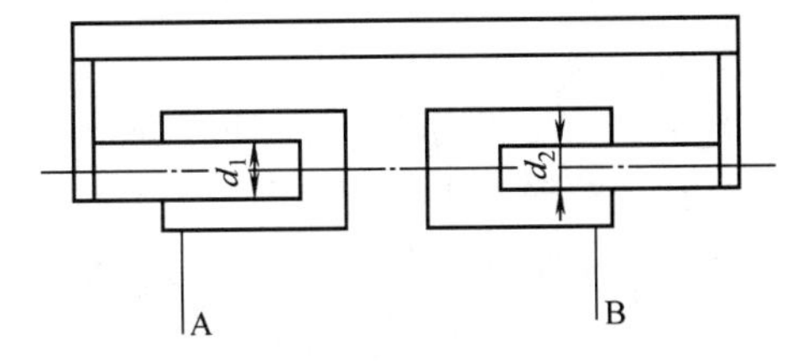

图 1.62　一对柱塞实现工作台往复运动

习题 1.3-7　图 1.63（a）中，小液压缸（面积 A_1）回油腔的油液进入大液压缸（面积 A_3）。而在图 1.63（b）中，两活塞用机械直接相连，油路连接和图 1.63（a）相似，供给小液压缸的流量为 Q，压力为 p。试分别计算图 1.63（a）和图 1.63（b）中大活塞杆上的推力和运动速度。

习题 1.3-8　图 1.64 所示液压系统，液压缸活塞的面积 $A_1=A_2=A_3=20\text{cm}^2$，所受的负载 $F_1=4000$N，$F_2=6000$N，$F_3=8000$N，泵的流量为 q。试分析：

（1）三个缸是怎样动作的？

（2）液压泵的工作压力有何变化？

（3）各液压缸的运动速度。

习题 1.3-9　图 1.65 所示三种结构形式的液压缸，直径分别为 D、d，如进入缸的流量为 q，压力为 p，分析各缸产生的推力、速度大小以及运动的方向（注意运动件及其运动的

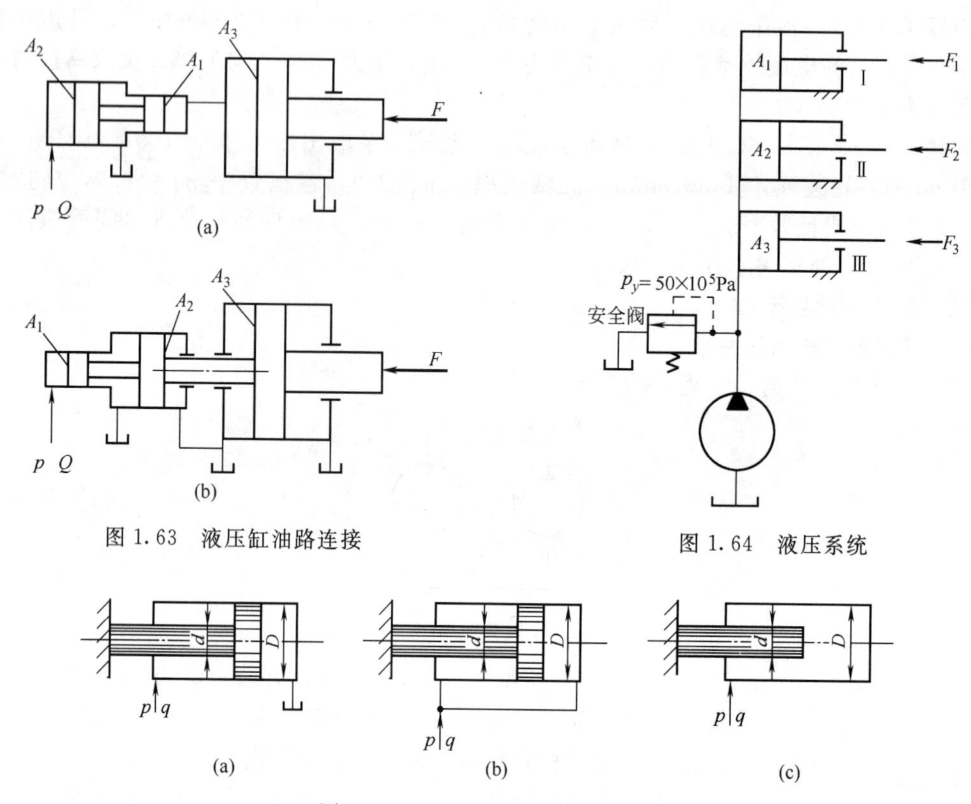

图 1.63　液压缸油路连接

图 1.64　液压系统

图 1.65　三种结构形式的液压缸

方向)。

习题 1.3-10　图 1.66 所示两个结构相同相互串联的液压缸，无杆腔的面积 $A_1=100\text{cm}^2$，有杆腔的面积 $A_2=80\text{cm}^2$，缸 1 输入压力 $p_1=9\times10^5\text{Pa}$，输入流量 $q_1=12\text{L/min}$，不计损失和泄漏。求：

(1) 两缸承受相同负载时 ($F_1=F_2$)，该负载的数值及两缸的运动速度；

(2) 缸 2 的输入压力是缸 1 的一半时 ($p_2=p_1/2$)，两缸各能承受多少负载？

(3) 缸 1 不承受负载时 ($F_1=0$)，缸 2 能承受多少负载？

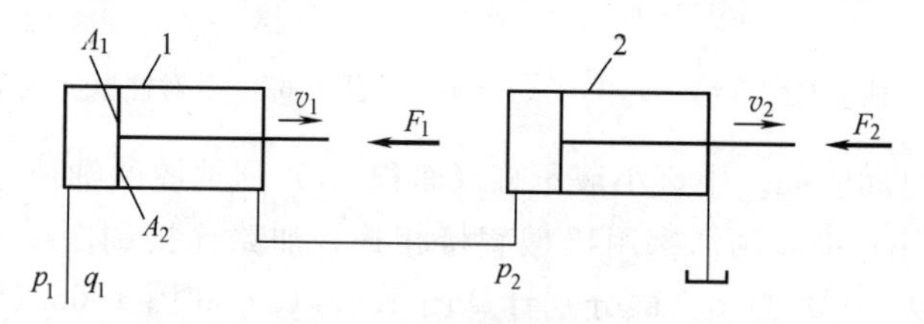

图 1.66　两个结构相同相互串联的液压缸

1,2—液压缸

习题 1.3-11　由变量泵和定量马达组成的调速回路，变量泵的排量可在 $0\sim50\text{cm}^3/\text{r}$ 范围内改变。泵转速为 1000r/min，马达排量为 $50\text{cm}^3/\text{r}$，安全阀调定压力为 10MPa。在理想情况下，泵和马达的容积效率和液压机械效率都是 100%。求：

(1) 液压马达最高和最低转速；

(2) 液压马达的最大输出转矩；

(3) 液压马达最高输出功率。

习题 1.3-12　一单杆液压缸快速向前运动时采用差动连接，快速退回时，压力油输入液压缸有杆腔。假如活塞往复快速运动时的速度都是 0.1m/s，慢速运动（无杆腔进油）时负载为 25000N，输入流量 $Q=25$L/min，背压 $p_2=2\times10^5$Pa。试求：

（1）确定活塞和活塞杆直径；

（2）如缸筒材料的 $[\sigma]=5\times10^7$N/m²，计算缸筒的壁厚。

1.4　液压控制元件

液压控制阀在系统中的作用是控制液流的压力、流量和方向，以满足执行元件在输出的力（力矩）、运动速度及运动方向上的不同要求。因此，液压传动系统的控制调节部分就是由各种液压控制阀组成的。

液压控制阀品种繁多、规格复杂，若按工作原理可分为通断式控制阀（普通控制阀）、伺服式控制阀和比例式控制阀；按用途可分为方向控制阀、压力控制阀和流量控制阀；按连接方式可分为管式、板式、法兰式、叠加式和插装式；按操作方式可分为手动、机动、电动和液动等。除上述分类法外，又可根据阀的使用压力将其分为低压、中低压、中高压和高压等。

液压控制阀的性能对系统的工作性能有很大影响，因此液压控制阀应满足下列基本要求：

① 动作可靠、准确、灵敏，工作时冲击和振动小，使用寿命长；

② 油液通过时压力损失小，密封性能好，内泄要小，无外泄；

③ 结构简单、紧凑，装拆、调整、维护和保养方便，通用性好。

1.4.1　方向控制阀

方向控制阀的作用是控制液压系统中液流方向的。这种阀的工作原理是利用阀芯和阀体相对位置的改变，实现油路之间的接通或断开，以满足系统对液流方向的要求。方向控制阀简称方向阀，它主要有单向阀和换向阀两种。

1.4.1.1　单向阀

单向阀在系统中的作用是只允许液流朝一个方向流动，不能反向流动。这相当于电子学中的二极管，具有正向导通、反向截止的效用。常用的单向阀有普通单向阀和液控单向阀两种。

（1）普通单向阀　图 1.67 所示为普通单向阀的两种结构图和职能符号。图 1.67（a）为管式单向阀的结构，当压力油从左端油口 P_1 流入，克服弹簧 3 作用在阀芯 2 上的力使阀芯右移，打开阀口，经阀芯上径向孔 a、轴向孔 b，从右端出油口 P_2 流出。当油液反向流动时，阀芯锥面在弹簧力和液压力的作用下紧压在阀座上，切断油路。图 1.67（b）为普通单向阀的职能符号，图 1.67（c）为板式单向阀的结构。

单向阀在正向导通时，开启压力要小，一般约为 0.035～0.05MPa，并且通流时压力损失要小，反向截止时密封性要好。普通单向阀的弹簧刚度选得较小，若作为背压阀使用，应换上较硬的弹簧，使其开启压力达到 0.2～0.6MPa。

（2）液控单向阀　图 1.68 所示为液控单向阀的结构图和职能符号，它与普通单向阀的区别是在一定的控制条件下可反向流通。其工作原理是：控制口 K 无压力油通入时，它的工作原理与普通单向阀相同；当控制油口 K 通以压力油时，控制活塞 2 受液压力作用推动顶杆 3 顶开锥阀 4，使两油口 P_1 与 P_2 接通，油液可反向流通。注意控制油口 K 通入的控制

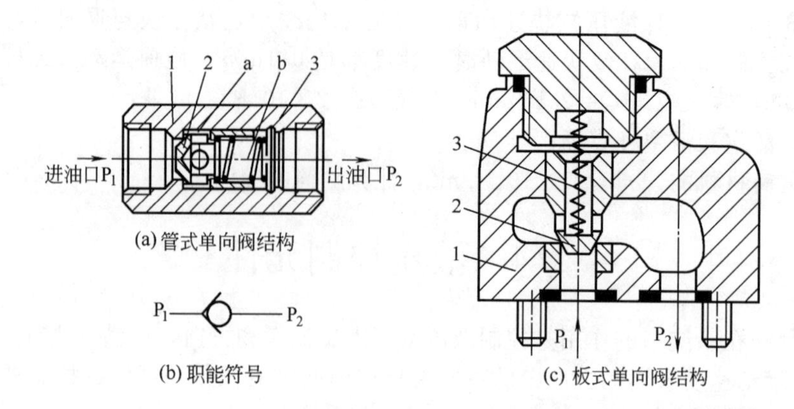

图 1.67　单向阀

1—阀体；2—阀芯；3—弹簧；a—径向孔；b—轴向孔

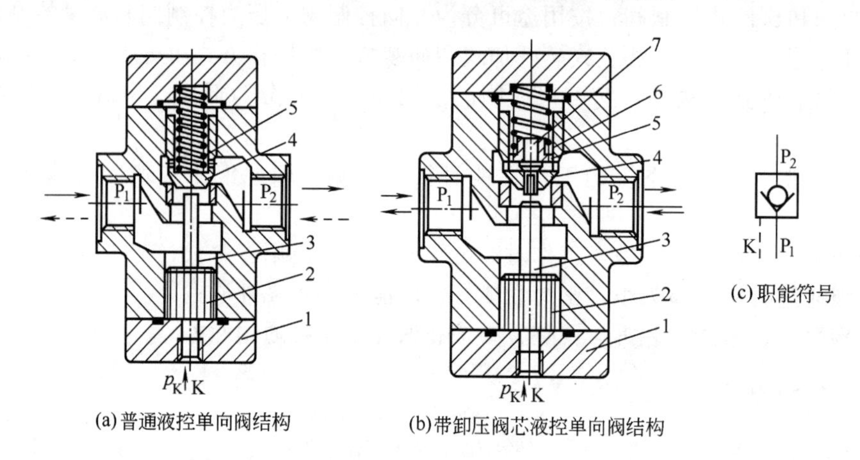

图 1.68　液控单向阀

1—阀盖；2—控制活塞；3—顶杆；4—锥阀；5—弹簧；6—弹簧座；7—卸压阀芯

压力至少取主油路压力的30%～50%，图1.68（c）为液控单向阀的职能符号。

在高压系统中，由于P_2口的压力较高，顶开锥阀4的控制油压力就要很高。为了降低控制油压力p_K，在阀锥4中心增加了一个用于卸压的阀芯7，如图1.68（b）所示，锥阀在开启前，控制活塞2通过顶杆先顶起卸压阀芯7，使锥阀4上腔的油液经卸压阀芯上的缺口流入P_1腔而卸压，当上腔压力降低到一定值后，控制活塞2再顶起锥阀4，使P_1与P_2完全导通。采用这一结构，使控制油压力大为减小，约为主油路的5%，同时可大大减小反向开启时的冲击和振动。这种带卸压阀芯的液控单向阀常用于压力机液压系统的卸压回路中。

液控单向阀具有良好的单向密封性，常用于执行件需要长时间保压、锁紧等的场合。

1.4.1.2　换向阀

（1）换向阀的作用及分类　换向阀的作用是利用阀芯对阀体的相对运动来接通、关闭油路或变换油液通向执行元件的流动方向，从而实现执行元件的启动、停止或变换运动方向的。

换向阀的应用很广，种类也很多。按结构分，有转阀式和滑阀式；按阀芯工作位置数分，有二位、三位和多位等；按进出口通道数分，有二通、三通、四通和五通等；按操纵和控制方式分，有手动、机动、电动、液动和电液动等；按安装方式分，有管式、板式和法兰式等。

对换向阀的主要性能要求是：油路导通时，压力损失要小；油路切断时，内泄漏要小；阀芯换位时，操纵力要小且换向平稳、迅速可靠等。

（2）滑阀式换向阀的工作原理　图 1.69 为滑阀式换向阀的工作原理图。当阀芯处于中位即图 1.69（b）位置时，油口 P、A、B、T 互不相通，液压缸的活塞处于停止运动状态；当阀芯处于左位即图 1.69（a）位置时，油口 P 与 A 相通，T 与 B 相通，这时由液压泵输出的压力油口经 P 到 A 进入液压缸的左腔，液压缸的右腔油口 B 到 T 回油箱，液压缸活塞向右运动；当阀芯处于右位即图 1.69（c）的位置时，油口 P 与 B 相通，A 与 T 相通，液压缸活塞向左运动。换向阀可绘制为图 1.69（d）所示的图形符号。换向阀图形符号的规定和含义如下：

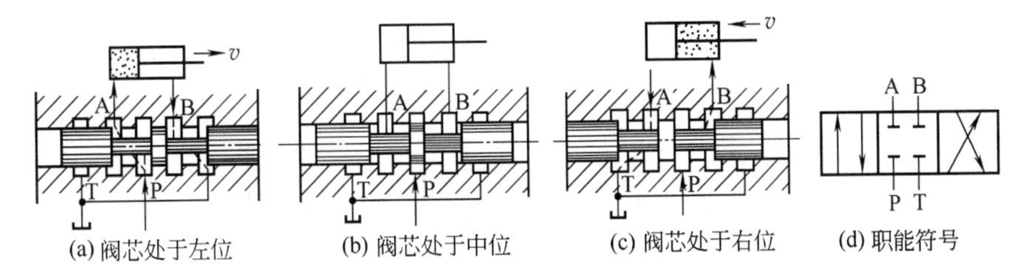

图 1.69　滑阀式换向阀的工作原理

① 用方框表示阀的工作位置，有几个方框就表示几位；

② 方框内的箭头表示在某一位置上油路处于接通状态，但箭头方向并不一定表示油液的实际流向；

③ 方框内的符号“丅”或“⊥”表示此通路被阀芯封闭，即该油路不通；

④ 一个方框的上边和下边与外部连接的接口表示为油口的通路数，即几“通”；

⑤ 一般阀与系统提供油路连接的进油口用字母 P 表示；阀与系统回油路连接的回油口用字母 T 表示（有时用字母 O 表示）；而阀与执行元件连接的工作油口则用字母 A、B 表示，有的图形符号上还表示出泄漏口，用字母 L 表示。这些字母均应标在常态位（即阀芯在未受到外力作用时的位置，一般三位的中间方框及二位阀侧面有弹簧的那个方框）。

常用换向阀的图形符号见图 1.70。

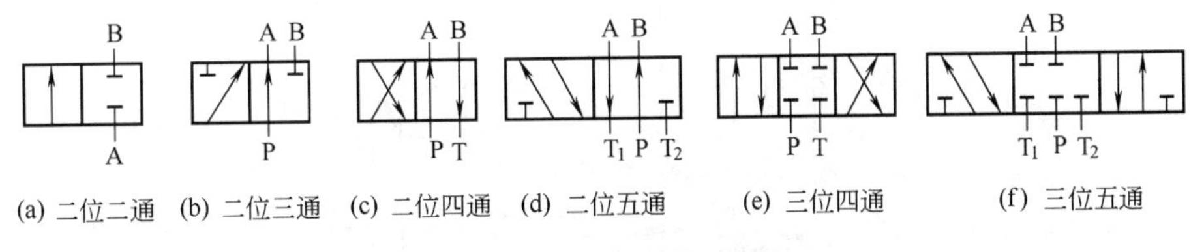

图 1.70　常用换向阀的图形符号

（3）常用换向阀结构

① 手动换向阀　手动换向阀是用手动杠杆控制滑阀工作位置的换向阀。按其定位方式分，有自动复位式和钢球定位式两种。

图 1.71 为手动换向阀的结构和职能符号，图 1.71（a）所示为弹簧自动复位式，推动手柄可使阀芯处于左位或右位工作，放开手柄会在弹簧作用力作用下自动复位，它适用于操作频繁、工作持续时间短、可靠性高的场合，如船舶、工程机械、压力机以及机床等。如果将该阀阀芯右端弹簧部位改为图 1.71（b）的形式，即成为三个位置钢球定位式手动换向阀，图 1.71（c）、（d）为相应的职能符号。

② 机动换向阀　机动换向阀又称行程换向阀，它主要用来控制机械运动部件的行程。

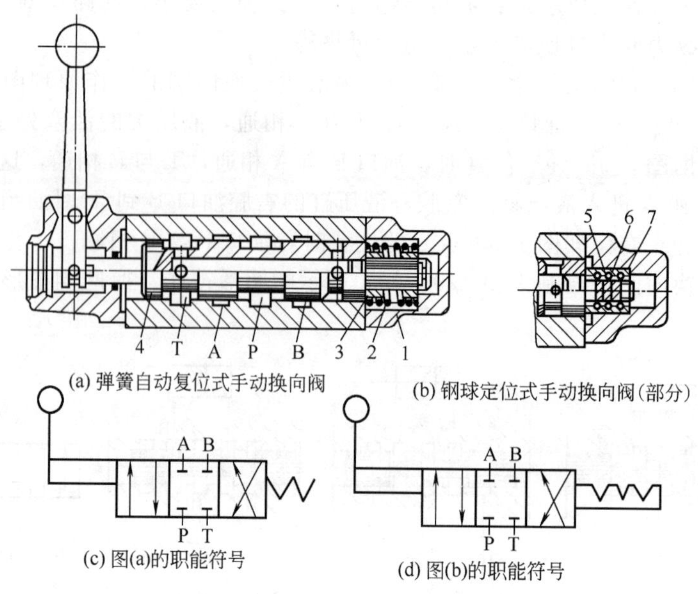

(a) 弹簧自动复位式手动换向阀　(b) 钢球定位式手动换向阀(部分)

(c) 图(a)的职能符号　(d) 图(b)的职能符号

图 1.71　手动换向阀的结构和职能符号

1—弹簧座；2,5—弹簧；3—定位套；4—阀芯；6—钢球；7—定位套

它借助于安装在工作台上的行程挡块或凸轮推动阀芯实现换向，一般为二位阀，有常闭和常开两种。机动换向阀动作可靠，改变挡块斜面角度便可改变换向时阀芯的移动速度，因而可以调节换向过程的快慢，换向阀复位依靠弹簧。图 1.72 为常闭的二位二通机动换向阀。它常用于铸造机械和机床液压系统的速度换接回路中。

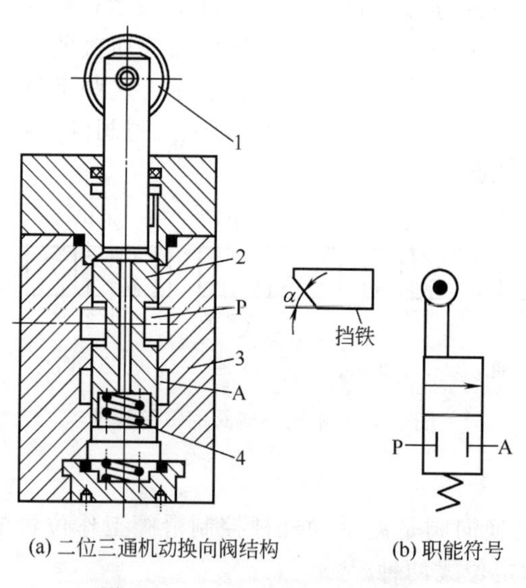

(a) 二位三通机动换向阀结构　(b) 职能符号

图 1.72　二位二通机动换向阀

1—滚轮；2—阀芯；3—阀体；4—弹簧

③ 电磁换向阀（电磁阀）　电磁换向阀简称电磁阀，是利用电磁铁吸合时产生推动力来使阀芯动作以实现液流通、断或改变流向的换向阀，复位通常依靠弹簧力的作用。

电磁铁按使用电源不同可分为交流电磁铁和直流电磁铁两种。交流电磁铁使用电压为 220V 或 380V，直流电磁铁使用电压为 24V。交流电磁铁电源简单方便、电磁铁吸引力大、换向迅速，但换向冲击大、换向频率低、噪声大、启动电流大，在阀芯被卡住时易烧毁电磁线圈。直流电磁铁工作可靠、换向冲击小、噪声小，但电源系统需要一套降压整流装置，费用较高。

按电磁铁的铁芯是否浸在油里，电磁铁可分为干式和湿式两种。干式电磁铁不允许油液进入电磁铁内部，因此推动阀芯的推杆处要有可靠的密封，从而使推杆移动时产生较大的摩擦阻力。湿式电磁铁的衔铁和推杆可浸在油中工作，所以电磁铁的相对运动件之间就不需要密封装置，这就减少了阀芯的运动阻力，提高了换向可靠性。湿式电磁铁性能好，寿命长，但价格较高。

图 1.73 是二位三通交流电磁换向阀。图示为断电位置，油口 P 与 A 相通；当电磁铁通电时，衔铁通过推杆 1 将阀芯 2 推至右端时，油口 P 与 A 断开，P 与 B 相通。

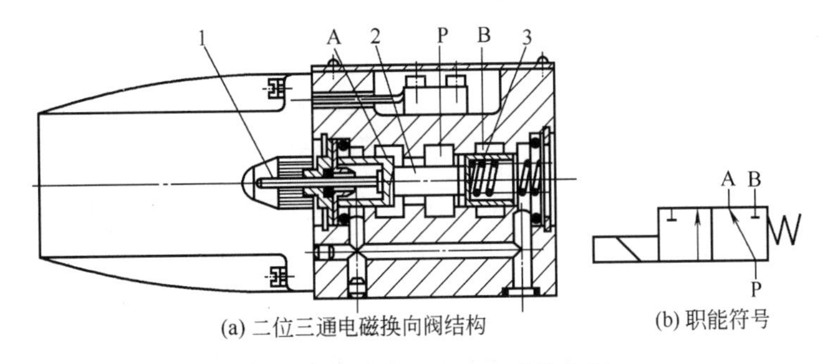

图 1.73 二位三通交流电磁换向阀

1—推杆；2—阀芯；3—弹簧

图 1.74 是三位四通直流电磁换向阀。图示常态位（中位）时，油口 P、A、B、T 都不通；当右端电磁铁通电时，阀处于右位，P 与 B 相通，A 与 T 相通；阀至左位，P 与 A 相通，B 与 T 相通。

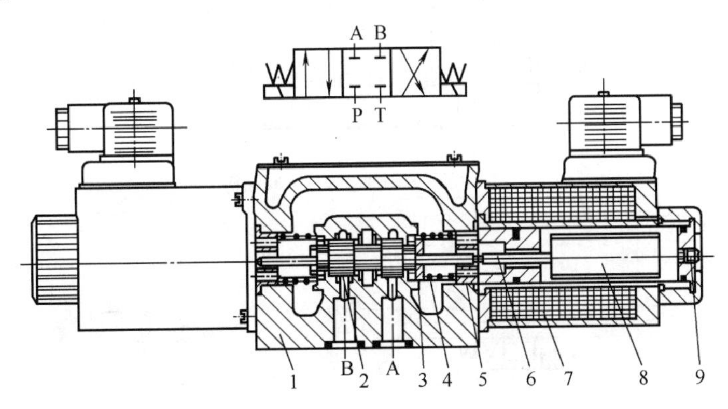

图 1.74 三位四通直流电磁换向阀

1—阀体；2—阀芯；3—定位套；4—弹簧；5—弹簧座；6—推杆；7—线圈；8—衔铁；9—螺钉

由于电磁铁的推力有限，电磁阀只适用小流量系统，大流量场合可用液动换向阀和电液动换向阀。

④ 液动换向阀 液动换向阀是利用控制油路的压力油来推动阀芯实现换向，由于液压力操作对阀芯的推力大，因此适用于流量较大的场合。

图 1.75 是三位四通液动换向阀。当控制油口 K_1、K_2 不通压力油时，阀芯在两端对中

弹簧作用下处于中位；当 K_1 通压力油，K_2 通回油时，阀芯右移，使油口 P 与 B 相通，A 与 T 相通；反之，K_2 通压力油，K_1 通回油时，阀芯左移，使油口 P 与 A 相通，B 与 T 相通。

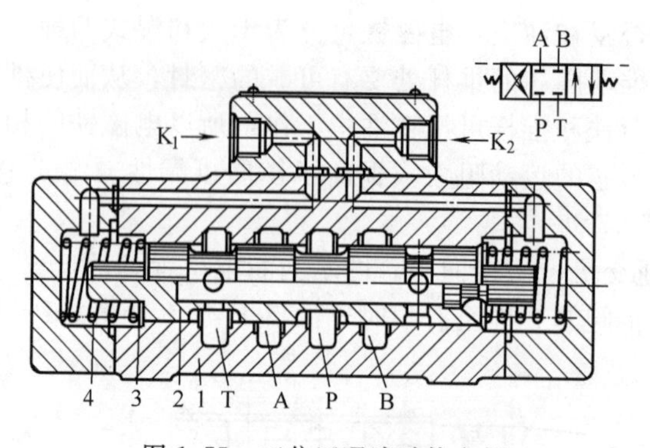

图 1.75 三位四通液动换向阀

1—阀体；2—阀芯；3—定位套；4—弹簧

⑤ 电液动换向阀（电液换向阀） 电液换向阀由电磁换向阀和液动换向阀组合而成。其中电磁铁换向阀起控制液动换向阀动作的先导阀作用，液动换向阀则为控制主油路换向的主阀。

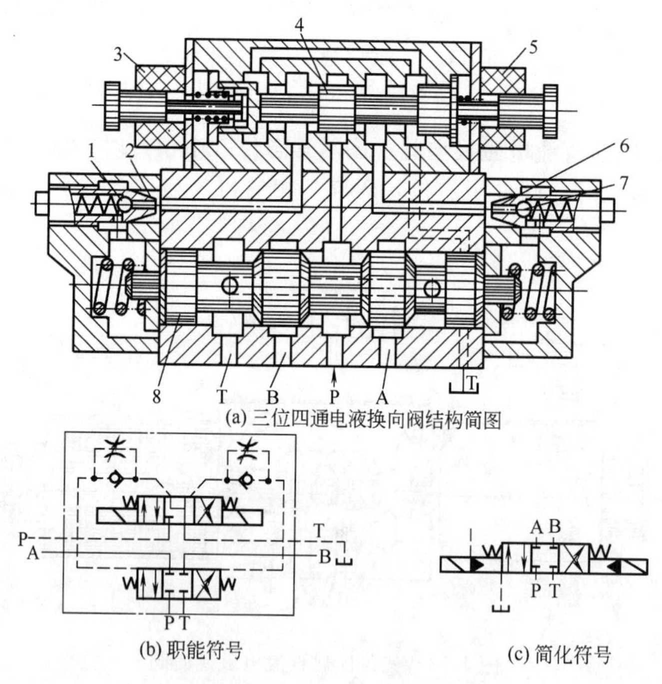

图 1.76 三位四通电液换向阀

1,7—单向阀；2,6—节流阀；3,5—电磁铁；4—电磁阀阀芯；8—液动阀阀芯

图 1.76 为三位四通电液换向阀的结构简图及图形符号。在图示位置，两端电磁铁均断电时，电磁阀阀芯处于中位，这时液动换向阀两端的油均经两个小节流阀 2、6 及电磁铁中位与油箱（T）相通，使液动阀在两端弹簧的作用下也处于中位，四个油口均被封闭。当左端电磁铁通电时，电磁阀阀芯移至右端，控制压力油经电磁阀及左端单向阀 1 进入液动换向阀的左腔，推动液动阀阀芯移至右端，其右腔的油液经右端节流阀 6、电磁阀回油箱，使液

动换向阀左位工作，主油路油口 P 与 A 相通，而 B 与 T 相通；反之，当右端电磁铁通电时，控制压力油进入液动换向阀的右腔，推动液动阀阀芯移至左端，液动换向阀右位工作，使主油路油口 P 与 B 相通，A 与 T 相通。

电液换向阀中的节流阀作用是调节液动换向阀的换向时间，即调节换向速度，使换向平稳性好。由此可见，电液换向阀既能实现换向平稳，又能用较小的电磁阀控制大流量的液流，从而方便地实现自动控制。

(4) 换向阀的滑阀机能　如前所述，换向阀的阀芯未受到操作它的外部作用时所处的位置称为常态位置，在这个位置上各油口的连通方式称为此阀的滑阀机能。采用不同滑阀机能的换向阀，会影响到阀在常态位时执行元件的工作状态，如停止还是运动，前进还是后退，卸荷还是保压等。

表 1.15 列出常见的三位四通阀滑阀机能的作用和特点，因三位阀的位置为中位，故其滑阀机能又称中位机能。

表 1.15　三位四通换向阀中位滑阀机能

机能代号	结构原理图	中位图形符号	机能特点和作用
O	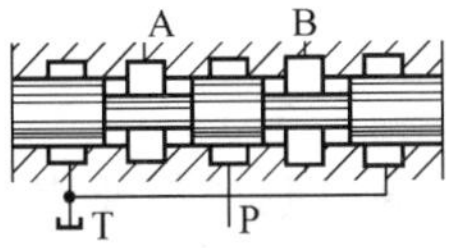	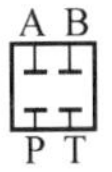	各油口全部封闭，缸两腔封闭，系统不卸荷。液压缸充满油，从静止到启动平稳；制动时运动惯性引起液压冲击较大；换向位置精度高
H	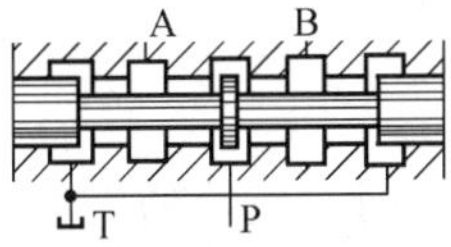	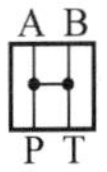	各油口全部连通，系统卸荷，缸呈浮动状态。液压缸两腔接油箱，从静止到启动有冲击；制动时油口互通，故制动较平稳；但换向位置变动大
P	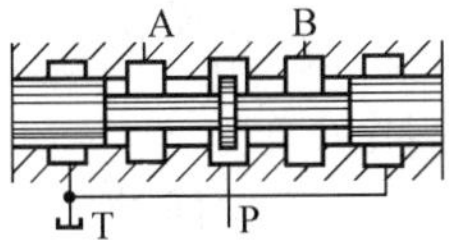	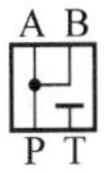	压力油 P 与缸两腔连通，可形成差动回路，回油口封闭。从静止到启动较平稳；制动时缸两腔均通压力油，故制动平稳；换向位置变动比 H 型的小，应用广泛
Y	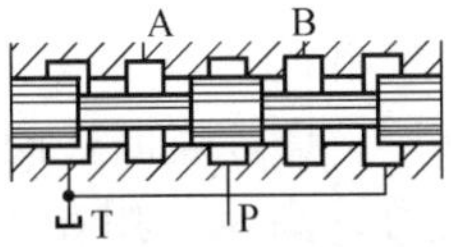	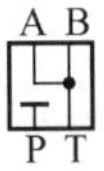	油泵不卸荷，缸两腔通回油，缸呈浮动状态。由于缸两腔接油箱，从静止到启动有冲击，制动性能介于 O 型与 H 型之间
K	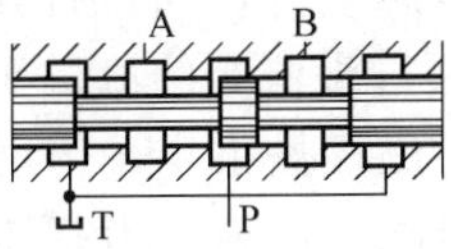	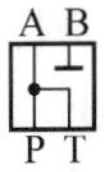	油泵卸荷，液压缸一腔封闭一腔接回油。两个方向换向时性能不同
M	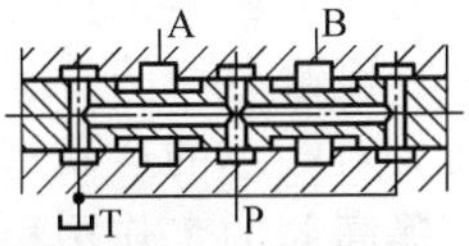		油泵卸荷，缸两腔封闭。从静止到启动较平稳；制动性能与 O 型相同；可用于油泵卸荷液压缸锁紧的液压回路中
X	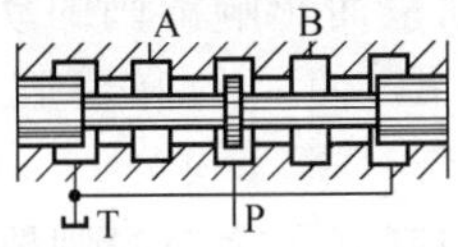		各油口半开启接通，P 口保持一定的压力；换向性能介于 O 型和 H 型之间

在分析和选择三位滑阀的中位机能时，必须考虑以下几点。

① 系统的保压与卸荷　当油口 P 堵塞时，系统保压，液压泵能用于多缸系统；当油口 P 与 T 相通时，泵被卸荷，功率损耗小。

② 换向平稳性和换向的精度　当油口 A、B 均堵塞时，换向精度高，但换向冲击大；当油口 A、B 通 T 时，换向平稳性好，但换向精度低。

③ 启动平稳性　当油口 A、B 通 T 时，启动有冲击；A、B 堵塞或通 P 时，启动平稳。

④ 液压缸的停止和浮动　当油口 A、B 均堵塞，则可使液压缸在任意位置处停下来；当油口 A、B 互通时，卧式液压缸呈浮动状态，可利用其他机构移动工作台，调整其位置。

(5) 液压卡紧现象　滑阀式换向阀中，由于阀芯和阀体孔的中心线不可能完全重合，且具有一定的几何形状误差，进入滑阀间隙中的压力油，将对阀芯产生不平衡的径向力，一定条件下使阀芯紧贴内孔壁上，产生相当大的摩擦力，使得操纵滑阀发生困难，严重时甚至被卡住，这种情况称为液压卡紧现象。当然，油中脏物进入间隙，阀体、阀芯变形以及配合间隙不合适等会使这一现象加剧。

为减小液压卡紧现象的出现，应严格控制阀芯和阀体的制造精度，也可在阀芯上开环形均压槽。

1.4.2 压力控制阀

实现液压系统压力控制的阀类称为压力控制阀，常用的有溢流阀、减压阀、顺序阀和压力继电器等，它们的共同特点是利用作用在阀芯上的液体压力和弹簧力相平衡的原理进行工作。

1.4.2.1 溢流阀

(1) 结构原理　溢流阀的功能是多种的，主要是在溢流的同时使泵的供油压力得到调整并保持基本恒定。溢流阀根据结构和工作原理分为直动式溢流阀和先导式溢流阀两种。

① 直动式溢流阀　直动式溢流阀是依靠系统中的压力油直接作用在阀芯上与弹簧力等相平衡，以控制阀芯的启闭动作。图 1.77 为一种低压直动式溢流阀。P 为进油口，T 为回油口，被控压力油由 P 口进入溢流阀，经径向孔 b、阻尼孔 a 后作用在阀芯的底面上。当进口压力较低时，阀芯在弹簧力作用下处于最下端位置，将 P 口与 T 口隔断，阀处于关闭状态，没有溢流；当进油压力升高至作用在阀芯底面上的液压力大于弹簧力时，阀芯上升，阀口打开，油液由 P 口经 T 口排回油箱。当通过溢流阀的流量变化时，阀口开度也改变，但因阀芯的位移量很小，作用在阀芯上的弹簧力的变化也很小，因此可认为，当有油液流过溢流阀阀口时，溢流阀进口处的压力基本上保持定值。调节螺母 1，就可以调节弹簧的预紧力，从而调节溢流阀的溢流压力。阀芯上阻尼孔 a 对阀芯的运动产生阻尼，从而可避免阀芯产生振动，提高阀的工作平稳性。为了防止调压弹簧腔形成密封油室而影响滑阀的动作，在阀盖 3 和阀体 5 上设有通道 d，使阀的弹簧腔与回油口 T 沟通。

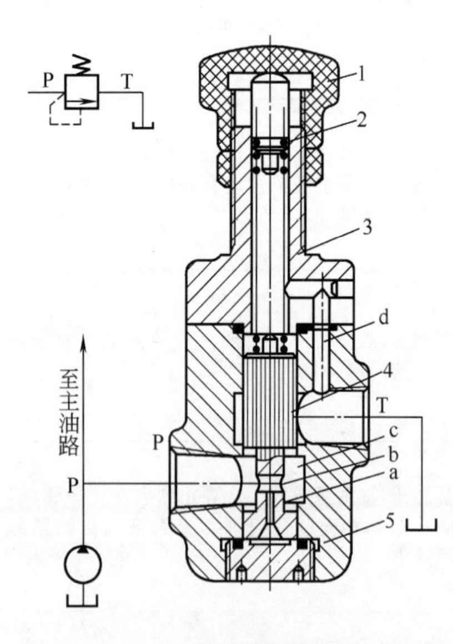

图 1.77　直动式溢流阀
1—螺母；2—调压弹簧；3—阀盖；4—阀芯；5—阀体；a—阻尼孔；b—径向孔；c—压力腔；d—通道

当直动式溢流阀需控制高压力时，则要采用较大刚度的弹簧，这样，不仅调节困难，而且阀口开度较小的变化将引起被控压力较大的变化，使定压精度降低，故这种阀只适用于低压系统，如 P 型直动式溢流阀的最大调整压力为 2.5MPa。

② 先导式溢流阀　先导式溢流阀由先导阀和主阀两部分组成。先导阀的结构原理与直动式溢流阀相同，是一个小规格锥阀式直动溢流阀，先导阀内的弹簧用来调定主阀的溢流压力；主阀控制溢流量，主阀的弹簧不起溢流调压作用，仅是为了克服摩擦力使主阀芯及时复位而设置的。

图 1.78 所示为先导式溢流阀的一种典型结构（板式连接形式）。压力油由进油口 P 进入后作用于主阀芯 5 活塞左端，并经主阀芯上的阻尼孔 e 进入主阀活塞右腔，然后再经通道 b 和阻尼孔 a 作用于锥阀 3 上，当作用在锥阀上的液压力小于调压弹簧 2 的预紧力时，锥阀在弹簧力的作用下处于关闭状态。此时阻尼孔 e 中没有油液流动，主阀上下两腔油压相等，主阀芯 5 在弹簧 4 作用下处于最左端，进、回油口被主阀芯切断，溢流阀不溢流。当作用在锥阀上的液压力大于弹簧力时，锥阀打开，压力油经阻尼孔 e、通道 b 和阻尼孔 a、锥阀阀口，从出油口 T 流回油箱。由于油液流过阻尼孔 e 时要产生压力降，主阀右腔压力小于左腔压力。当通过锥阀的流量达到一定大小时，主阀左、右腔压力差所形成的液压力超过弹簧 4 的预紧力、主阀芯与阀体的摩擦力等力的总和时，主阀芯向右移动，使 P 口与 T 口相通，压力油从 T 口溢回油箱，实现溢流及稳压作用。调节先导阀弹簧 2 的预紧力，即可调节溢流压力（即系统压力）；而改变弹簧 2 的刚度，则可改变调压范围。

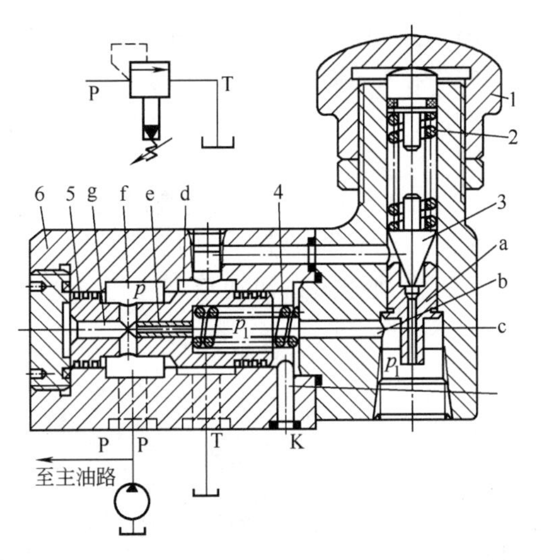

图 1.78　Y 型先导式溢流阀

1—螺母；2—调压弹簧；3—锥阀；4—主阀弹簧；5—主阀芯；6—阀体；
a，e，g—阻尼孔；b—通道；c—压力腔；d—回油腔；f—进油腔

遥控口 K 一般用螺塞堵住，需要遥控时，拧去螺塞接上油管和远程调压阀，即可改变主阀阀芯右腔压力 p_1 的大小，从而实现远程调压控制。远程调压阀的调压范围应小于其溢流阀的调定压力。当遥控口 K 与油箱接通时，可以实现系统卸荷。

由于采用了先导式结构，主阀的弹簧刚度很小，所以其定压精度比直动式的高，应用于中、高压系统。

(2) 其他溢流阀

① 电磁溢流阀　电磁溢流阀由溢流阀和串联在该阀外控口的电磁换向阀组成，其中电

磁阀可以是二位二通、二位四通和三位四通阀，并具有不同机能，由此构成了电磁溢流阀的多种结构与功能。图 1.79（a）所示的电磁溢流阀可用于泵的卸荷；图 1.79（b）所示的电磁溢流阀兼有使泵卸荷和二级调压的作用。

② 卸荷溢流阀　卸荷溢流阀是溢流阀和单向阀的组合阀，职能符号见图 1.80。该阀主要用于使泵卸荷。将 P 口接泵，P_1 口接系统，当 P_1 口的压力小于图中溢流阀的调定压力时，溢流阀关闭，泵向系统供油；当 P_1 口的压力达到溢流阀的调定压力时，通过控制油路使溢流阀的阀口打开，泵卸荷。单向阀的作用是使高低油路隔开。

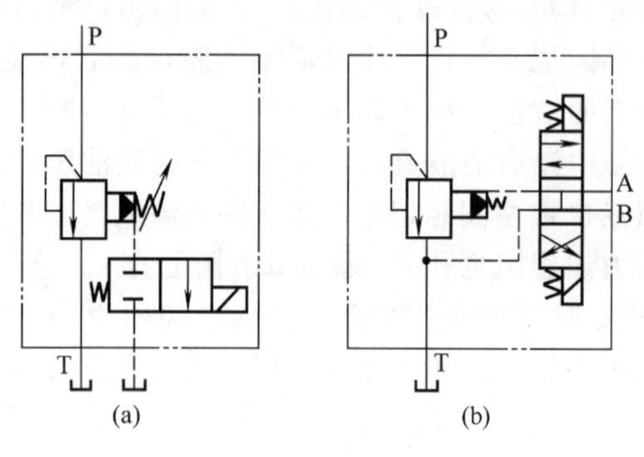

图 1.79　电磁溢流阀

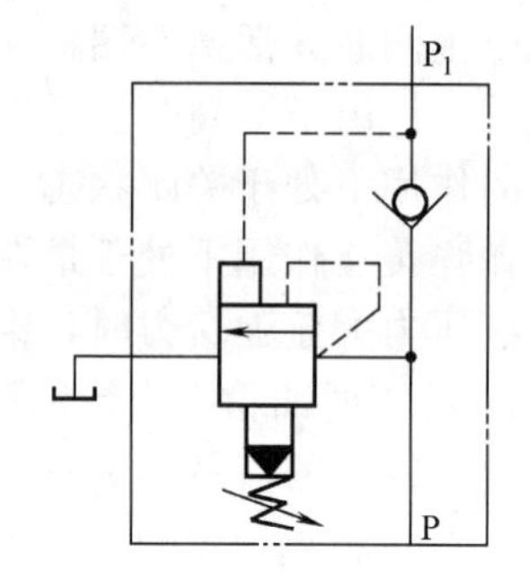

图 1.80　卸荷溢流阀

(3) 溢流阀的应用

① 起溢流稳压作用　如图 1.81 所示，在采用定量泵节流调速的系统中，调节节流阀的开口大小可调节进入执行元件的流量，而定量泵多余的油液则从溢流阀溢回油箱。在工作过程中阀是常开的，起到溢流定压作用，此时泵的工作压力决定于溢流阀的调整压力并且保持恒定。

② 起安全保护作用　如图 1.82 所示为变量泵的液压系统，用溢流阀限制系统压力不超过最大允许值，以防止系统过载。在工作过程中，阀是常闭的，当系统超载时系统压力达到溢流阀调定的压力，阀打开，压力油经阀口回油箱，起到安全作用，此种溢流阀常称为安全阀。

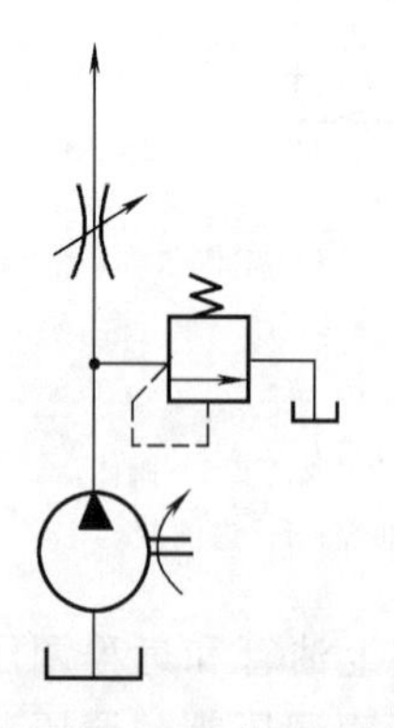

图 1.81　溢流阀起溢流稳压用

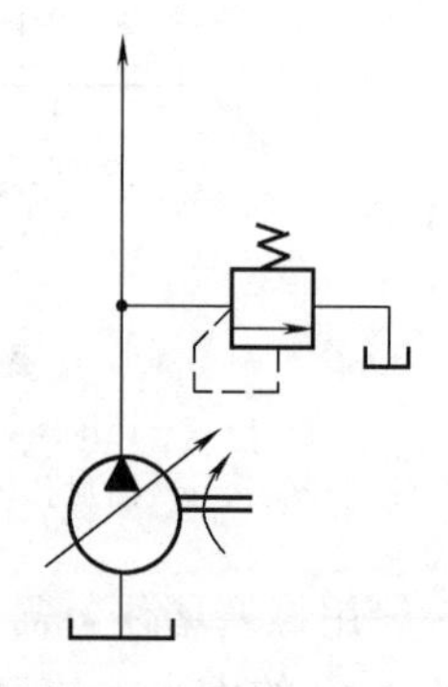

图 1.82　溢流阀作安全阀用

③ 作背压阀用　将溢流阀装在回油路上，调节溢流阀的调压弹簧，即能调节执行元件回油腔压力的大小。此时宜选用直动式低压溢流阀，见图 1.83。

④ 作卸荷阀用　如图 1.84 所示，用换向阀将溢流阀的遥控口和油箱连接，可使油路卸荷。

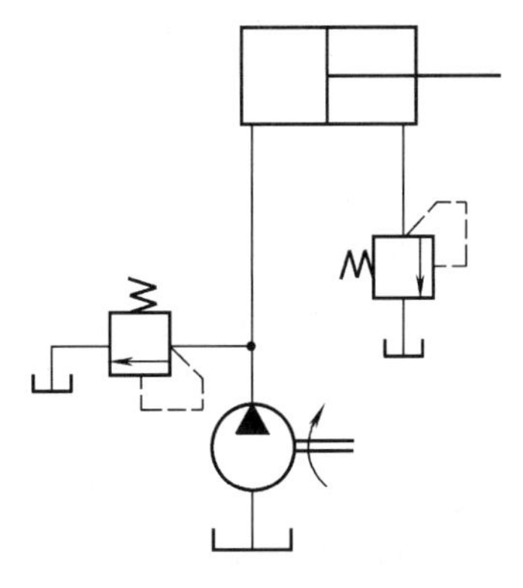

图 1.83　溢流阀作背压阀用

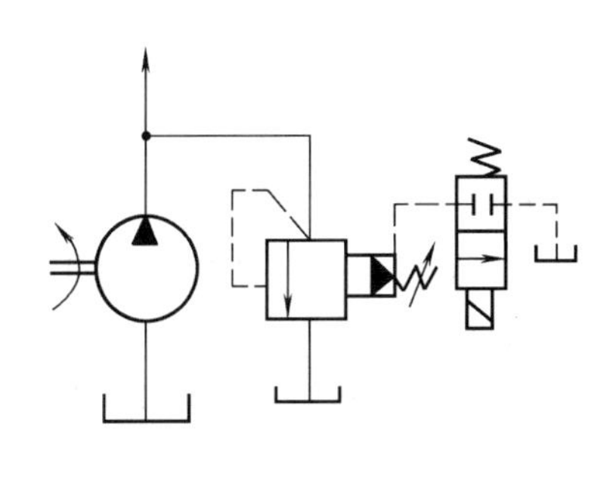

图 1.84　溢流阀作卸荷阀用

1.4.2.2　减压阀

（1）结构原理　减压阀是一种利用液流流过缝隙产生压力降的原理，使出口压力低于进口压力的压力控制阀。它常用于各种液压设备的夹紧系统、润滑系统等控制场合。减压阀按结构分有直动式和先导式两种；按控制压力的情况分有定值、定比和定差减压阀三种。

下面介绍最常见的先导式定值减压阀（图 1.85），它也分为两部分，即由先导阀调压，主阀减压。压力油从进油口 p_1 进入，经减压口后从油口 p_2 流出。由于油液流过减压口的缝隙 δ 时有压力损失，所以出口油压 p_2 低于进口油压 p_1，出口油压 p_2 一边送往执行元件，另一边经主阀芯 6 上的孔 g 流入主阀芯左腔，同时经阻尼孔 e 进入主阀芯右腔并经孔 b、a 作用于先导锥阀 3 上。当负载较小，出口油压 p_2 低于调压弹簧 2 所调定的压力时，先导阀关闭，主阀芯阻尼孔 e 无油液流动，主阀芯两端压力相等，在主阀弹簧 5 作用下至最左端位置，减压阀全开，不起减压作用；当出口油压 p_2 超过调压弹簧 2 所调定的压力时，先导阀打开，油液经先导阀和泄油口 L 回油箱。由于阻尼孔 e 的作用，主阀芯右腔的压力 p_3 将小于左腔的压力 p_2，此时压力差 p_2-p_3 产生作用力大于主阀芯弹簧的预紧力，主阀芯 6 右移

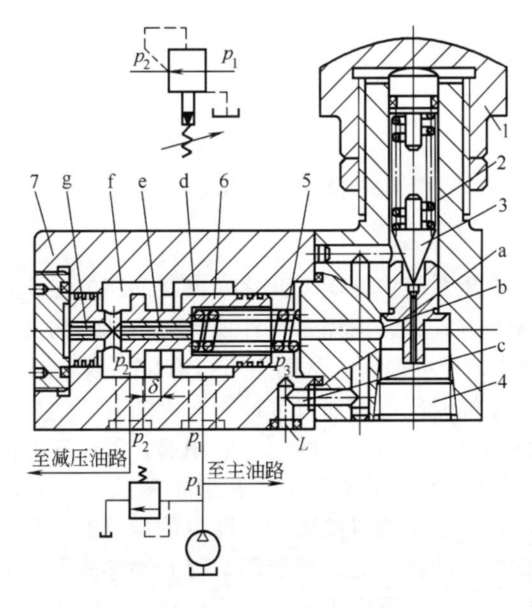

图 1.85　先导式减压阀

1—螺母；2—调压弹簧；3—锥阀；4—堵盖；5—主阀弹簧；6—主阀芯；7—阀体；a，e，g—阻尼孔；b—通道孔；c—卸油通道；d—进油腔；f—出油腔

使减压口缝隙减小，减压作用增强，p_2 下降，直到 p_2-p_3 与阀芯作用面积的乘积和主阀芯弹簧力相等时，主阀芯处于平衡状态。此时减压阀保持一定的开度，出口油压 p_2 稳定在调压弹簧所调定的压力值上。

如果外来干扰使进口油压 p_1 升高，则出口油压 p_2 也升高，使主阀芯向右移动，减压口减小，p_2 又降低，在新的位置上取得平衡，而出口油压基本维持不变；反之亦然。这样减压阀的减压口随进口油压 p_1 的变化自动调节，从而使出口油压 p_2 保持恒定。

在本书中所举例的先导式减压阀与先导式溢流阀相比，其结构非常相似，调节原理也相似，但两者的阀芯形状以及油口连通情况有明显差别，其主要区别为：在原始状态时，溢流阀的进、出油口完全不通，而减压阀进、出油口完全通；溢流阀利用进口压力来控制阀芯移动，保持进口压力恒定，而减压阀则是利用出口压力来控制阀芯移动，保持出口压力恒定；溢流阀调压弹簧腔的油液经阀的内部孔通到出油口，而减压阀需要单独接油箱。若把减压阀的遥控口与远程调压阀相连接，便可实现远程减压。

（2）减压阀的应用

① 低压回路　用减压阀从主系统中分出一个低压支路向控制、夹紧、定位等机构供油，如图 1.86 所示。

② 稳定压力　在一泵多缸系统中，由于一次压力有波动，采用减压后的二次压力是稳定，见图 1.87。

③ 单向减压回路　图 1.88 所示回路用于正、反向运动要求不同压力的情况，采用减压阀与单向阀并联实现单向减压。

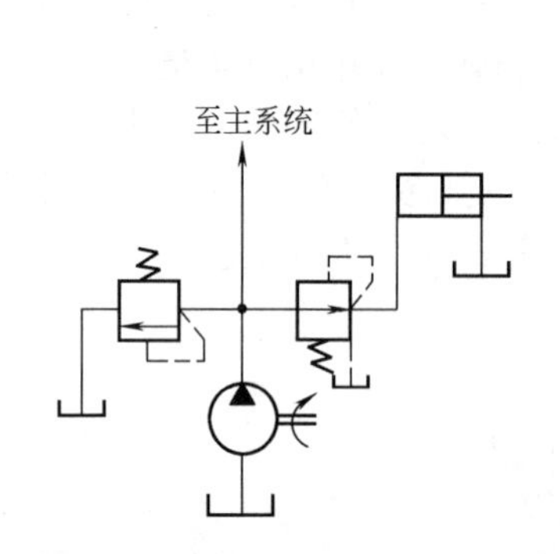

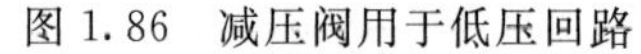

图 1.86　减压阀用于低压回路

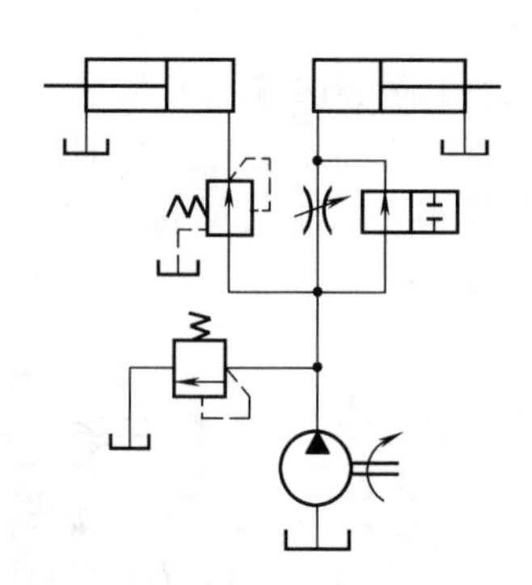

图 1.87　减压阀用作稳定压力

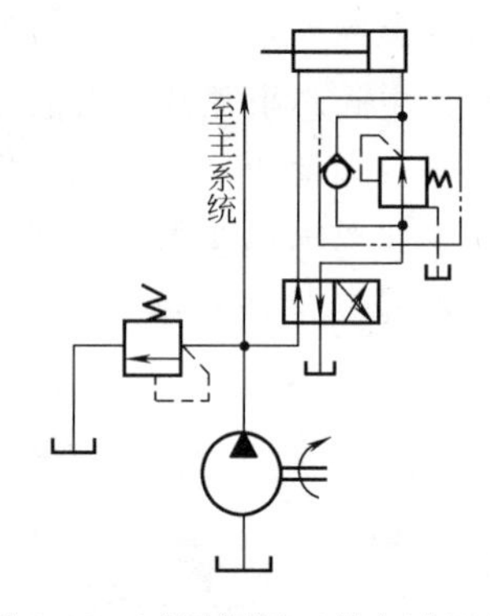

图 1.88　减压阀用于单向减压回路

1.4.2.3　顺序阀

顺序阀的作用是利用液压系统中的压力变化来控制油路的通断，从而控制某些液压元件按一定顺序动作。按其控制方式分有内控式和外控式；按其结构又可分为直动式和先导式。

图 1.89（a）为直动式内控顺序阀，从图中可以看出，顺序阀的结构和工作原理与溢流阀很相似，其主要差别在于溢流阀的出油口接油箱，因而其泄油口可和出油口连通，即采用内部泄油方式；而顺序阀的出油口与系统的压力腔相通，因而它的泄油口要单独通油箱（外部泄油方式）。当顺序阀的进油压力低于调压弹簧的预调压力时，阀口关闭；当进油压力超过调压弹簧的预调压力时，进、出油口接通，出油口的压力油使其下游的执行元件（液压缸或液压马达）动作。调整弹簧的预压缩量即能调节打开顺序阀所需的压力。因这种顺序阀是利用进口压力控制阀芯的启闭，故称内控式，其职能符号见图 1.89（b）。

当将直动式顺序阀下端盖 2 相对阀体转过 90°或 180°，使阻尼孔 c 堵塞，并将堵塞 1 拆去，接通控制油路，则阀的启闭由进口压力控制改为控制油压控制，故称外控制，其职能符

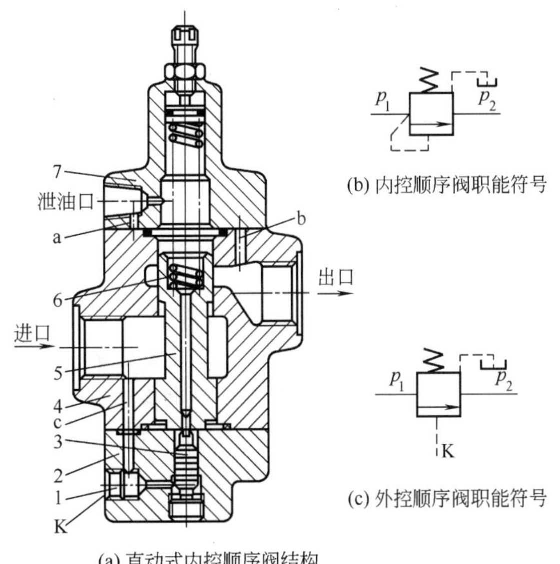

图 1.89 直动式顺序阀

1—堵塞；2—下端盖；3—控制活塞；4—阀体；5—阀芯；6—弹簧；7—上端盖；
a—卸油小孔；b—小孔；c—阻尼孔

号见图 1.89 (c)。先导顺序阀原理也类似，此处不再重复。

在实际使用中，顺序阀与单向阀常以并联形式出现回路，所以将并联的两个阀体制成一体就构成了单向顺序阀，其职能符号见图 1.90。

顺序阀主要用于控制多个执行件的顺序动作，在垂直放置液压缸的系统中也用作平衡阀，外控顺序阀还可用作卸荷阀，具体详见本书第 2 章液压基本回路。

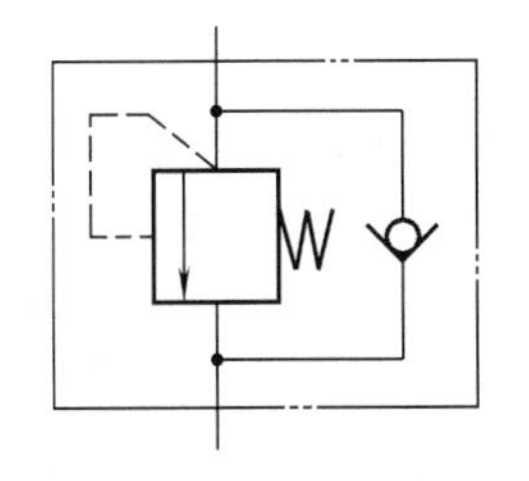

图 1.90 单向顺序阀职能符号

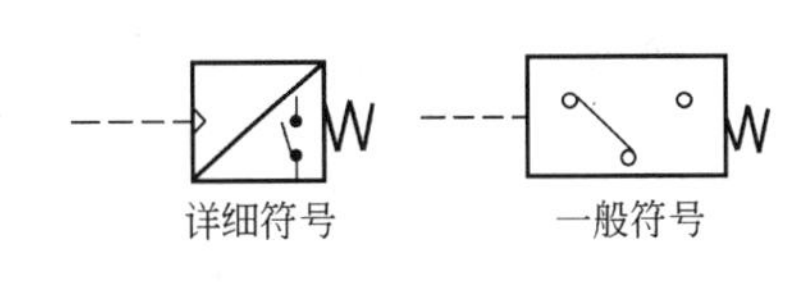

图 1.91 压力继电器职能符号

1.4.2.4 压力继电器

压力继电器是将液压系统中的压力信号转换成电信号的转换装置。它的作用是：根据液压系统的压力变化，通过压力继电器内的微动开关，自动接通或断开有关电路，以实现顺序动作或安全保护等，其职能符号见图 1.91。

1.4.3 流量控制阀

流量控制阀简称流量阀，主要用来调节通过阀口的流量，以满足对执行元件运动速度的要求。流量阀均以节流单元为基础，利用改变阀口通流面积或通道长度来改变液阻，以达到调节通过阀口流量的目的。

1.4.3.1 流量阀的流量特性

流量阀以节流口为基本单元，因此必须先了解节流口的流量特性。

无论节流口采用何种形式，通过节流口的流量 q 均用下式表示

$$q=ka\Delta p^m \tag{1.67}$$

式中，k 为由节流口形状、液体流态、油液性质等因素决定的系数，如薄壁小孔 $k=C_q\sqrt{\frac{2}{\rho}}$，如细长孔，$k=\frac{d^2}{\mu l}$，其他形式节流口的 k 值可由实验得出；a 为节流口通流面积；Δp 为节流口前后的压差；m 为由节流口形状决定的指数，对于薄壁小孔，$m=0.5$，对于细长小孔，$m=1$，介于二者之间的节流口 $0.5<m<1$。

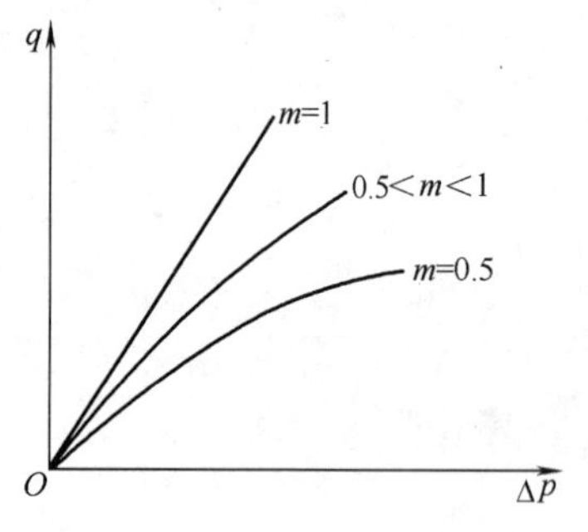

图 1.92　节流口流量特性曲线

式（1.67）为流量阀节流口的流量特性公式。由此式可知，当 k、Δp 和 m 为一定时，只要改变节流阀通流面积 a，就可以调节通过节流阀的流量。根据此式画出的三种节流口的流量特性曲线如图 1.92 所示。

（1）压差对流量的影响　节流阀两端压差 Δp 变化时，通过它的流量要发生变化，三种结构形式的节流口中，通过薄壁小孔的流量受压差变化的影响最小。

（2）温度对流量的影响　油温影响到油液的黏度。对于细长小孔，油温变化时，流量也会随之改变；对于薄壁小孔，黏度对流量几乎没有影响，故油温变化时，流量基本不变。

（3）节流口的堵塞　节流阀的节流口可能因油液中的杂质或由于油液氧化后析出的胶质、沥青等而造成局部堵塞，这就改变了原来节流口通流面积的大小，使流量发生变化，尤其是当开口较小时，这一影响更为突出，严重时会完全堵塞而出现断流现象。因此节流口的抗堵塞性能也是影响流量稳定的重要因素，尤其会影响流量阀的最小稳定流量。一般节流口通流面积越大、节流通道越短，越不容易堵塞，当然油液的清洁度也对堵塞产生影响。一般流量控制阀的最小稳定流量为 0.05L/min。

综合上述，为保证流量稳定，节流口的形式采用薄壁小孔较为理想。

1.4.3.2　节流阀

（1）普通节流阀　图 1.93 所示为普通节流阀。压力油从进油口 P_1 进入，经阀芯 1 上的轴向三角槽式节流口，从出油口 P_2 流出。转动手柄，通过推杆 3 带动阀芯 1 轴向移动，即可调节节流口的开度，以调节流量大小。节流阀结构简单，制造容易，体积小，但其无压力

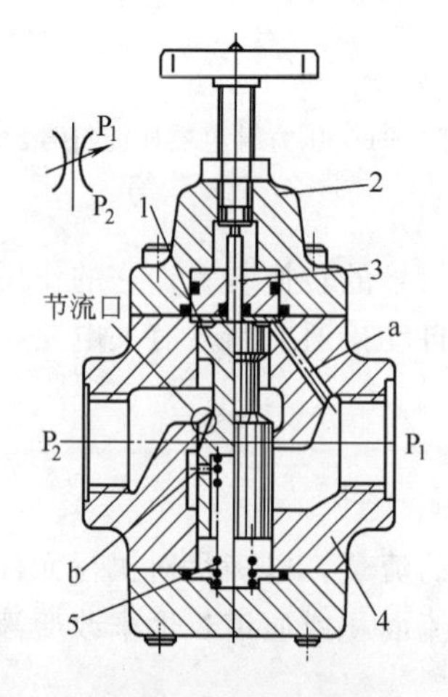

图 1.93　普通节流阀

1—阀芯；2—上端盖；3—推杆；4—阀体；5—弹簧；
a—阻尼孔；b—小孔

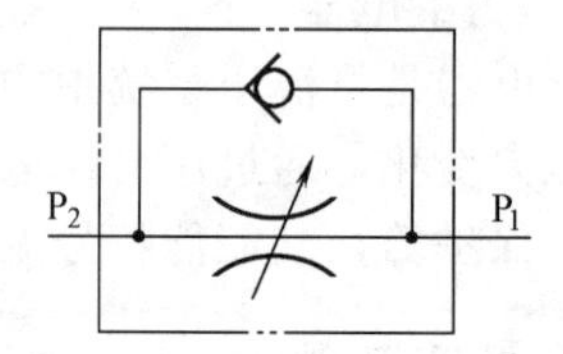

图 1.94　单向节流阀的职能符号

和温度补偿装置，由式（1.67）可知，负载及油温变化对流量稳定性的影响较大，因此只适用于负载和温度变化不大或速度稳定性要求不高的液压系统。

（2）单向节流阀　节流阀常常因与单向阀并联使用而制成一体，称为单向节流阀，图1.94为单向节流阀的职能符号。当压力油从油口 P_1 进入，经阀芯上的三角槽节流口从油口 P_2 流出，这时起节流作用。当压力油从油口 P_2 进入时，在压力油作用下阀芯克服软弹簧的作用力而下移，油液不再经过节流口而直接从油口 P_1 流出，这时起单向阀作用。

1.4.3.3　调速阀

调速阀是采用定差减压阀和节流阀串联组合而成的，节流阀用来调节通过的液体流量大小，定差减压阀则自动补偿负载变化对流量的影响，始终保持节流阀前后的压差恒定不变，使通过节流阀的流量基本稳定，从而控制执行机构的速度稳定。

调速阀的工作原理见图1.95（a）。图中1为节流阀，2为定差减压阀。液压泵出口（即调速阀进口）压力 p_1 由溢流阀调节，基本上保持恒定。当压力为 p_1 的油液流经定差减压阀阀口后压力降至 p_2，再流经节流阀后，压力为 p_3，p_3 的大小由液压缸的负载 F 决定。节流阀前的压力油经通道进入定差减压阀的a腔和b腔，而节流阀后的压力油经通道被引入定差减压阀的c腔。当减压阀阀芯在弹簧力 F_s 和液压力的作用下处于某一平衡位置时（忽略摩擦力和液动力），若 A_1、A_2、A 分别为a、b、c腔内压力油作用于阀芯的有效面积，则减压阀阀芯受力平衡方程为

$$p_2A_1+p_2A_2=p_3A+F_s \tag{1.68}$$

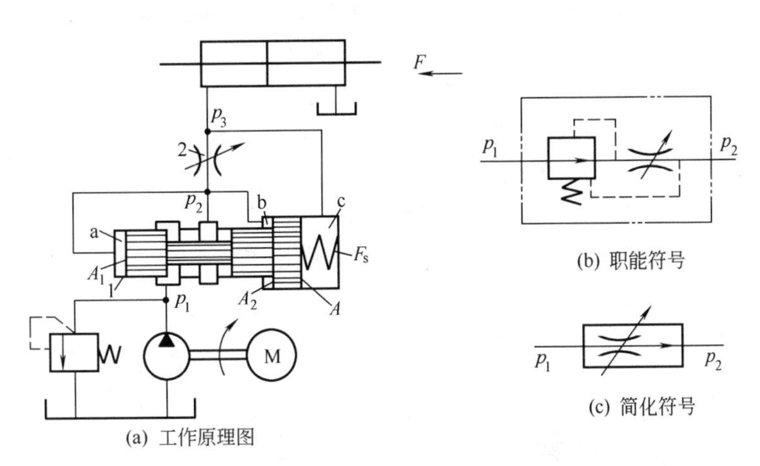

图1.95　调速阀的工作原理

1—节流阀；2—定差减压阀；

a—p_2 左腔；b—p_2 右腔；c—p_3 右腔

因 $A=A_1+A_2$，故

$$p_2-p_3=\Delta p=\frac{F_s}{A} \tag{1.69}$$

因为弹簧刚度较低，且工作过程中减压阀阀芯位移较小，可认为弹簧力 F_s 基本保持不变，故节流阀两端压力不变，这样可保持通过节流阀的流量稳定。

负载变化时节流阀两端的压差是怎样保持不变的呢？如当调速阀出口处油压 p_3 由于负载增加而增加时，作用在减压阀阀芯右端的液压力也随之增加，阀芯失去平衡而左移，于是减压阀阀口增大，液阻减小（即减压阀的减压作用减小），使 p_2 也增大，直至阀芯在新的位

置上得到平衡为止，而使 p_2 与 p_3 的差值基本保持不变。同理，当负载减小（p_3 减小），p_2 也随之减小，其差值仍保持不变。因此，当负载变化时，由于定差减压阀能自动调节液阻，使节流阀两端的压差保持不变，从而保持了流量稳定。

图 1.95（b）和图 1.95（c）分别为调速阀的职能符号和简化符号。

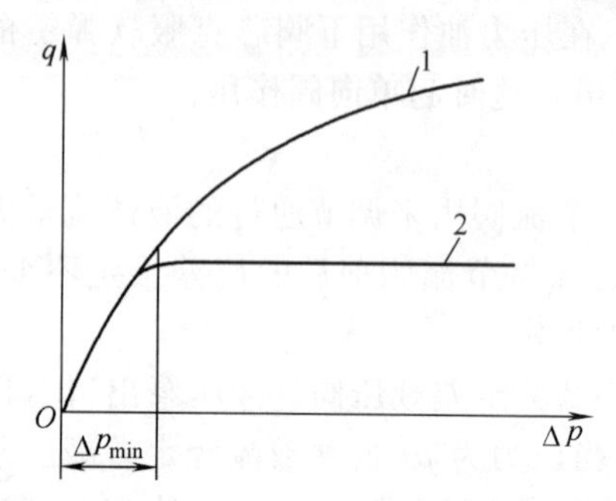

图 1.96　节流阀和调速阀的流量特性曲线
1—节流阀的流量特性曲线；2—调速阀的流量特性曲线

图 1.96 示出了节流阀和调速阀的流量与进出口压差的关系。从图中可看出，节流阀的流量随着压差的变化较大，而当调速阀两端的压差大于一定数量（Δp_{min}）后，其流量就不随压差改变而变化；而当调速阀两端的压差在较小的区域（$\leqslant \Delta p_{min}$）内，压差不足以克服减压阀阀芯上的弹簧力，此时阀芯处于最下端，减压阀保持最大开口而不起减压作用，这一段的流量特性和节流阀相同。所以，要使调速阀正常工作，对于中低压调速阀至少要求有 0.5MPa 的压差，对于高压调速阀至少要求有 1MPa 的压差。

1.4.3.4　溢流节流阀（旁通型调速阀）

溢流节流阀也是一种压力补偿型节流阀，它是由压差式溢流阀和节流阀并联而成，能保持节流阀前、后压差基本不变，从而使通过节流阀的流量基本上不受负载变化的影响。

图 1.97（a）是溢流节流阀的工作原理图，其中 3 为压差溢流阀阀芯，4 为节流阀阀芯。液压泵输出的油液压力为 p_1，进入阀后，一部分油液经节流阀进入执行元件（压力为 p_2），另一部分油液经溢流阀的溢流口回到油箱。节流阀上游的压力即为泵的供油压力 p_1，而节流阀下游的压力 p_2 决定于负载，两端的压差 $\Delta p=p_1-p_2$。溢流阀的 b 腔和 c 腔与节流阀上游压力相通。当执行元件在某一负载下工作时，溢流阀阀芯处于某一平衡位置，溢流阀开口大小为 h。若负载增加，p_2 也增加，a 腔的压力相应增加，则阀芯 3 向下移动，溢流口关小，泵的供油压力 p_1 也随着增大，从而使节流阀两端压差 $\Delta p=p_1-p_2$ 基本保持不变。如

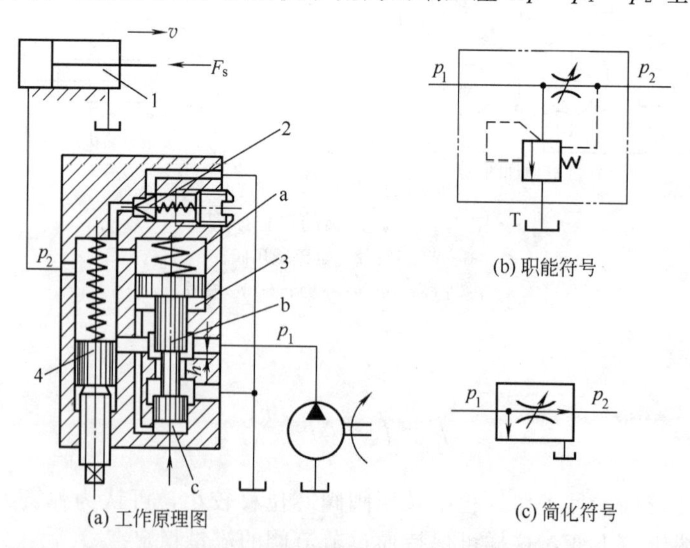

图 1.97　溢流节流阀的工作原理图
1—液压缸；2—安全阀阀芯；3—溢流阀阀芯；4—节流阀阀芯；
a—溢流阀上腔；b—溢流阀中腔；c—溢流阀下腔

果负载减小，p_2 也减小，溢流阀的自动调节作用将使 p_1 随之减少，$\Delta p=p_1-p_2$ 仍能保持不变。图中安全阀阀芯 2 平时关闭，只有当负载增加到使 p_2 超过安全阀弹簧的调整压力时才打开，溢流阀阀芯上腔的油液，经安全阀回油箱，溢流阀阀芯向上移动，h 变大，液压泵油液经溢流阀全部溢回油箱，以防止系统过载。图 1.97（b）和图 1.97（c）为溢流节流阀的职能符号和简化符号。

1.4.4　二通插装阀

二通插装阀是插装元件插入特定设计加工的阀体内，配以盖板、先导阀组成的一种多功能的复合阀，因插装元件每个只有两个主油口，因此被称为二通插装阀。从它的工作功能来看也可称为逻辑阀，从它的本身结构来看也可称为锥阀。

插装阀是 20 世纪 70 年代初出现的一种较新型的液压元件。这种阀具有一阀多机能，通用化和集成化程度高，通流能力大，耐高压、体积小、重量轻、切换时响应快、冲击小、稳定性好和工艺好等优点，在高压、大流量系统中得到了广泛的应用。

1.4.4.1　结构和工作原理

如图 1.98 所示为二通插装阀的典型结构，它由插装元件 1、控制盖板 2、先导阀 3 和插装阀体 4 四部分组成。

图 1.99 所示为插装式元件的结构原理图和职能符号。它由阀套、阀芯、弹簧及密封件组成，其工作原理相当液控单向阀。A、B 为主油口，C 为控制油口，设与之对应的压力为 p_A、p_B 和 p_C，作用面积为 A_A、A_B 和 A_C（$A_C=A_A+A_B$），弹簧力为 F_s。当 $p_AA_A+p_BA_B>p_CA_C+F_s$ 时，阀芯抬起，A、B 口接通；反之，则阀口关闭，A、B 口不通；而当 C 口通油箱时，在 p_A 或 p_B 作用下，A、B 口接通。

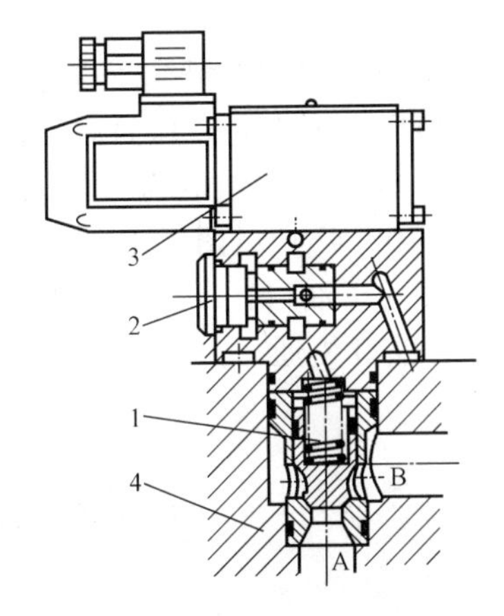

图 1.98　二通插装阀的典型结构

1—插装元件；2—控制盖板；3—先导阀；4—插装阀体

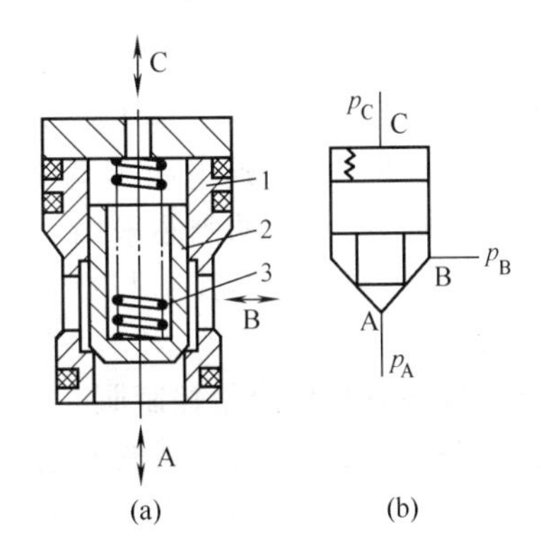

图 1.99　插装式元件

1—阀套；2—阀芯；3—弹簧

控制盖板主要用于固定插装元件，保持密封并沟通控制油路和主阀控制腔之间的联系。先导控制元件是控制插装阀芯动作的小型液压控制阀。插装阀通过不同的盖板和多种先导阀组成，便可构成方向控制阀、压力控制阀和流量控制阀。

1.4.4.2　插装阀用作方向控制阀

（1）单向阀　将 C 腔与 A 或 B 连通，即成为单向阀，连接方法不同，其导通方式也不同。在控制盖板上加接一个二位三通液动阀（先导阀），就成为液控单向阀，见图 1.100。

（2）换向阀　将一定数量的插装元件与相应的先导阀组合就可组成不同的换向阀。图 1.101 为两个插装阀和一个二位四通电磁阀（作为先导阀）组成的换向回路，等效于二位三

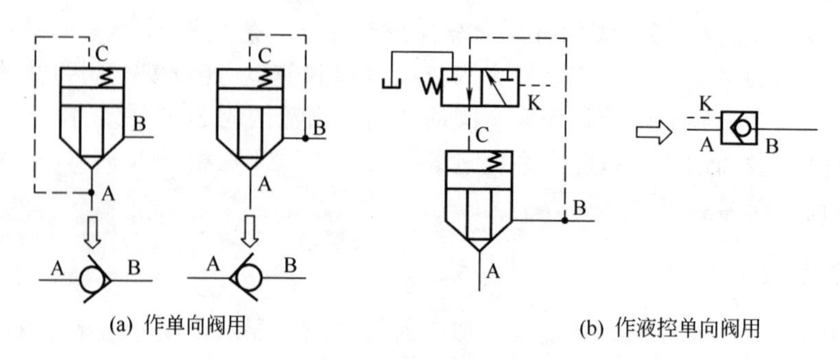

图 1.100 插装阀用作单向阀

通电磁阀。先导阀处于常态时，右阀上腔进控制油，P 口不通，左阀上腔回油，A、T 口相通，相当于二位三通的右位；当先导阀通电时，右阀上腔回油，右阀打开，使 P、A 口相通，左阀上腔进控制油，左阀关闭，A、T 口不通，相当于二位三通的左位。

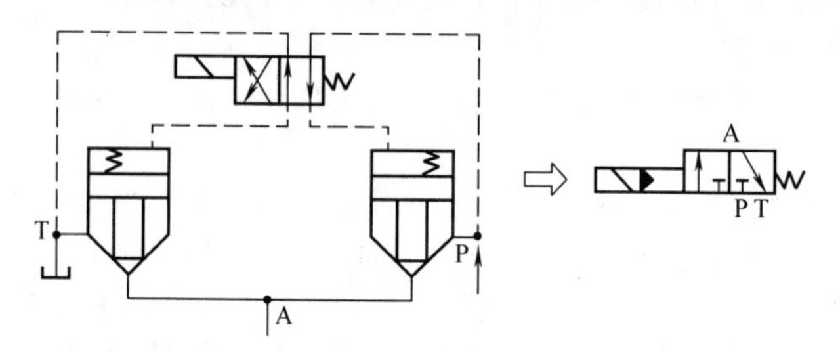

图 1.101 插装阀用作二位三通阀

1.4.4.3 插装阀用作压力控制阀

图 1.102 (a) 为插装阀用作溢流阀的原理图。A 腔压力油经阻尼小孔进入控制腔 C，并与先导压力阀进口相通，B 腔接油箱，这样插装阀的开启压力可由先导压力阀来调节，其工作原理与先导式溢流阀完全相同，当 B 腔不接油箱而接负载时，就成为一个顺序阀了；在 C 腔再接一个二位二通电磁阀就成为电磁溢流阀［图 1.102 (b)］。图 1.102 (c) 所示为减压阀原理图。减压阀的阀芯采用常开的滑阀式阀芯，B 腔为进油口，A 腔为出油口。A 腔的压力油经阻尼小孔后与控制腔 C 相通，并与先导压力阀进口相通，其工作原理和普通先导式减压阀相同。

1.4.4.4 插装阀用作流量控制阀

若在控制盖板上安装机械的或电气的行程调节元件，来控制插装阀锥口的开度，可起到

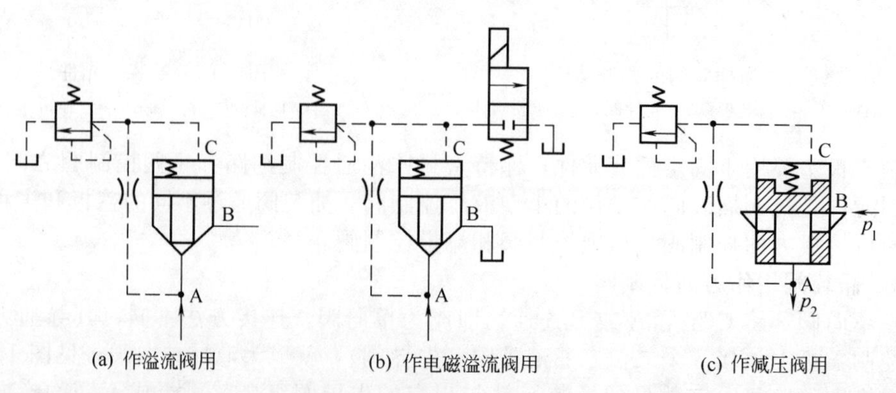

图 1.102 插装阀用作压力阀

流量控制阀的作用，此时插装阀采用的是顶端开有节流三角槽的阀芯。图 1.103（a）所示为手调二通插装节流阀，如用比例电磁铁代替上述手调装置，即组成二通插装电液比例节流阀。图 1.103（b）所示在节流阀前串联定差减压阀，则构成调速阀。

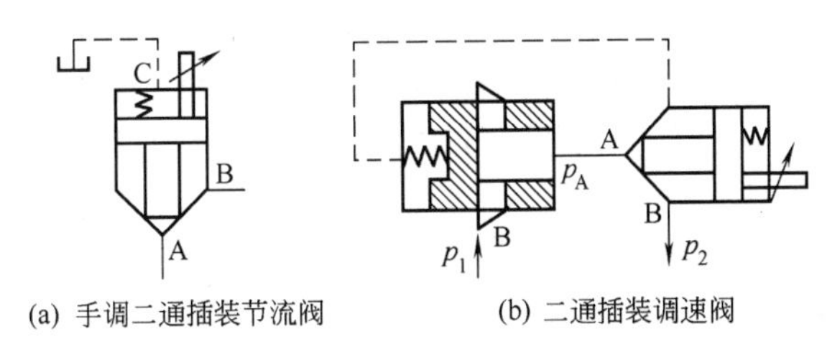

(a) 手调二通插装节流阀　(b) 二通插装调速阀

图 1.103　插装阀用作流量控制阀

1.4.5　叠加式液压阀

叠加式液压阀简称叠加阀，它是近 10 年在板式阀集成化的基础上发展起来的，以阀体本身作为连接体，不需要另外的连接体。同一通径的叠加阀，其油口和螺栓孔的大小、位置及数量都与相匹配的板式换向阀相同，只要将同一通径的叠加阀按一定次序叠加起来，再加上电磁阀或电液换向阀，然后用螺栓紧固，即可组成各种典型液压系统。

叠加阀现有五个通径系列：ϕ6mm，ϕ10mm，ϕ16mm，ϕ20mm，ϕ32mm，额定压力为 20MPa，额定流量为 10～200L/min。叠加阀同一般液压阀一样，也分为压力控制阀、流量控制阀和方向控制阀，其中方向控制阀只有单向阀，换向阀不属于叠加阀。

叠加阀的工作原理与普通液压阀相同，仅是具体结构有所不同。下面以溢流阀为例来说明一般叠加阀的结构。

图 1.104 为先导型叠加式溢流阀的结构原理图。它由先导阀和主阀两部分组成。其工作原理为：当压力油从 P 口进入 e 腔后，作用在主阀芯 6 右端，并经小孔 d 进入 b 腔，再通过小孔 a 作用于先导阀的锥阀芯 3 上。当进油压力低于阀的调整压力时，锥阀关闭，主阀也关闭，阀内油液不流动。当进油压力升高到阀的调整压力时，锥阀芯被打开，这时 b 腔的油液经小孔 a、锥阀口和小孔 c 流入 T 口，同时油液从 e 腔经小孔 d 流动，使主阀芯的两端油液产生压力差。此压力差使主阀芯克服弹簧 5 的弹力和摩擦力而左移，阀口打开，实现了从 P 口向 T 口的溢流。调节弹簧 2 的预压缩量，便调节了该阀的调整压力，即溢流压力。

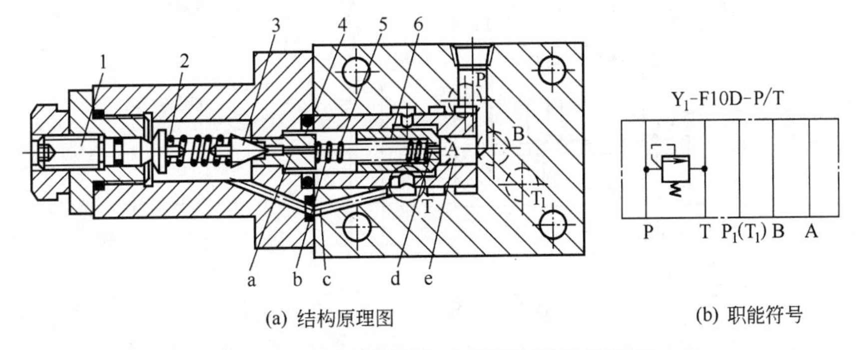

(a) 结构原理图　(b) 职能符号

图 1.104　先导型叠加式溢流阀的结构原理

1—调压螺钉；2—调压弹簧；3—锥阀芯；4—阀座；5—主阀弹簧；6—主阀芯；
a，d—阻尼孔；b—主阀芯腔；c—回油小孔；e—压力腔

从上述可看出，先导型叠加式溢流阀与普通先导式溢流阀不仅原理相同，而且其结构也相似。

1.4.6 电液比例控制阀

电液比例控制阀简称比例阀，它由比例电磁铁与液压控制阀两部分组成，相当于在普通液压控制阀上装上比例电磁铁以代替原有的手调控制部分。比例电磁铁接受输入的电信号(通常是电流)，连续地按比例转换成力或位移，液压控制阀受比例电磁铁输出的力或位移控制，连续按比例地控制油液的压力、流量和方向。比例阀主要用于开环控制系统以实现液压系统中压力、流量等的遥控和自动控制，也可以加入反馈（测量）元件，形成闭环控制系统，提高控制精度。与普通液压阀相比，其输出参数精度高，且能进行连续控制，可使系统简化并提高自动化程度。因此，近年来比例阀在国内外发展较快。

电液比例阀的重要组件之一是比例电磁铁，它是一个直流电磁铁，不过和一般所用的电磁铁不同。比例电磁铁要求吸力或位移和给定的电流成比例，并在铁芯的全部工作位置上、在磁路上保持一定的气隙。图 1.105 是比例电磁铁的结构原理图。它主要由极靴 1、线圈 2、壳体 5 和衔铁 10 等组成。线圈 2 通电后产生磁场。隔磁环 4 将磁路切断，使磁力线主要部分通过衔铁 10、气隙和极靴 1，极靴对衔铁产生吸力，在线圈中电流一定时，吸力的大小因极靴与衔铁间的距离不同而变化，其特性见图 1.106。

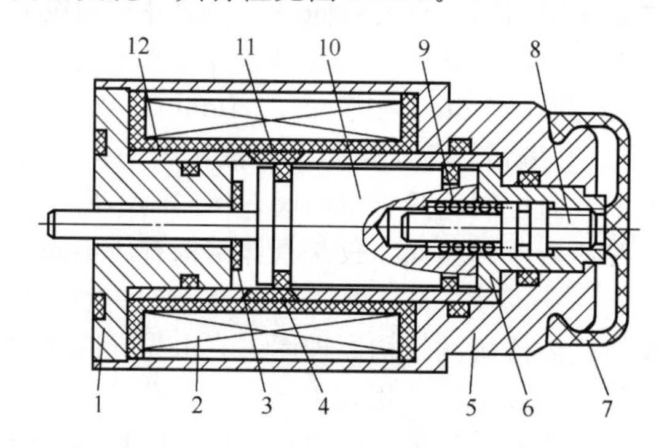

图 1.105 比例电磁铁的结构原理

1—极靴；2—线圈；3—限位环；4—隔磁环；5—壳体；6—内盖；7—外盖；8—调节螺钉；9—弹簧；10—衔铁；11—支承环；12—导向管

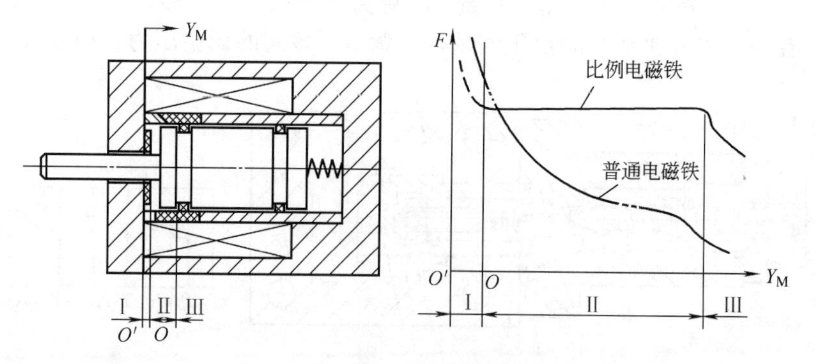

图 1.106 比例电磁铁的吸力特性

比例电磁铁的吸力特性可分成三段，在气隙很小的Ⅰ区段，吸力虽很大，但随位置改变而急剧变化；而在气隙较大的Ⅲ区段，吸力明显下降。所以，比例电磁铁的工作区段是在吸力随位置变化较小的Ⅱ区段上。图 1.105 中限位环 3 就是用以防止铁芯进入Ⅰ区段。以下只考虑工作在Ⅱ区段内的情况。改变线圈中的电流，即可在衔铁上得到与其成正比的吸力。如果要求比例电磁铁的输出为位移时，则可在衔铁左侧（图 1.105）加一弹簧（当衔铁和阀芯直接连接时，此弹簧常处于阀芯左侧)，可得到与电流成正比的位移。

当比例电磁铁控制各类液压阀就构成了比例压力阀、比例流量阀和比例换向阀，下面以比例换向阀为例。

比例换向阀可用来控制油液的流动方向和流量的大小。与普通电磁阀对应的是直控式比例换向阀，与电液换向阀对应的是先导式比例换向阀（亦称电液比例换向阀）。

如图 1.107 所示为电液比例换向阀的结构原理图。由比例电磁铁 4、8，先导阀阀芯 1 和液动换向阀阀芯 5 组成。此先导阀实际上是由比例电磁铁和压力阀构成的电液比例减压阀，比例电磁铁将电流信号转换为电磁力由推杆控制减压阀，再通过减压阀的出口压力来控制液动换向阀的方向和开口量的大小，从而控制油液的方向和流量的大小，即兼备了换向阀和流量阀的作用，但输出流量受负载的影响。为了避免负载变化时输出流量的影响，往往将比例换向阀与定差减压阀组合成比例复合阀。调节节流螺钉 6 和 7，可获得所需换向阀的换向时间。此外，这种换向阀仍与普通换向阀一样，可以具有不同的中位机能。

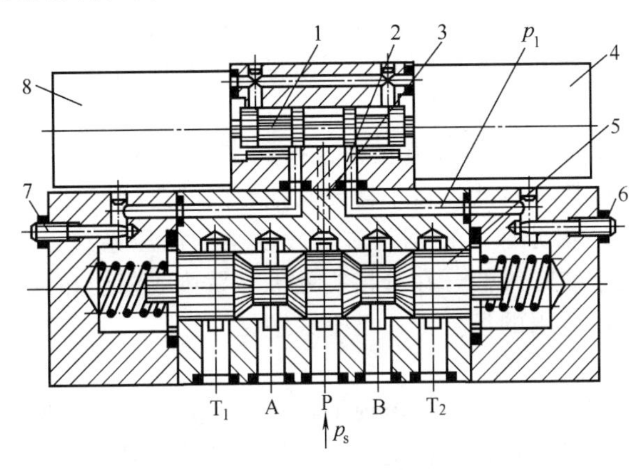

图 1.107　电液比例换向阀的结构原理

1,5—阀芯；2,3—孔道；4,8—比例电磁铁；6,7—节流螺钉

电液比例控制阀具有可靠、价廉等特点，控制精度和响应特性均能满足工业控制系统的实际需要，常用于控制精度和动态特性要求不太高的液压系统中。

1.4.7　伺服阀与数字阀简介

在控制性能要求较高的场合可用伺服控制阀，简称伺服阀。伺服阀是一种通过改变输入信号，连续、成比例地控制流量和压力的液压控制阀，伺服阀可分为机液伺服阀和电液伺服阀。

机液伺服阀是通过输入的阀芯位移（机动或手动等）来控制液体的压力或流量的，如前文中的伺服变量机构（见图 1.39）。

电液伺服阀是将功率很小的电信号放大并转换成液压功率输出，它的输入量是电流，输出量是和输入量成正比的负载流量或负载压力。电液伺服阀是 20 世纪 40 年代为满足航空、航天的快速响应伺服控制的需要而出现的，50 年代初，快速响应永磁力矩马达的出现，为阀的驱动提供了理想的方法。目前为满足各种应用场合的需要，出现了一系列具有多种结构类型和性能特点的电液伺服阀，其中应用最广的是电液流量伺服阀。电液伺服阀将电信号传递处理的灵活性和大功率液压控制相结合，可对大功率、快速响应的液压系统实现远距离控制、计算机控制和自动控制。

由于伺服阀控制精度高，响应速度快，特别是液压伺服系统容易实现计算机控制，因此在航空、航天、军事装备中得到了广泛应用。但其加工工艺复杂，成本高昂，对油液污染敏感，维护保养难，因此一般工业应用较少。

随着计算机技术的发展，用计算机对电液系统进行控制是今后技术发展的必然趋势，所以液压控制阀又产生了一种新型控制阀，即电液数字阀。

用数字信息直接控制阀口的开启和关闭，从而实现液流压力、流量、方向控制的液压控制阀，称为电液数字阀，简称数字阀。数字阀可直接与计算机接口，不需要 D/A 转换器。数字阀与伺服阀和比例阀相比，具有结构简单、工艺性好、价格低廉、抗污染能力强、工作稳定可靠、功耗小等优点。在计算机实时控制的电液系统中，已部分取代比例阀或伺服阀，为计算机在液压领域的应用开拓了一个新的途径。

1.4.8 液压阀的连接

一个能完成一定功能的液压系统是由若干液压阀有机地组合在一起的，各液压阀间的连接方式有：管式连接、板式连接、集成式等。其中集成式又可分为集成块式、叠加阀式和插装阀式。除插装阀式已在前面作了介绍外，下面将介绍其他几种连接方式。

1.4.8.1 管式连接

管式连接是将各管式液压阀用管道互相连接起来，管道与阀一般用螺纹管接头连接起来，流量大的则用法兰连接，管式连接不需要其他专门的连接元件，系统中各阀间油液的运行路线一目了然，但是结构分散，特别是对于较复杂的液压系统，所占空间较大，管路交错，接头繁多，既不便于装卸维修，在管接头处也容易造成漏油和渗入空气，而且有时会产生振动和噪声，因此目前适用的场合少，已不太多见。

1.4.8.2 板式连接

为了解决管式连接中存在的问题，出现了板式液压元件，板式连接就是将系统中所需要的板式标准液压元件统一安装在连接板上，采用的连接板有以下几种形式。

(1) 单层连接板　阀装在竖立的连接板的前面，阀间油路在板后用管道连接，这种连接板较简单，检查油路较方便，但板上油管多，装配极为麻烦，占空间也大。

(2) 双层连接板　在两块板间加工出油槽以连接阀间油路，两块板再用黏结剂或螺钉固定在一起。这种方法工艺较简单、结构紧凑，但当系统中压力过高或产生液压冲击时，容易在两块板间形成缝隙，出现漏油串腔问题，以致使液压系统无法正常工作，而且不易检查故障。

(3) 整体连接板　在整体板中间钻孔或铸孔以连接阀间油路，这样工作可靠，但钻孔工作量大，工艺较复杂，如用铸孔则清砂又较困难。此外，整体连接板和双层连接板都是根据一定的液压回路和系统设计的，不能随意更改系统。如系统有所改变，需重新设计和制造。

1.4.8.3 集成块式

由于前述几种连接方式中存在一些问题，在生产中发生了液压装置的集成化，集成块式是集成化中的一种方式，即借助于集成块把标准化的板式液压元件连接在一起，组成液压系统。

集成块式液压装置的示意图如图 1.108 所示，图中 2 为集成块，它是一种代替管路把元件连接起来的六面连接体，在连接体内根据各控制油路设计加工出所需要的油路通道。阀 3 等装置在集成块的周围，通常三面各装一个阀，有时在阀与集成块之间还可以用垫板安装一个简单的阀，如单向阀、节流阀等，余下的一面则安装连接液压执行元件的油管。集成块的上、下面是块与块的接合面，在接合面上加工有相同位置的压力油孔、回油孔、泄油孔以及安装螺栓孔，有时还有测压油孔，集成块与装在其周围的阀类元件构成一个集成块组，可以完成一定典型回路的功能。将所需的几种集成块组叠加在一起，就可构成整个集成块式的液压传动系统。在图 1.108 中：1 为底板，上面有进油口、回油口、泄油口等；4 为盖板，上面可以装压力表开关，以测量系统的压力，其油路结构见图 1.109。这种集成方式的优点是结构紧凑，占用面积小，便于装卸和维修，且具有标准化、系列化产品，可以选用组合，因而被广泛应用于各种中高压和低压的液压系统中，但也有设计工作量大、加工工艺复杂、不能随意修改系统等缺点。

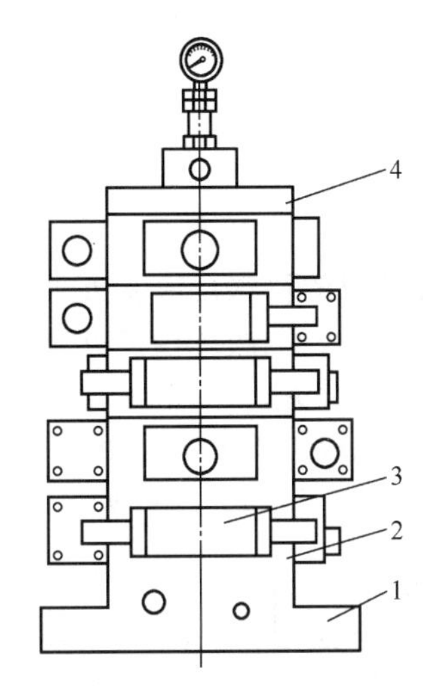

图 1.108　集成块式液压装置示意图
1—底板；2—集成块；3—阀；4—盖板

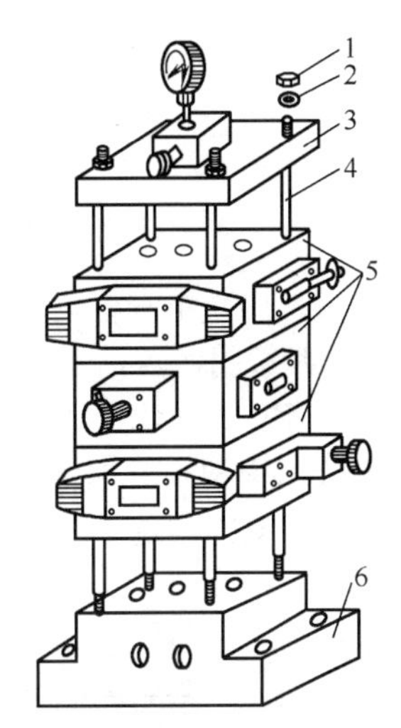

图 1.109　集成块油路结构
1—螺母；2—垫圈；3—盖板；4—连接螺栓；5—集成块；6—底板

1.4.8.4　叠加阀式

叠加阀式是液压装置集成化的另一种方式，它由叠加阀直接连接而成，由叠加阀组成的液压装置如图 1.110 所示，叠加阀液压装置一般在最下面为底板，在底板上有进油口、回油口以及通向液压执行元件的孔口，上面第一块一般为压力表开关，再向上依次叠加各种压力阀和流量阀，最上层为换向阀，一个叠加阀组一般控制一个液压执行元件。若系统中有几个液压执行元件需要集中控制，可将几个竖向叠加阀组并排安装在多联底板块上。

用叠加阀组成的液压系统具有以下特点：

① 标准化、通用化、集成化程度高，设计、加工、装配周期短；

② 结构紧凑，体积小，重量轻，外形整齐美观；

③ 系统变化时，元件重新组合叠装方便、迅速；

④ 元件之间因无管接，消除了因油管、管接头等引起的泄漏、振动和噪声。

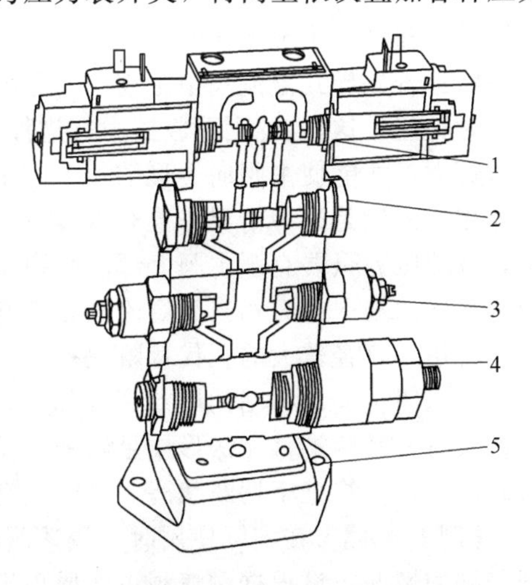

图 1.110　叠加阀装置图
1—三位四通电磁换向阀；2—叠加式双向液压锁；3—叠加式双向进油路单向节流阀；4—叠加式减压阀；5—底板

叠加阀为标准化元件，设计中仅需按工艺要求绘制出叠加阀式液压系统原理图，即可进行组装，因而设计工作量小，目前已被广泛用于冶金、机械制造、工程机械等领域中。但因回路形式较少，通径较小（目前国产叠加阀通径最大为 ϕ32mm），不能满足复杂的和大流量的液压系统的需求。

1.4.9 例题与习题

1.4.9.1 例题

【例 1.4-1】 指出图 1.111 所示各换向阀图形符号中的错误，并予以改正。

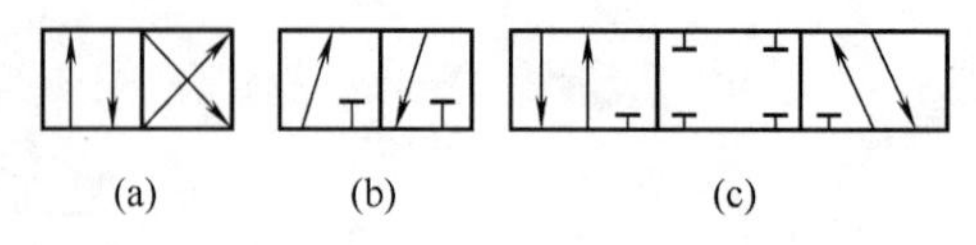

图 1.111 不正确的图形符号

解：图 1.111（a）中右框内箭头画成对角线是初学者易犯的错误。应将方框的上、下边四等分（仅对四通阀而言，如两通阀应画在方框的中间），上、下两个接口分别位于上下边框上的第一、第三等分处。正确的图形符号如图 1.112（a）所示。

图 1.111（b）中两个方框内油路连通关系完全一样，应改成图 1.112（b）那样。

图 1.111（c）换向阀的中位少一个通油口，正确的表示如图 1.112（c）所示。

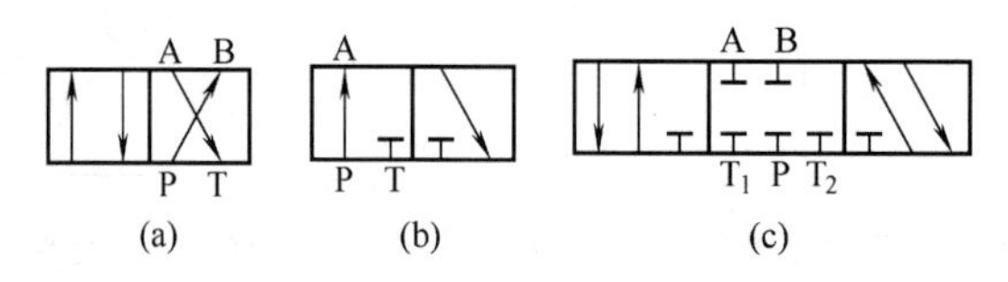

图 1.112 正确的图形符号

【例 1.4-2】 某执行元件要求随时能停止并锁紧，且停止时要求压力油卸荷，应选用何种机能的三位四通换向阀？

解：应选用 M 型中位机能。M 型机能使油口 A、B 封闭，所以执行元件可在任意位置上停止；而 P 与 T 连通，压力油直接回油箱而卸荷。

【例 1.4-3】 如果先导式溢流阀阻尼孔堵塞，会出现怎样的情况？若用直径较大的孔代替原阻尼孔又会出现怎样的情况？

解：若先导式溢流阀中主阀芯的阻尼孔堵塞，如果此时主阀芯上腔充满油液（在刚开始堵塞时往往是这样），则下腔压力（进油压力）必须大于先导阀的调整压力和主阀芯上部的软弹簧力，才能使主阀向上移动，上腔中的油液通过先导阀回油箱，这和阻尼孔没有堵塞的情况相似。但是这种情况不会保持很久，因为主阀上腔无油液补充。在主阀上腔出现空隙时，进油压力只要克服主阀上部的软弹簧力就能使主阀芯向上移动，而使进、回油口接通，油液流回油箱。这时相当于溢流阀处于卸荷状态，系统压力建立不起来，系统不能工作。

若用一直径较大的孔代替阻尼孔时，需要有足够大的流量通过先导阀，才能在主阀两端产生足以使主阀芯移动的压差。实际上，由于锥阀座上的孔较小，通过流量受到限制，阻尼孔较大时，其两端就无法形成足够的压差使主阀开启。所以主阀芯在上部弹簧作用下使进油口和回油口始终处于切断状态。这时只有先导阀起作用，相当于一个流量很小的溢流阀。

【例 1.4-4】 在实际使用时，调速阀的进、出油口能反接吗？进、出油口接反后将会出现怎样的情况，试根据调速阀工作原理进行分析。

解：使用调速阀时，进、出油口不能接反。因为节流阀上游压力总是大于下游压力，当进、出油口接反时，定差减压阀阀芯在弹簧力和节流阀两端压差作用下，使开口始终处于最大状态，调速阀只能起节流阀作用，没有稳定速度的作用。

【例 1.4-5】 试画出中位机能为“H”的三位四通插装式换向阀的原理。

解： 中位机能为“H”的三位四通插装式换向阀原理如图 1.113 所示。为使四个插装阀在中位时都不关闭，采用中位机能为“Y”的先导阀。控制油路中的单向阀（或梭阀）当然也就不需要了。

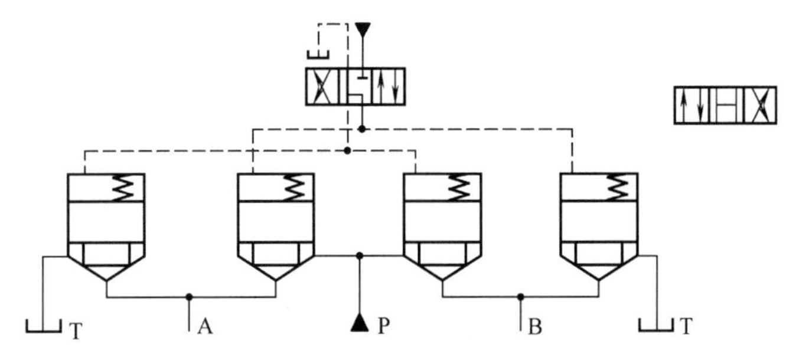

图 1.113　中位机能为 H 的三位四通插装式换向阀

【例 1.4-6】 用一个小型电动机通过一定机构带动一般溢流阀或调速阀的调节手柄，是否就成为电液比例阀？为什么？

解： 用小型电动机可以对溢流阀或调速阀进行调节，但这只能实现遥控而不是比例控制。如果电动机能按输入而转动相应的角度，则用它来带动手柄时可使一般溢流阀或调速阀成为电液比例阀。

【例 1.4-7】 图 1.114 所示液压缸，$A_1=30\text{cm}^2$，$A_2=12\text{cm}^2$，$F=30\times10^3\text{N}$，液控单向阀用作闭锁以防止液压缸下滑。阀内控制活塞面积 A_K 是其阀芯承压面积 A 的 3 倍。若摩擦力、弹簧力均忽略不计，试计算需要多大的控制压力才能开启液控单向阀？开启前液压缸中最高压力为多少？

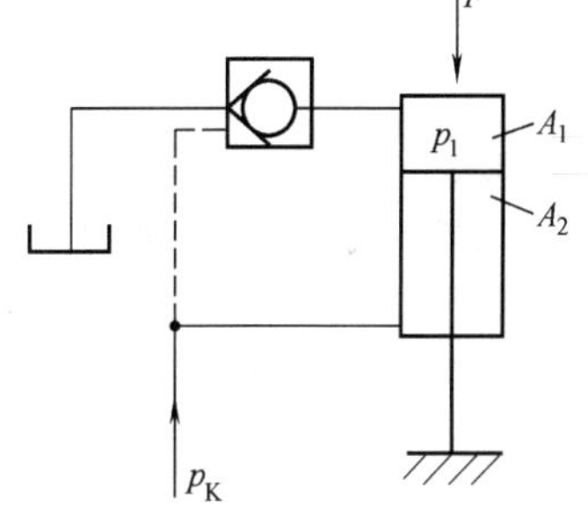

图 1.114　液压缸

解： 由图 1.114 可知，液控单向阀反向流动时背压为零，控制活塞顶开单向阀阀芯最小控制压力 $p_K=\dfrac{A}{A_K}p_1=\dfrac{1}{3}p_1$，由缸的受力平衡方程 $p_1A_1=p_KA_2+F$ 可得

$$p_K=\frac{F}{3A_1-A_2}=\frac{30000}{(3\times30-12)\times10^{-4}}\ (\text{MPa})$$
$$=3.85\ (\text{MPa})$$

$$p_1=3p_K=11.55\ (\text{MPa})$$

当液控单向阀无控制压力，$p_K=0$ 时，为平衡负载 F，在液压缸中产生的压力为

$$p=\frac{F}{A_1}=\frac{30000}{30\times10^{-4}}\ (\text{Pa})=10\ (\text{MPa})$$

计算表明：在打开液控单向阀时，液压缸中的压力将增大。

注：液控单向阀的最小控制压力，和阀内控制活塞面积与阀芯承压面积的比值有关，如上例，$p_K=p_1/3$，但这种简单的比值关系只适用于液控单向阀反向流动时背压为零的场合。一般带外泄油口的中压液控单向阀的最小控制压力需为主油路压力的 30%～50%，但对高压液控单向阀，需查产品样本。如背压不为零，则开启液控单向阀所需的控制压力还要高得多，且与背压的大小有关。在这种情况下，应使用带外泄油口的液控单向阀为好。

【例 1.4-8】 弹簧对中型的三位四通电液换向阀，其先导阀的中位机能及主阀的中位机能能否任意选定？

解： 弹簧对中型的三位四通电液换向阀，其先导阀的中位机能总是采用Y型的，在中间位置时进油口被封住，不会引起控制压力的降低；而它的两个工作口与主阀阀芯两端控制腔相连，且和油箱相通，在主阀两端弹簧力的作用下，主阀芯能从左位（或右位）回到中位。若先导阀采用O型或M型机能，当先导阀回复到中位后，主阀芯两端的控制油路立即处于切断状态，主阀芯无法从左位（或右位）回到中位。

选择主阀中位机能时，如果控制油源采用外部油控制形式，主阀可根据使用要求选择任何所需的中位机能。如果采用内部油控制形式，即控制油从主油路引出，当主阀采用H、M、K等具有卸荷功能的中位机能时，则必须考虑重新启动时是否有足够的控制压力来控制主阀芯的换向。通常可采用一个开启压力为0.3～0.5MPa的单向阀装在回油路上，以保证卸荷后主油路仍有一定的控制压力。

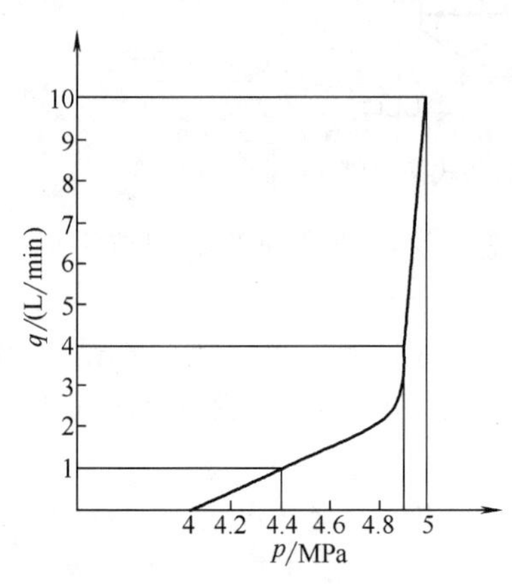

图1.115 某溢流阀的流量-压力特性曲线

【例1.4-9】 某溢流阀的流量-压力特性曲线如图1.115所示，开启压力为4MPa，全流压力为5MPa，定量泵流量为10L/min。若溢流量为1L/min时，试分析溢流阀的稳压性能。

解： 若溢流量为1L/min时，从特性曲线查得泵输出压力为4.4MPa，该压力点在拐点压力以下；若溢流量稍有变化，会引起较大的压力波动。该工作点的稳压性能较差。通常，为使溢流阀有较好的稳压性能，希望溢流阀工作压力高于特性曲线拐点处的压力，即最小溢流量应大于2～3L/min。

1.4.9.2 习题

习题1.4-1 二位四通换向阀能否作二位三通阀和二位二通阀使用？具体如何接法？

习题1.4-2 画出以下各种名称的方向阀的图形符号：

(1) 二位四通电磁换向阀；

(2) 二位二通行程换向阀（常开）；

(3) 二位三通液动换向阀；

(4) 液控单向阀；

(5) 三位四通M型机能电液换向阀；

(6) 三位四通Y型电磁换向阀。

习题1.4-3 图1.116所示电液换向阀中，电磁先导阀为什么采用Y型中位机能？能否用O型、P型或其他型机能？

习题1.4-4 如图1.117所示为内控内排电液换向阀的换向回路，电液换向阀中的主阀机能为M型。当电磁铁1DT或2DT通电吸合时，液压缸并不动作，这是什么原因？

习题1.4-5 图1.118为采用二位三通电磁阀A、蓄能器B和液控单向阀C组成的换向回路。试说明液压缸是如何实现换向的？

习题1.4-6 试分析图1.119所示回路中液控单向阀的作用。

习题1.4-7 直动式溢流阀的阻尼孔起什么作用？如果它被堵塞将会出现什么现象？如果弹簧腔不和回油腔接，会出现什么现象？

习题1.4-8 将减压阀的进、出油口反接，会出现什么情况（分进油压力高于和低于调定压力两种情况讨论）？

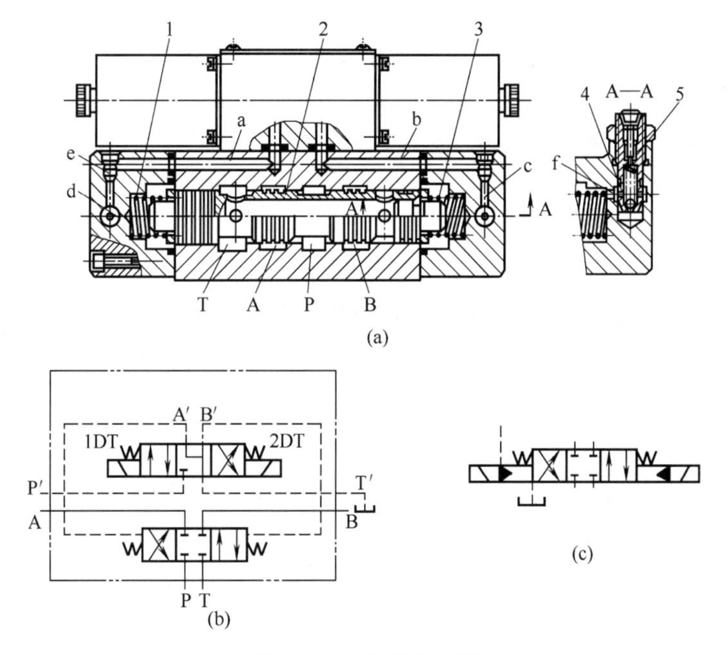

图 1.116　电液换向阀

1,3—对中弹簧；2—阀芯；4—单向阀；5—节流阀

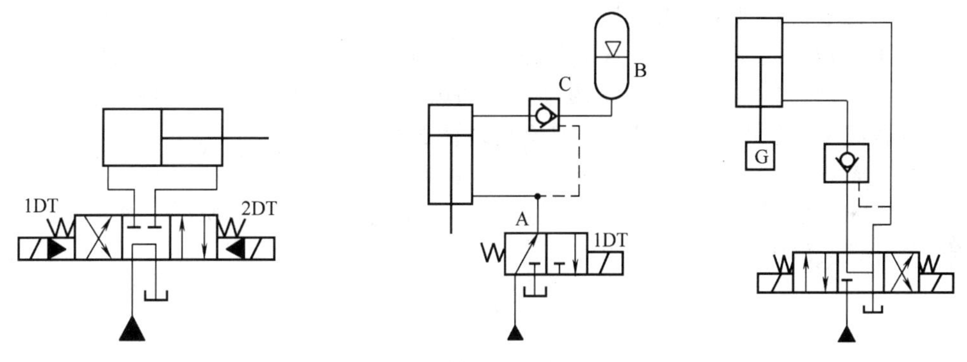

图 1.117　内控内排电液换向阀的换向回路　　图 1.118　换向回路　　图 1.119　液控单向阀的作用

习题 1.4-9　顺序阀可作溢流阀用吗？溢流阀可作顺序阀用吗？

习题 1.4-10　若把先导式溢流阀的遥控口当成泄漏口接油箱，这时液压系统会产生什么问题？

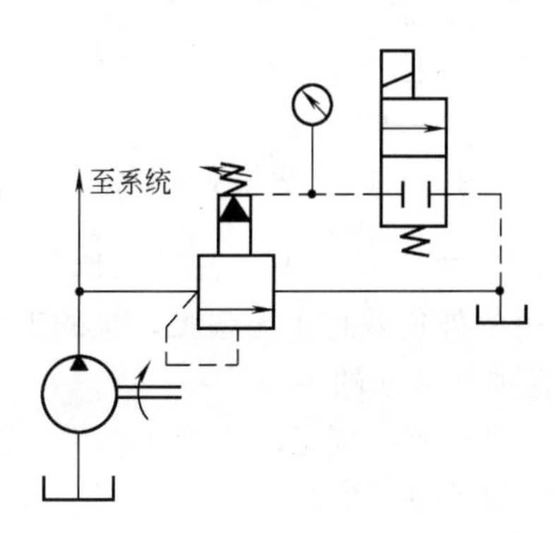

图 1.120　习题 1.4-11 附图

习题 1.4-11 如图 1.120 所示，一先导式溢流阀遥控口和二位二通电磁阀之间的管路上接一压力表，试确定在下列不同工况时，压力表所指示的压力值：

(1) 二位二通电磁阀断电，溢流阀无溢流；

(2) 二位二通电磁阀断电，溢流阀有溢流；

(3) 二位二通电磁阀通电。

习题 1.4-12 三位换向阀的哪些中位机能能满足表 1.16 所列特性，请在相应位置打"√"。

表 1.16 三位换向阀的中位机能所能满足的特性

特性 \ 中位机能	O	P	M	Y	H
系统保压					
系统卸荷					
换向精度高					
启动平稳					
浮动					

习题 1.4-13 用一个三位四通电磁阀来控制单杆活塞缸的往返运动，如果要求活塞能平稳地停在任意位置且液压泵保持高压，该用何种中位机能为好？可供选择的有：O 型、M 型、H 型、P 型、Y 型和 K 型。

习题 1.4-14 二位四通电磁阀能否作二位三通或二位二通阀用？应如何接法？

习题 1.4-15 若将先导式溢流阀主阀芯的阻尼小孔堵死，会出现什么故障？如果溢流阀先导阀锥阀座上的进油小孔堵塞，又会出现什么故障？

习题 1.4-16 图 1.121 所示系统中溢流阀的调整压力分别为 $p_A=3\text{MPa}$，$p_B=1.4\text{MPa}$，$p_C=2\text{MPa}$。试求系统的外负载趋于无限大时，泵输出的压力为多少？如将溢流阀 B 的远程控制口堵住，泵输出的压力为多少？

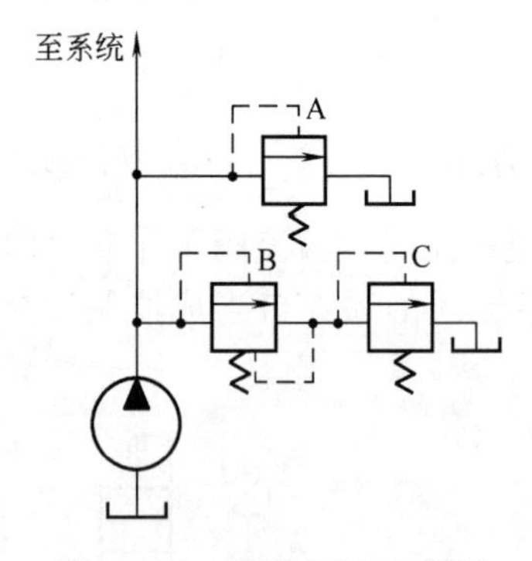

图 1.121 习题 1.4-16 附图

习题 1.4-17 图 1.122 所示的两个系统中，各溢流阀的调整压力分别为 $p_A=4\text{MPa}$，$p_B=3\text{MPa}$，$p_C=2\text{MPa}$。如系统的外负载趋于无限大，泵的工作压力各为多少？对图 1.122 (a) 的系统，要求说明溢流量是如何分配的？

习题 1.4-18 图 1.123 所示溢流阀的调定压力为 4MPa，若阀芯阻尼小孔造成的损失不计，试判断下列情况下压力表读数各为多少？

(1) DT 断电，且负载为无限大时；

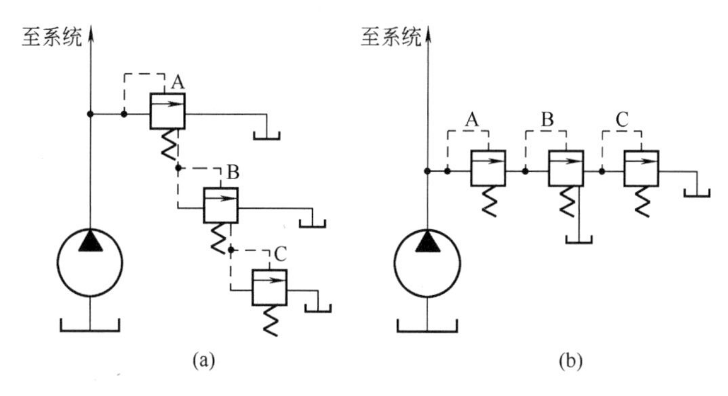

图 1.122　习题 1.4-17 附图

(2) DT 断电，且若负载压力为 2MPa 时；

(3) DT 得电，且负载压力为 2MPa 时。

习题 1.4-19　用插装阀实现图 1.124 所示两种机能的三位阀。

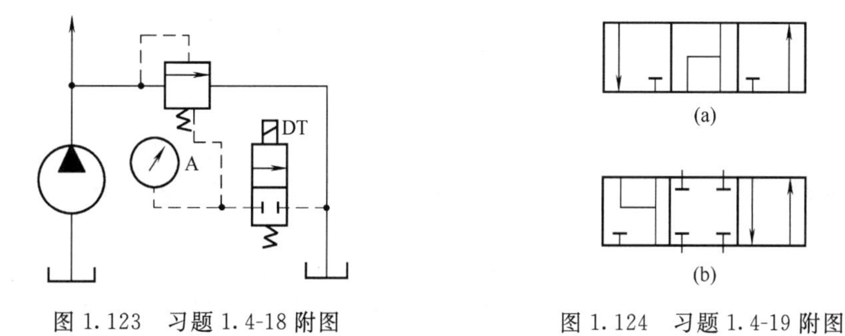

图 1.123　习题 1.4-18 附图

图 1.124　习题 1.4-19 附图

1.5　液压辅助元件

液压系统中的辅助元件有油箱、滤油器、蓄能器、管件等多种，它们在液压系统中分布广、数量多、影响大，如果选用不当，会影响整个液压系统的工作性能，甚至使液压系统无法正常工作，因此必须给予足够的重视。

1.5.1　滤油器

液压系统中占 75％以上的故障是与液压油的污染有关的。因为油液中的污染能加速液压元件的磨损、卡死阀芯、堵塞工作间隙和小孔、使元件失效，导致液压系统不能正常工作，因而必须对油液进行过滤。滤油器的作用是滤除外部混入或者系统运转中内部产生的液压油中的固体杂质，使液压油保持清洁，以延长液压元件的使用寿命，保证系统工作的稳定性。

1.5.1.1　滤油器的类型及其特性

滤油器的过滤精度用过滤掉的杂质颗粒的大小表示，一般分为三种，它们按分别能滤掉的颗粒公称尺寸分为粗滤油器（100μm）、普通滤油器（10～100μm）、精滤油器（5～10μm）。

常用滤油器的类型有网式、线隙式、纸芯式、烧结式和磁性等，其特性列于表 1.17 中。

1.5.1.2　滤油器的选用与安装

滤油器的主要参数有过滤精度、压力损失、额定压力和通流能力。一般按系统的类型与

表 1.17 滤油器类型及其特性

形 式	网孔/μm	过滤精度/μm	压力差/Pa	特 性	用 途
网式滤油器	74～200	80～180	<25～50	结构简单，通油能力大，过滤效果差	装在液压泵吸油管路上，用以保护液压泵
线隙式滤油器	线隙 100～200	30～100	<30～60	结构简单，过滤效果较好，通油能力大，但不易清洗	一般用于中、低压系统
纸芯式滤油器	30～72	5～30	<50～120	过滤效果好，精度高，但易堵塞，无法清洗，需常换纸芯	用于要求过滤质量高的液压系统中
烧结式滤油器		7～100	<30～200（随精度及流量而变化）	能在温度很高、压力较大的情况下工作，抗腐蚀性强	用于要求过滤质量高的液压系统中
磁性滤油器				结构简单，过滤效果好	用于吸附铁屑，与其他滤油器合用

压力选择。当系统压力小于 14MPa 时，过滤精度为 25μm；压力为 14～32MPa 时，过滤精度小于 25μm；压力大于 32MPa 时，过滤精度小于 10μm；液压伺服系统过滤精度小于 5μm。选择滤油器时一定要全面考虑，兼顾其他要求，如泵的吸油口压力损失不能太大等，有关滤油器的选用，详细情况可以查阅液压设计手册。

滤油器各种可能的安装位置如图 1.125 所示。

(1) 滤油器安装在泵的吸油口　该方式能直接防止大颗粒杂质进入泵内，从而起到保护泵的作用。此方式滤油器的通流能力要求为泵流量的两倍以上，压力损失小于 0.01～0.035MPa，且过滤精度一般的滤油器，如图 1.125 中滤油器 1。

(2) 滤油器安装在泵的出油口　该方式对系统和元件有较好的保护作用。可选用过滤精度高，耐压性能和耐冲击性好，压力损失小于 0.35MPa 的滤油器。一般它装在压力管路中溢流阀的管口后面或者与安全阀并联，以防止滤油器堵塞时泵过载，如图 1.125 中滤油器 2。

(3) 滤油器安装于回油路　位于回油路上的滤油器使油液在流回油箱前先经过过滤，这样油箱中油液清洁度得到提高，如图 1.125 中滤油器 3。

(4) 单独过滤系统　这种安装方式是用一个专用泵和滤油器另外组成过滤回路，它可以经常地清除系统中的杂质，因而适用于大型机械的液压系统，如图 1.125 中滤油器 4。

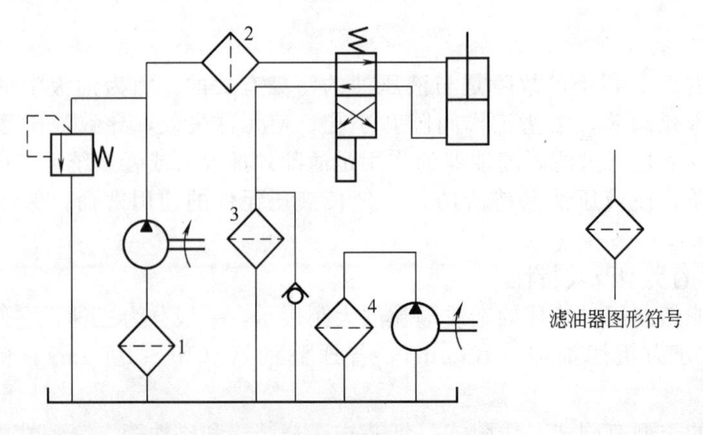

图 1.125 滤油器的安装位置

1～4—滤油器

1.5.2 蓄能器

蓄能器是液压系统中的储能元件，它储存多余的压力油液，并在需要时释放出来供给系统。

1.5.2.1 蓄能器的功用

蓄能器在液压系统中的主要用途如下。

(1) 作辅助动力源 当液压系统工作循环中所需要的流量变化较大时，可采用一个蓄能器与一个较小流量（整个工作循环的平均流量）的泵。在短期大流量时，由蓄能器与泵同时供油；所需流量较小时，泵将多余的油液向蓄能器充油，这样可节省能源，降低温升。另外，在有些特殊的场合为防止停电或驱动液压泵的原动力发生故障时，蓄能器可作应急能源短期使用。

(2) 系统保压 当液压系统要求较长时间内保压时，可采用蓄能器，补充其泄漏，使系统压力保持在一定范围内，此时泵可以卸荷，减少功率损失，提高系统效率。

(3) 缓和冲击，吸收脉动压力 用于系统中压力波动较大的场合，如当泵启动或停止、阀突然换向或关闭、缸启动或制动时，系统中要出现冲击，使用蓄能器可以吸收这种冲击，使冲击压力幅值大大减小。若将蓄能器安装在液压泵的出口处，可降低液压泵压力脉动的峰值。

1.5.2.2 蓄能器的类型和结构

图 1.126 为蓄能器的图形符号，主要类型有弹簧式［图 1.126 (a)］、重锤式［图 1.126 (b)］和充气式［图 1.126 (c)］三种。前两种目前已很少使用。

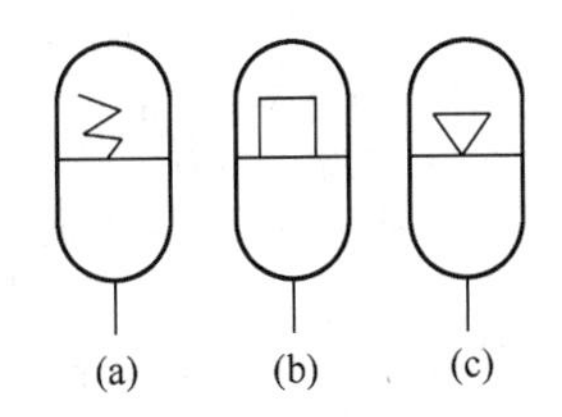

图 1.126 蓄能器的图形符号

充气式蓄能器是利用压缩气体储存能量，为安全起见，所充气体应采用惰性气体（一般为氮气），常用的是活塞式和气囊式两种，具体选用查阅液压设计手册。

1.5.2.3 蓄能器的安装与使用

蓄能器在安装和使用过程中应注意以下几点：

① 气囊式蓄能器一般应垂直安装（油口向下），但空间受限制时也可以倾斜或水平安装，必须用支承板或支持架固定；

② 蓄能器所充气体应是氮气等惰性气体，绝对不能使用易爆炸气体（如氧气等）；

③ 蓄能器与泵之间应安装单向阀，以防止泵停止工作时压力油倒流；

④ 蓄能器与管路连接处应设截止阀，以便充气和检修时使用；

⑤ 在搬运、安装、拆卸前，应先把其内部的气体和油液放掉。

1.5.3 密封装置

密封装置用来防止液压元件和液压系统的内漏和外漏，以保证建立起必要的工作压力和避免污染环境。密封装置应有良好的密封性能，并随着压力的增加能自动提高密封性能，密封材料的摩擦系数要小，耐磨，且磨损后能自动补偿，结构简单，维护方便，价格低廉。下面介绍几种常见的密封形式及密封元件。

1.5.3.1 间隙密封

这是一种最简单的密封方法，是依靠相对运动部件配合表面之间的微小间隙 δ 来防止泄漏，间隙槽一般宽 0.3～0.5mm，深为 0.5～1.0mm，如图 1.127 所示。这种密封结构简单，摩擦力小，但对配合表面加工精度要求高，且压力升高密封性能降低、磨损后不能自动补偿，故只适用于直径较小的圆柱面之间，如滑阀的阀芯与阀孔之间的密封。

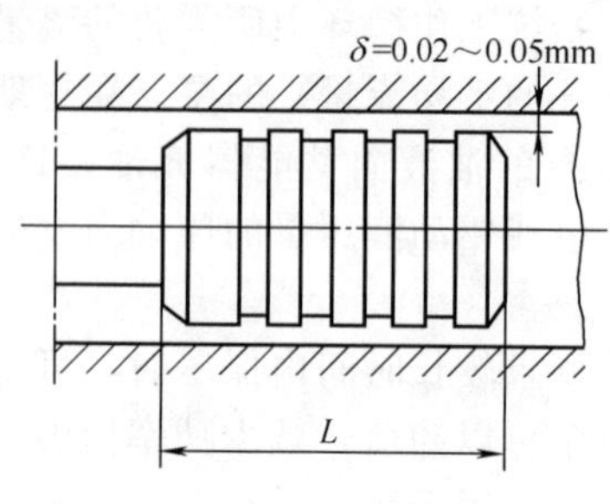

图 1.127 间隙密封

1.5.3.2 密封圈密封

这是应用最广泛的一种密封方法。它是由耐油橡胶压制成的，通过本身的受压变形来消除间隙，实现密封。这种密封装置结构简单、密封性能良好、密封表面加工要求也不高。

密封圈按其断面形状不同有 O 形、Y 形、V 形等几种，它们在液压元件中的使用分别如图 1.128～图 1.130 所示。这些密封圈的结构及密封特性如表 1.18 所列。

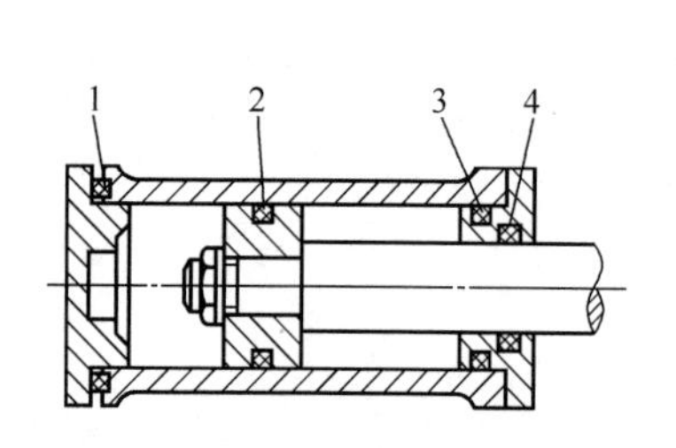

图 1.128 O 形密封圈的使用
1，2，3，4—O 形密封圈

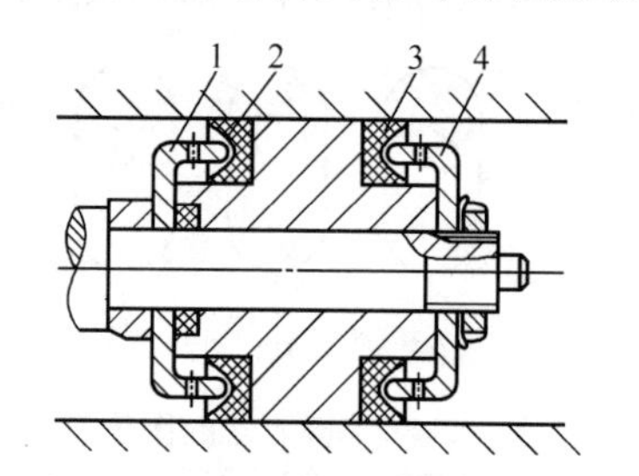

图 1.129 Y 形密封圈的使用
1，4—支承环；2，3—Y 形密封圈

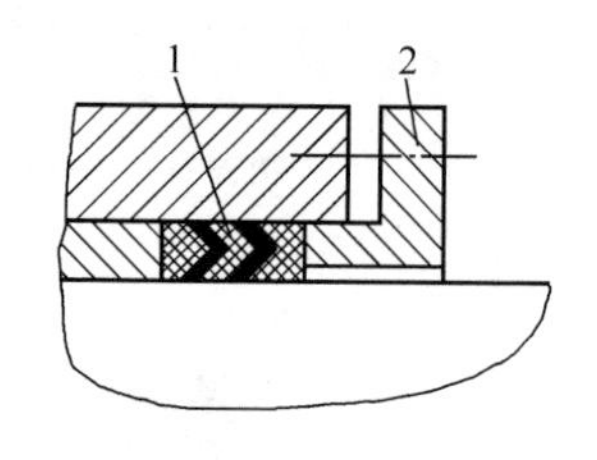

图 1.130 V 形密封圈的使用
1—V 形密封圈；2—密封压盖

1.5.4 其他液压辅件

1.5.4.1 油箱

油箱是液压系统中用来储存油液、散热、沉淀油中固体杂质、逸出油中空气的容器。

油箱有总体式和分离式两种。总体式油箱是利用机械设备的机体空腔作为油箱，其结构紧凑，各处漏油便于回收，但使机械设备的机体结构复杂，维修不便，散热性不好，有时还会使邻近的机件产生热变形，泵站的振动会影响设备精度。分离式油箱是采用一个与机械设备分开的单独的油箱。图 1.131 是一个小型分离式油箱。

油箱应有足够的容积，常按液压泵的流量 q 用式（1.70）来估算油箱的有效容积 V（约占总容积的 80%）

$$V=aq \tag{1.70}$$

式中，a 为经验系数，低压系统时取 $a=2\sim4$，中压系统时取 $a=5\sim7$，高压系统时取 $a=10\sim12$；q 为液压泵的额定流量，L/min。

表 1.18 常用密封圈结构及特性

类型	结构	说明
O形密封圈	d D	结构简单，密封性能较好，使用方便，成本低廉，摩擦阻力小。可用于运动和固定密封处，其内径、外径和端面均可用作密封，应用较广。 装入沟槽时应有一定的预压缩量，用于高压或往复运动处，应在侧面安装挡圈，避免被嵌入间隙内而破坏
Y形密封圈	H d D	属唇形密封，安装时唇口对着高压油一边，在油压的作用下，唇边贴紧密封面起密封作用。随着压力增加自动提高密封性能且磨损后难以自动补偿。 压力变化较大、运动速度较高时，要采用支承环定位，以防“翻转”损坏
Y_X形密封圈	孔用 轴用	Y_X与Y比较，其断面高、宽比大于2，故不易发生“翻转”。Y_X只有低唇起密封作用。可分轴用和孔用两种，密封性好，适用于工作温度－30～100℃，压力小于32MPa
V形密封圈	(a) (b) (c)	由多层涂胶织物压制而成，使用时由支承环(a)、密封环(b)和压环(c)三部分组成，高压时可增加密封环数。其工作压力可达50MPa，密封可靠，但摩擦阻力大，适用于大直径、低速运动副

设计制造油箱时应参考液压设计手册，应充分考虑刚度、清洗、换油、吊装、维修方便等要求。目前，已有专门厂家设计、制造通用的供油系统（泵站），以供用户选用，因此，对无特殊要求的油箱不再需要专门设计、制造。

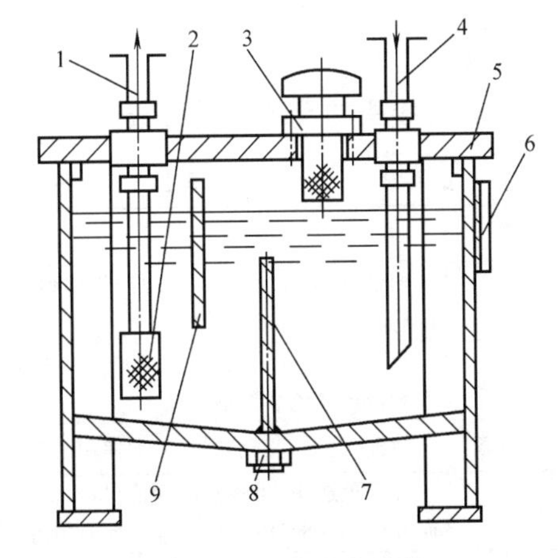

图 1.131 分离式油箱

1—吸油管；2—网式过滤器；3—空气过滤器；4—回油管；5—顶盖；6—油面指示器；7，9—隔板；8—放油塞

1.5.4.2 热交换器

为了有效地控制液压系统油温在正常范围内，必要时油箱配有冷却器和加热器，它们统称为热交换器，其职能符号见图 1.132。

如果液压系统依靠自然冷却，不能把油温控制在最高工作温度以下，就必须安装冷却器进行散热；反之，如果环境温度过低，油液黏度太大，使系统不能正常启动，就必须安装加热器来提高油温。

冷却器可分为风冷、水冷和氨冷等多种形式。一般主要采用风冷式和水冷式。

加热器和冷却器可参考液压设计手册进行选用。

1.5.4.3 压力表及压力表开关

（1）压力表　压力表用来测量液压系统中各个工作点的压力，以便调整和控制。其结构原理可参见相关书籍。

（2）压力表开关　压力表开关用于接通或切断压力表和被测油路的通道。压力表开关按其测量点数目分为一点、三点、六点等几种。图 1.133 为 K-6B 型六点压力表开关。图示位

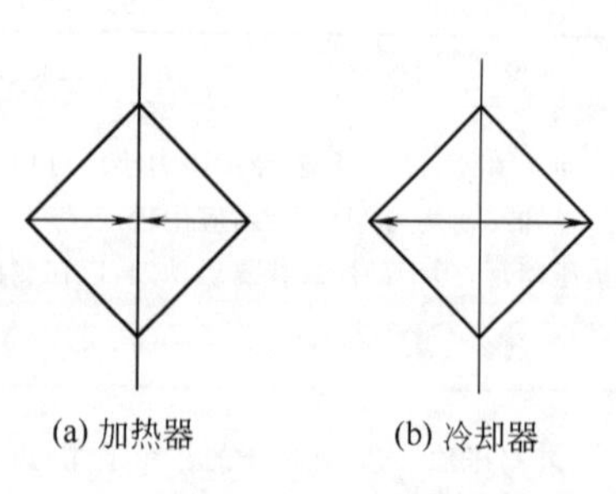

图 1.132　加热器与冷却器的职能符号

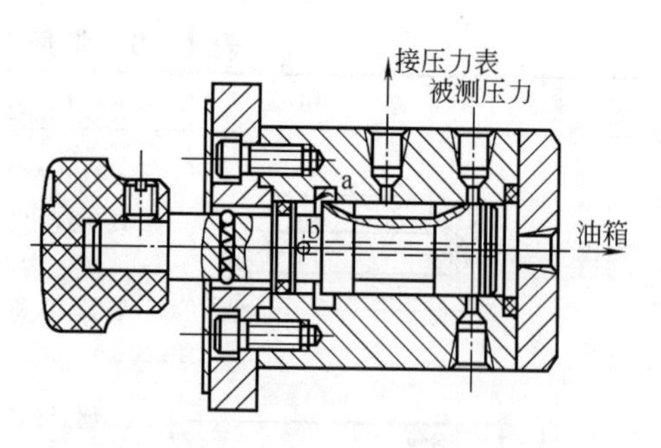

图 1.133　K-6B 型六点压力表开关
a—沟槽；b—小孔

置为非测量位置，此时压力表进油口经沟槽 a、小孔 b 与油箱接通。若将手柄向内推进，则压力表进油口经沟槽 a 与测量点接通，并切断了与油箱的通道，这时便可测量一个点的压力。若将手柄转到另一个位置，便可测出另一点的压力。

1.5.4.4　油管与管接头

在液压系统中，常用的油管有铜管、钢管、橡胶管、塑料管和尼龙管等。主要按工作压力、适用环境和液压元件的安装位置等选用，油管的特点及适用场合见表 1.19。根据流速确定油管内径是常用的简便方法，考虑到压力损失和工作的稳定，一般情况允许流速吸油管为 0.6～1.5m/s，常取 1m/s 以下；压油管为 2～5m/s，当油黏度较小、压力较高、流量较大、管道较短时取大值；回油管为 1.5～2.5m/s。

管接头是连接液压元件与油管或油管之间的可拆式元件，要求连接可靠、拆装方便、密封性好。管接头按通路数分为直通、弯头、三通和四通等。常用的管接头有卡套式、扩口式和焊接式等。

油管和管接头的具体选用可查阅有关液压设计手册。

表 1.19　各种油管的特点及适用场合

种类		特点及适用场合
硬管	钢管	耐油、耐高压、强度高、工作可靠，但装配时不便弯曲，常在装拆方便处用作压力管道。中压以上用无缝钢管，低压用焊接钢管
	紫铜管	价高，承压能力低(6.5～10MPa)，抗冲击和振动能力差，易使油液氧化但易弯曲成各种形状，常用在仪表和液压系统装配不便处
软管	塑料管	耐油，价低，装配方便，长期使用易老化，只适用于压力低于 0.5MPa 的回油管道或泄油管
	尼龙管	乳白色透明，可观察流动情况，价低，加热后可随意弯曲，扩口、冷却后定形，安装方便，承压能力因材料而异(2.5～8MPa)，今后有扩大使用可能
	橡胶软管	用于相对运动间的连接。分高压和低压两种。高压软管由耐油橡胶夹有几层钢丝编织网(层数越多耐压越高)制成，价高，用于压力管路。低压软管由耐油橡胶夹帆布制成，用于回油管路

1.5.5　习题

习题 1.5-1　滤油器的作用是什么？液压系统上常用的滤油器有哪几种？其特性如何？

习题 1.5-2　油箱的主要作用是什么？设计油箱时主要应考虑哪些问题？

2 液压基本回路

现代机械的液压系统虽然越来越复杂，但通常都是由一些基本回路组成的。液压基本回路就是由有关液压元件组成，能够完成某一特定功能的回路。常用的液压基本回路有方向控制回路、压力控制回路、速度控制回路等。熟悉和掌握这些液压基本回路的组成、工作原理和功能，对分析和设计液压系统是必不可少的。

2.1 方向控制回路

在液压系统中，利用方向控制阀来控制执行元件的启动，停止或改变方向，这类回路称为方向控制回路，它包括换向回路和锁紧回路等。

2.1.1 换向回路

采用二位四通（五通）、三位四通（五通）换向阀都可以使执行元件换向。二位阀只能使执行元件正反向运动，而三位阀有中位，不同的中位机能可使系统获得不同性能。

换向回路中换向阀是根据工作要求来选择的，对系统流量较小、换向时冲击较大的场合，可选用电磁换向阀；对流量较大、工作平稳性较高的场合，可采用电液换向阀。

图 2.1 所示为三位四通电液阀的换向回路，该回路的换向平稳性好，并且可以通过调节电液阀中的单向节流阀来获得所需要的换向速度。

如果液压缸是利用重力或弹簧回程的单作用缸，可用二位三通阀使其换向，如图 2.2 所示。

2.1.2 锁紧回路

锁紧回路是控制执行元件在任意位置停留，且停留后不会因外力作用而移动位置。

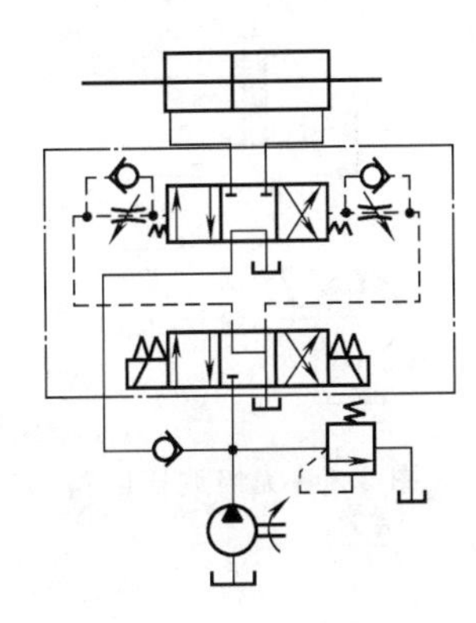

图 2.1 用三位四通电液阀的换向回路

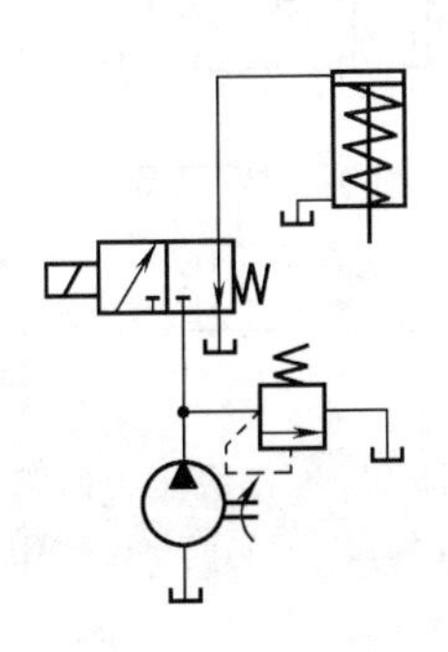

图 2.2 用二位三通阀的单作用缸换向回路

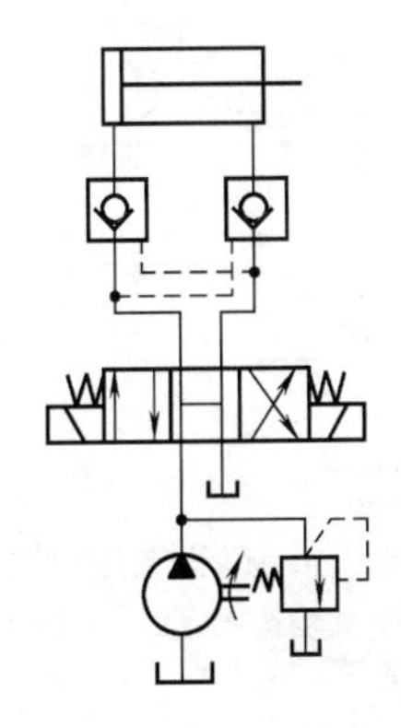

图 2.3 使用两个液控单向阀的锁紧回路

利用三位换向阀的中位机能（O 型或 M 型）封闭液压缸两腔进、出油口，可使液压缸锁紧。由于换向阀的内泄，锁紧精度较差，常用于锁紧精度要求不高、停留时间不长的液压系统中。

图 2.3 是使用两个液控单向阀（液压锁）的锁紧回路，此回路的锁紧精度只受液压缸泄漏和油液压缩性的影响，所以锁紧精度较高。使用液控阀单向锁紧回路的换向阀中位机能不宜用 O 型，而应采用 H 型或 Y 型，以便在中位时，液控单向阀的控制压力立即释放，单向阀立即关闭，活塞停止。

2.2 压力控制回路

利用压力控制阀来控制系统压力的回路称为压力控制回路，它可以实现调压、稳压、减压、增压、卸荷等功能，以满足执行元件对力或转矩的要求。这类回路主要有调压回路、卸荷回路、减压回路、增压回路、保压回路、平衡回路等。

2.2.1 调压回路

调压回路的功用在于调定或限制液压系统的最高工作压力，或者使执行机构在工作过程中的不同阶段实现多级压力变换，一般由溢流阀来实现这一功能，前者可参见溢流阀的作用。

2.2.1.1 远程调压回路

图 2.4 为远程调压回路。将远程调压阀（或小流量溢流阀）2 接先导式溢流阀 1 的遥控口上，泵的压力可由阀进行远程调压，阀 1 一般应调至系统安全压力值。这里要特别注意，只有当阀 2 的调定压力小于阀 1 的调定压力时，远程调压阀 2 才能起到调压作用。

2.2.1.2 多级调压回路

图 2.5 所示为三级调压回路。泵的最大工作压力随三位四通阀左、右、中位置的不同分别由远程调压阀 2、3 及主溢流阀 1 调定。当换向阀左位时，压力由阀 2 调定；换向阀右位时，压力由阀 3 调定；换向阀中位时，由主溢流阀 1 来调定系统的最高压力。主溢流阀 1 的调定压力必须大于每个远程调压阀的调定压力。

2.2.1.3 无级调压回路

图 2.6 为通过电液比例溢流阀进行无级调压的比例调压回路。调节比例溢流阀的输入电流，就可以改变系统压力，达到调压目的。无级调压回路结构简单，能达到预定要求的多级调压。

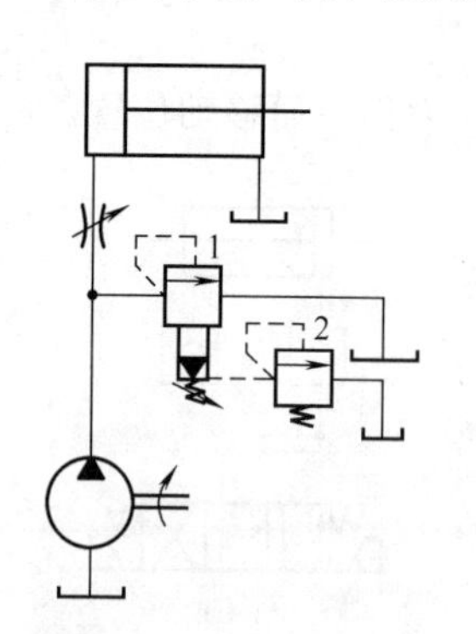

图 2.4 远程调压回路

1—先导式溢流阀；2—远程调压阀

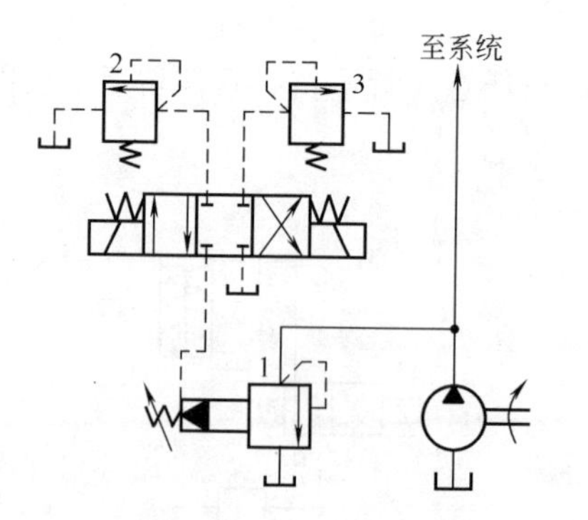

图 2.5 三级压力回路

1—主溢流阀；2，3—远程调压阀

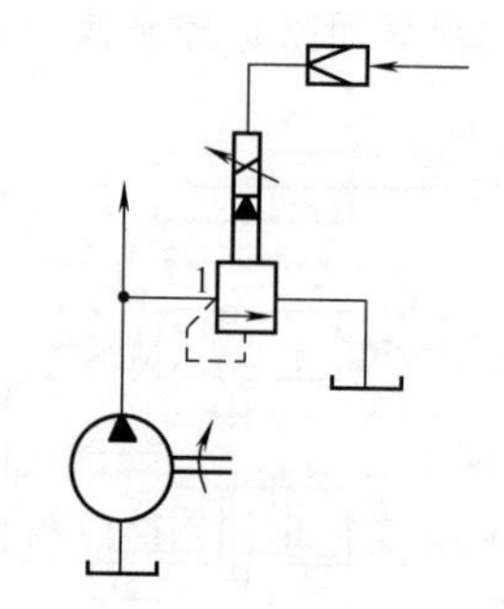

图 2.6 无级调压回路

2.2.1.4 压力限定回路

图 2.7 为压力限定回路。用限压式变量泵或恒压式变量泵来保持回路压力恒定，最大工

作压力由泵来调节，该回路功率损失小。

2.2.2　卸荷回路

液压系统的执行元件停止运动时，应使泵在无负荷状态下运转，以减少功耗，降低系统发热，即为卸荷。常见的卸荷回路有下述几种。

2.2.2.1　用换向阀的卸荷回路

定量泵可借助 M 型、H 型、K 型换向阀中位机能来实现泵卸荷，图 2.8 所示为 M 型中位机能的换向阀卸荷回路。若回路需保持一定（较低）控制压力以操纵液动元件，在回油路上应安装背压阀，如图中单向阀 a。此种回路切换时压力冲击小。

2.2.2.2　旁路卸荷回路

图 2.9 为用二位二通阀的旁路卸荷回路。电磁阀通电，泵即卸荷，注意二位二通阀的流量要不小于泵的流量。该回路工作可靠，适用于中、小流量系统。

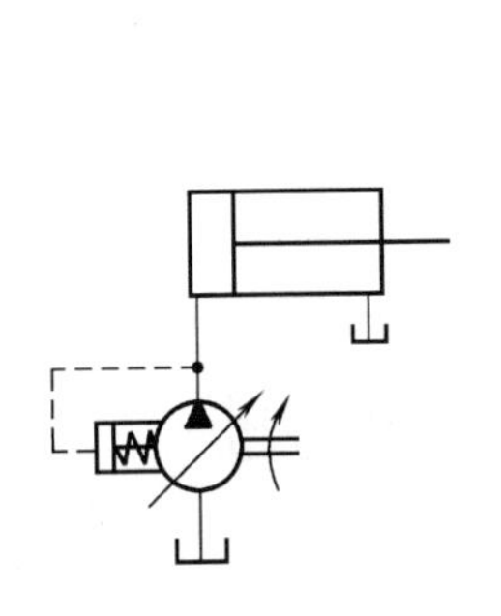

图 2.7　压力限定回路

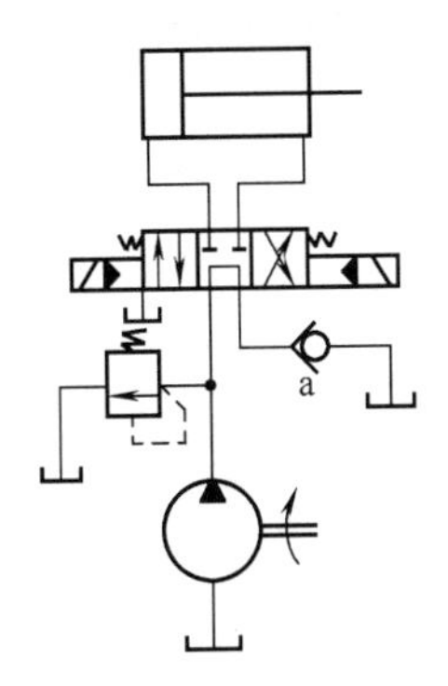

图 2.8　用换向阀的卸荷回路
a—单向阀

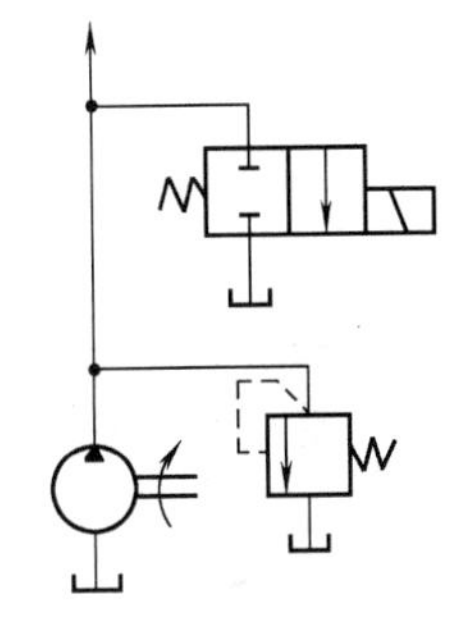

图 2.9　用二位二通阀的旁路卸荷回路

2.2.2.3　用溢流阀的卸荷回路

图 2.10 是用溢流阀的卸荷回路。小型的二位二通电磁阀通电时，溢流阀的遥控口接通油箱，即可使泵卸荷。

2.2.2.4　用二通插装阀的卸荷回路

图 2.11 所示为用二通插装阀的卸荷回路。由于二通插装阀通流能力大，因而这种卸荷回路适用于大流量的液压系统。正常工作时，泵压力由溢流阀 1 调定。当二位四通电磁阀 2 通电后，主阀上腔接通油箱，二通插装阀主阀口打开，泵即卸荷。

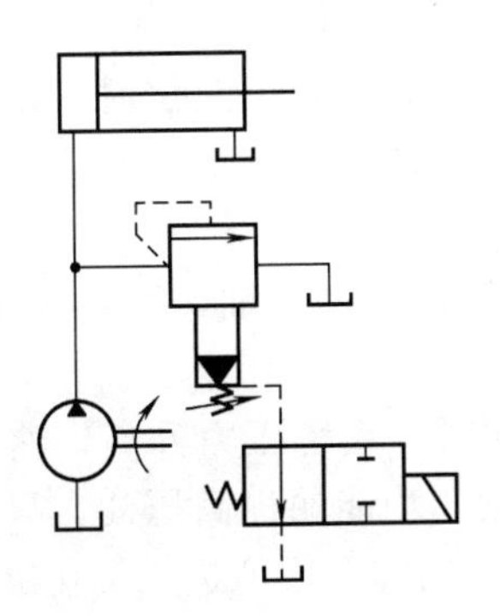

图 2.10　用溢流阀的卸荷回路

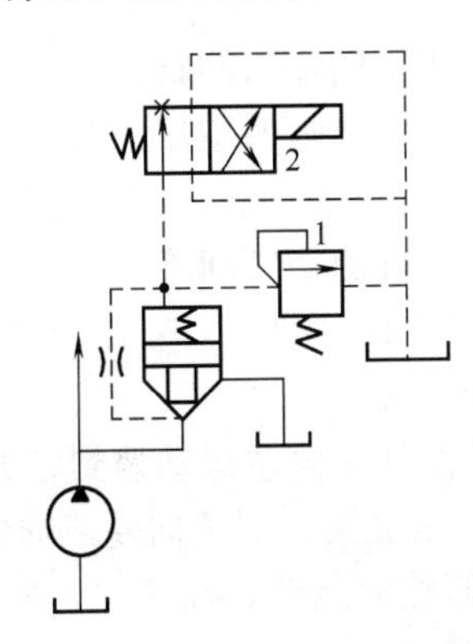

图 2.11　用二通插装阀的卸荷回路
1—溢流阀；2—二位四通电磁阀

2.2.3 减压回路

在单泵的系统中，当某个执行元件或某个支路所需的工作压力低于溢流阀所调定的稳定值，或要求可调的稳定的低压输出时，就要采用减压回路，如机床的工件夹紧、导轨润滑及液压系统的控制油路等。

2.2.3.1 单级减压回路

图 2.12 为使用单向减压阀的减压回路。泵同时向系统和缸 4 供油，工作时系统的压力较高（即为泵的压力），工作缸 4 所需的较低压力由减压阀 2 调节获得，单向阀 3 用于当主油路压力低于减压阀 2 的调定值时，防止缸 4 的压力受其干扰，起短时保压作用。

2.2.3.2 多级减压回路

图 2.13 为二级减压回路，它是在先导式减压阀 2 的遥控油路接入远程调压阀 3 来使液压回路获得两种压力。在图示位置上，减压阀出口处的压力由减压阀 2 调定；当换向阀换向时，减压阀出口处的压力改由阀 3 调定。阀 3 的调定压力必须低于阀 2，泵的最高工作压力由溢流阀 1 调定。

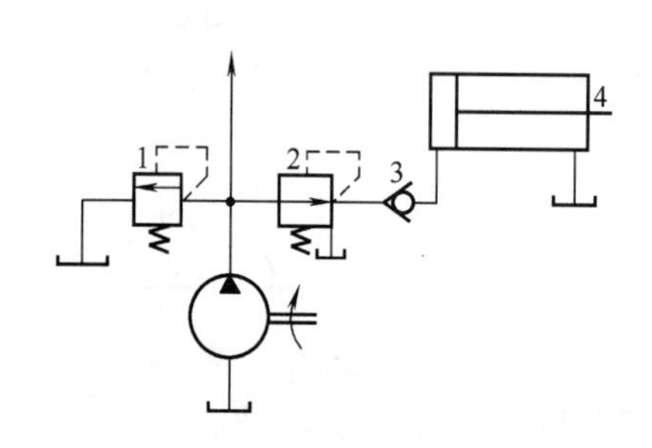

图 2.12 单级减压回路

1—溢流阀；2—减压阀；3—单向阀；4—工作缸

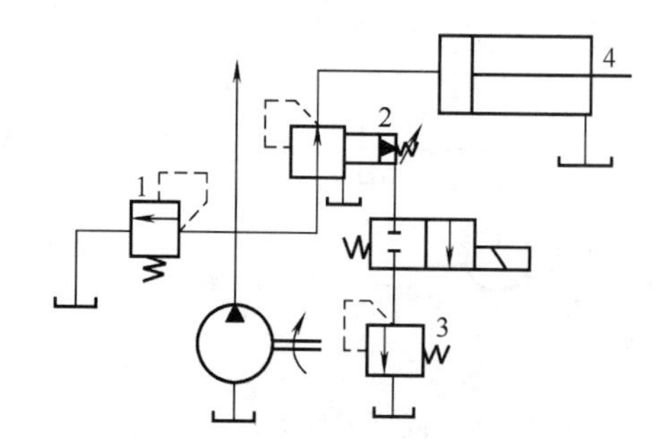

图 2.13 二级减压回路

1—溢流阀；2—先导式减压阀；3—远程调压阀；4—工作缸

减压回路也可以采用比例减压阀来实现无级减压。

2.2.4 增压回路

这种回路可以从压力较低的液压源处获得压力较高的小流量油液，以满足局部系统的压力要求。

2.2.4.1 单作用增压缸的增压回路

图 2.14 为单作用增压缸的增压回路，当二位四通阀处于左位时，缸低压充油，处于右位时缸增压。增压倍数由增压缸大小端有效作用面积之比决定。

2.2.4.2 双作用增压缸的增压回路

单作用增压缸只能断续供油，若需获得连续输出的高压油，则可采用图 2.15 所示的双作用增压缸的增压回路。

图 2.15 中当工作缸 4 向左运动遇到较大负载时，系统压力升高，油液经顺序阀 1 进入双作用增压缸 2，增压缸活塞不论向左或向右运动，均能输出高压油，只要换向阀 3 不断切换，增压缸 2 就不断往复运动，高压油就连续经单向阀 7 或 8 进入工作缸 4 右腔，此时单向阀 5 或 6 有效地隔开了增压器的高、低压油路。工作缸 4 向右运动时增压回路不起作用。增压倍数由增压缸大小腔有效作用面积之比决定。

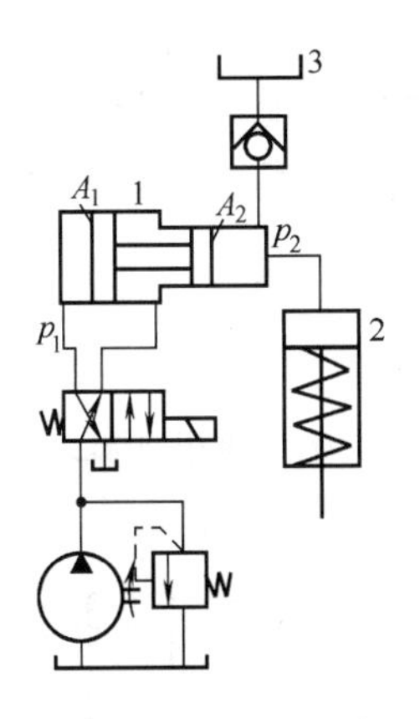

图 2.14　单作用增压缸的增压回路

1—增压缸；2—单作用缸；3—补油油箱

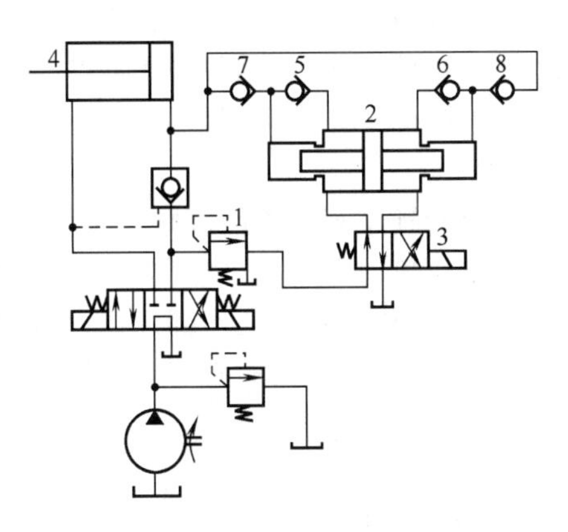

图 2.15　双作用增压缸的增压回路

1—顺序阀；2—双作用增压缸；3—换向阀；4—工作缸；5～8—单向阀

2.2.5　保压回路

保压回路的功用是使系统在液压缸不动或因工件变形而产生微小位移的工况下能保持稳定不变的压力。图 2.16（a）中，当主换向阀在左位工作时，液压缸中的活塞向右运动且压紧工件，进油路压力升高至调定值，压力继电器发信号使二通阀通电，泵即卸荷，单向阀自动关闭，液压缸则由蓄能器保压。在液压缸压力不足时，压力继电器复位使泵重新工作。保压时间的长短取决于蓄能器容量，调节压力继电器的工作区间即可调节缸中压力的最大值和最小值。

图 2.16（b）所示为多缸系统中的一缸保压回路，这种回路当主油压力降低时，单向阀 3 关闭，支路由蓄能器保压并补偿泄漏。压力继电器 5 的作用是当支路中压力达到预定值时发出信号，使主油路开始动作。

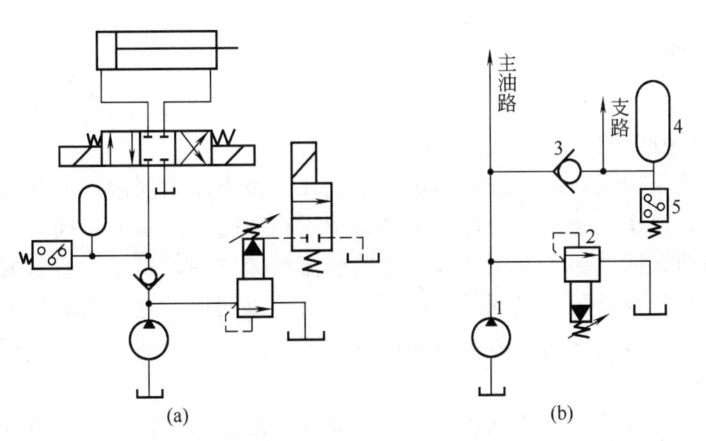

图 2.16　蓄能器保压回路

1—定量泵；2—先导式溢流阀；3—单向阀；4—蓄能器；5—压力继电器

2.2.6　平衡回路

平衡回路的功能在于使垂直或倾斜放置的执行元件保持一定的背压力，以便与重力负载相平衡，使之不会因自重而下落。

2.2.6.1 用液控单向阀的平衡回路

图 2.17 是用液控单向阀的平衡回路。由于液控单向阀泄漏量极小，故其闭锁性能较好。在回路中串入单向节流阀，用于防止活塞下行时的冲击，并且控制了流量，起到调速作用。

2.2.6.2 用单向顺序阀的平衡回路

图 2.18 是用单向顺序阀（也称平衡阀）组成的平衡回路。调节平衡阀的开启压力，使其稍大于立式液压缸活塞与工作部件重力形成的下腔背压力，即可防止活塞因重力而下滑。这种回路在活塞下行时，回油腔有一定背压，故功率损失较大。

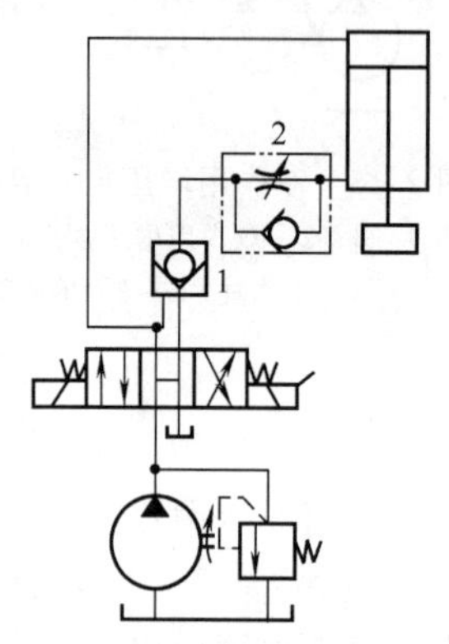

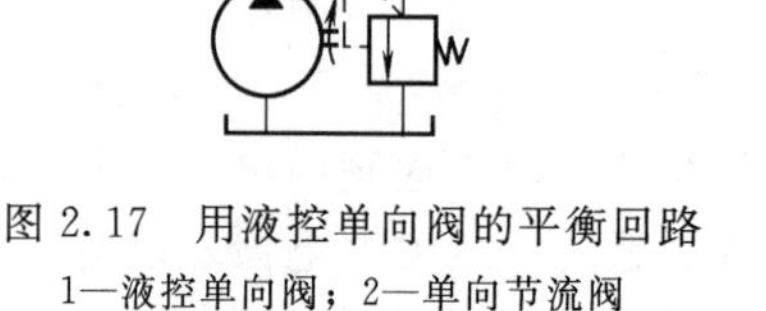

图 2.17 用液控单向阀的平衡回路
1—液控单向阀；2—单向节流阀

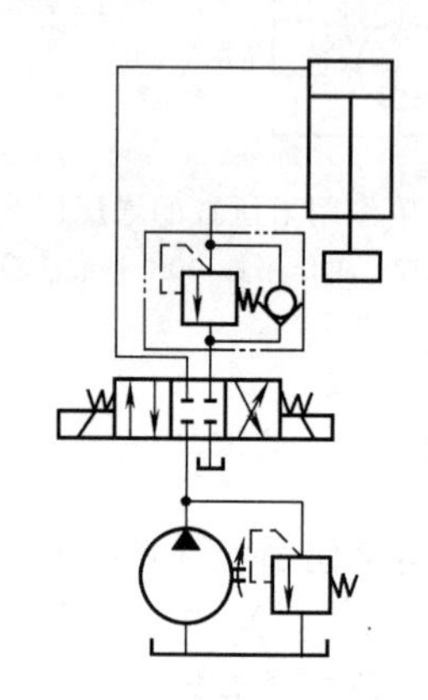

图 2.18 用单向顺序阀的平衡回路

2.3 速度控制回路

液压系统中的速度控制回路包括调速回路、快速运动回路及速度换接回路。

2.3.1 调速回路

调速回路是用来控制执行元件的速度，其形式有节流调速、容积调速和容积节流调速。

2.3.1.1 节流调速回路

节流调速回路采用定量泵供油，通过改变接在回路中流量阀阀口的开度，从而控制进入执行元件的流量，以实现速度的控制。根据流量阀在回路中的位置不同，节流调速回路可分为进油路节流调速、回油路节流调速和旁油路节流调速三种。表 2.1 所示的回路简图中，把流量阀放置在执行件与液压泵之间就构成了进油路节流调速；把流量阀放置在执行件与油箱之间就构成了回油路节流调速；将流量阀放置在旁油路上，回油直接通油箱就构成旁油路节流调速。

（1）采用节流阀的节流调速回路 三种节流调速回路的工作原理、速度负载特性、回路特点详见表 2.1。这种采用节流阀的节流调速回路，在负载变化时将引起执行元件的速度变化，故只能适用于负载变化不大和速度稳定性要求不高的场合。

（2）采用调速阀的节流调速回路 如图 2.19 所示，由调速阀的工作原理可知，其流量稳定性不受负载变化的影响，即执行元件速度稳定性好。调速阀正常工作时，其前后压差应不小于 0.5MPa，因此，回路功率损失比节流阀调速回路大，故适用于速度稳定性要求高或负载变化较大的小功率场合。

表 2.1 节流调速回路

	进油路节流调速	回油路节流调速	旁油路节流调速
回路简图			
	p_1，p_2—液压缸大、小腔压力；p_p—泵的出口压力；F—液压缸的负载；A_1，A_2—液压缸大、小腔有效面积；q_p—泵的输出流量；v—液压缸的速度		
工作原理	调节节流阀开口大小来控制执行件的运动速度，泵多余的流量由溢流阀溢回油箱		这里溢流阀为安全阀。用节流阀调节泵流回油箱的流量，从而控制执行件的速度
速度-负载特性曲线	$A_{v1}>A_{v2}>A_{v3}$		$A_{v1}>A_{v2}>A_{v3}$
	A_v—节流阀阀口面积		
特点及比较	1. 当节流口一定时，速度随负载增大而降低，负载愈大，速度稳定性愈差 2. 当负载 F 一定时，节流口愈大，则速度愈高；但速度稳定性较差 3. 执行件速度不同时，其最大承载能力相同 4. 回路效率较低	回油路节流特性与进油路基本相同，所不同的是： 1. 由于回油路上有节流阀而产生背压，因此具有承受负值负载的能力； 2. 由于背压的产生，使液压缸运动平稳性增加； 3. 停车后启动冲击大	1. 当节流口一定时，速度随负载增大而降低，但负载愈大，速度稳定性愈好 2. 当负载一定时，节流口愈小，速度愈高，且速度稳定性也愈好 3. 速度负载特性比进、回油路调速更软 4. 无溢流损失、效率高
适用场合	适用于低速、轻载的场合	适用于低速、轻载且负载变化大，有负值负载或有运动平稳性要求的场合	适用于高速、重载及负载变化不大或运动平稳性要求不高的场合

节流调速回路结构简单、价格便宜、使用维护方便，但功率损失较大。为了提高系统效率，在大功率液压系统中普遍采用容积调速回路。

2.3.1.2 容积调速回路

通过调节变量泵或变量马达排量的大小，从而实现调节执行元件速度的方式称为容积调速回路。与节流调速回路相比，容积调速回路无溢流和节流功率损失，且供油压力随负载而变化，因此系统效率高、发热小，但其结构复杂、价格高。这种回路适用于大功率液压系统。

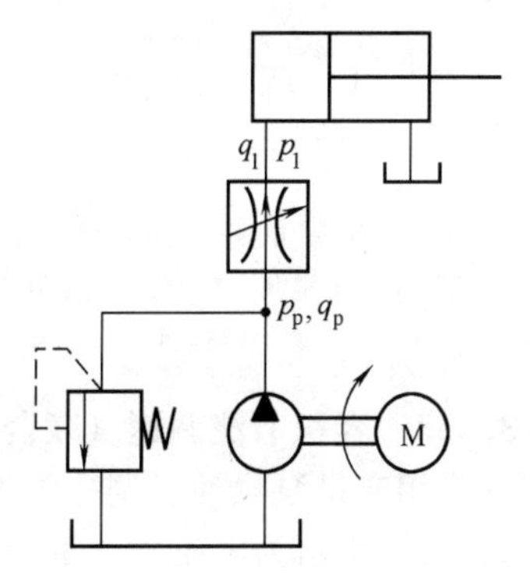

图 2.19 调速阀的节流调速回路

容积调速回路按调节元件不同有以下三种。

(1) 采用变量泵-定量执行元件的容积调速回路 如图

2.20（a）所示，改变变量泵的排量，即可调节液压缸的速度（$v=q_p/A_1$，q_p 为液压泵输出流量；A_1 为液压缸的有效面积）和液压马达的转速（$n=q_p/V_M$，V_M 为液压马达的排量）。回路中溢流阀 2、5 作安全阀，起过载保护作用。图 2.20（b）中，液压泵 8 作为辅助泵用以向油路补油，其供油压力由低压溢流阀 7 调定。这种回路调速范围较大，效率高，适用于大功率的场合。

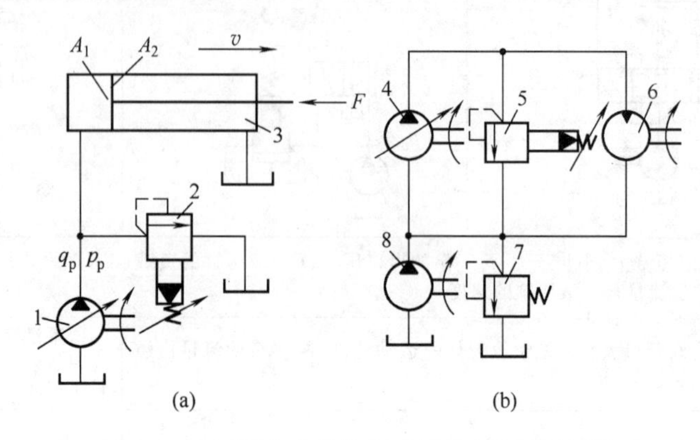

图 2.20　变量泵-定量执行元件的容积调速回路

1，4—变量泵；2，5—先导式溢流阀；3—工作液压缸；6—定量马达；7—低压溢流阀；8—液压泵

（2）采用定量泵-变量马达的容积调速回路　如图 2.21 所示，通过改变变量马达的排量，即可调节变量马达的转速。回路中溢流阀 2 为安全阀，定量泵 5 是用以向系统补油的辅助泵，溢流阀 4 用以调节补油压力。这种回路因变量马达的排量不能调得过小（此时输出转矩将很小，甚至不能带动负载），故限制了转速的提高，因此应用较少。

（3）采用变量泵-变量马达的容积调速回路　如图 2.22 所示，它是上述两种回路的组合，回路中变量泵和变量马达都可正、反向旋转。单向阀 7 和 9 使溢流阀 3 在两个方向都能起过载保护作用，而单向阀 6 和 8 用于使补油定量泵 4 能双向补油。这种回路，由于泵和马达的排量均可改变，故调速范围广且调速效率高，适用于大功率场合。

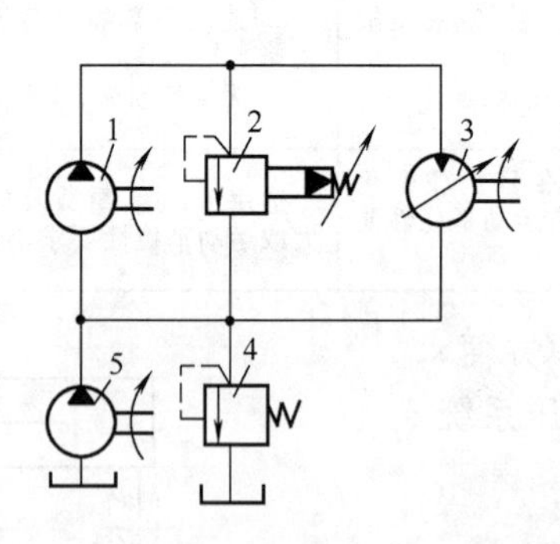

图 2.21　定量泵-变量马达的容积调速回路

1，5—定量泵；2—先导式溢流阀；3—变量马达；4—溢流阀

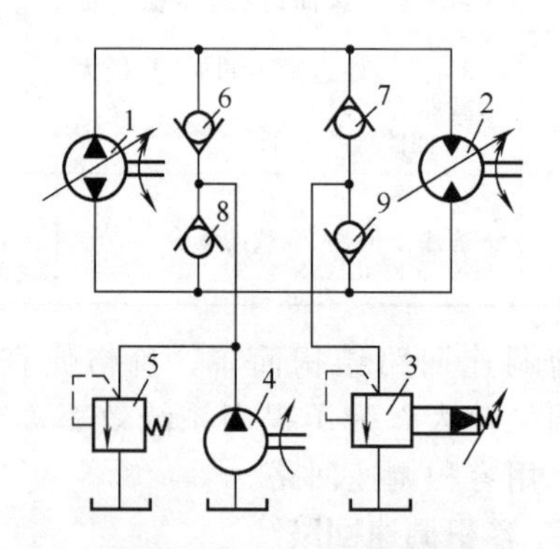

图 2.22　变量泵-变量马达的容积调速回路

1—双向变量泵；2—双向变量马达；3—先导式溢流阀；4—定量泵；5—溢流阀；6～9—单向阀

2.3.1.3　容积节流调速（联合调速）回路

采用变量泵供油、调速阀控制调节进入执行元件流量的调速方式称为容积节流调速。图 2.23（a）所示为限压式变量叶片泵和调速阀组成的容积节流调速回路。调节调速阀 3 便可改变进入液压缸的流量，而限压式变量叶片泵输出的流量 q_p 总是与液压缸所需流量 q_1 自动

相适应，无溢流产生。若关小调速阀，q_1 减小，在这一瞬间，$q_p>q_1$，则泵的出口压力升高，使 q_p 自动减小，直至 $q_p=q_1$；反之，开大调速阀时，在这一瞬间，$q_p<q_1$，则泵的出口压力减小，使 q_p 自动增大，直至 $q_p=q_1$。这种调速回路，因由调速阀控制执行元件速度，故速度稳定性好；又因为无溢流损失，故系统效率高，发热小。这种调速回路适用于负载变化大、速度较低而稳定性要求较高的中、小功率的液压系统。

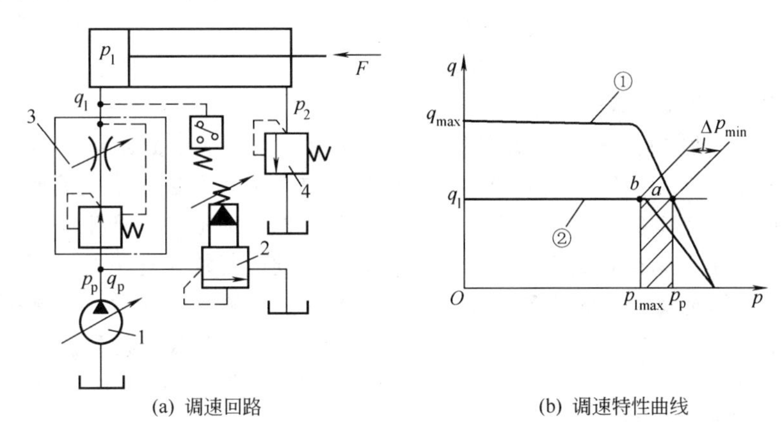

(a) 调速回路　　(b) 调速特性曲线

图 2.23　限压式变量泵和调速阀组成的容积节流调速回路

1—变量泵；2—先导式溢流阀；3—调速阀；4—溢流阀

图 2.23（b）所示为容积节流调速回路的调速特性曲线。曲线①为限压式变量泵的压力流量特性曲线，曲线②为调速阀压力流量特性曲线。由图示可知，泵在 a 点工作时，其输出的流量与调速阀所调定的 q_1 相等，泵的出口压力为 p_p，液压缸的最大允许工作压力为 p_{1max}，此时调速阀前后压差为 $\Delta p_p=p_p-p_{1max}=\Delta p_{min}$，当缸的工作压力 $p_1<p_{1max}$时，则 q_1 不随负载变化而变化，活塞的运动速度稳定。但若泵的特性曲线调整得不合理，使 Δp 过小（a 点左移），则调速阀不能正常工作，活塞的运动速度将随负载的变化而变化；或使 Δp 过大（a 点右移），造成功率损失增大（图中阴影面积）。因此，要合理调整限压式变量泵的工作压力，既能使活塞运动平稳，又能使功率损失最小。故一般中压调速阀 Δp 为 0.5MPa，高压调速阀 Δp 为 1.0MPa。

2.3.2　快速运动回路

快速运动回路的功用在于使执行元件获得必要的高速，以提高系统的工作效率或充分利用功率。下面介绍常用的几种快速运动回路。

2.3.2.1　用液压缸差动连接的快速运动回路

如图 2.24 所示，换向阀处于原位时，液压缸有杆腔的回油和液压泵供油合在一起进入液压缸无杆腔，使活塞快速向右运动。这种回路结构简单，应用较多。但液压缸的速度加快有限，差动连接与非差动连接的速度之比，有时仍不能满足快速运动的要求，常常需要和其他方法联合使用。在差动回路中，泵的流量和液压缸有杆腔排出的流量合在一起流过的阀和管路应按合成流量来选择其规格，否则会导致压力损失过大，泵空载时供油压力过高。

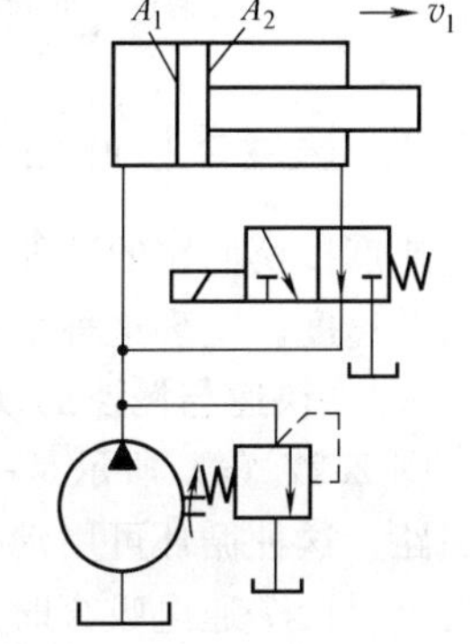

图 2.24　用液压缸差动连接的快速运动回路

2.3.2.2　用双泵供油的快速运动回路

如图 2.25 所示，低压大流量泵 1 和高压小流量泵 2 组成的双联泵作动力源。外控顺序阀 3（卸载阀）和溢流阀 5 分别设定双泵供油和小流量泵 2 供油时系统的最高工作压力。换向阀 6 处于图示位置，系统压力低于卸载阀 3 调定压力时，两个泵同时向系统供油，活塞快速向右运动；换向阀 6 处于右位，系统压力达到或超过卸载阀 3 的调定压力，大流量泵 1 通过阀 3 卸载，单向阀 4 自动关闭，只有小流量泵向系统供油，活塞慢速向右运动。卸载阀 3 的调定压力至少应比溢流阀 5 的调定压力低 10%～20%，大流量泵 1 卸载减少了动力消耗，回路效率较高。常用在执行元件快进和工进速度相差较大的场合。

2.3.2.3 用辅助缸的快速运动回路

图 2.26 是用辅助缸实现快速运动的回路，它常用于大、中型液压机。回路中共有三个液压缸，中间柱塞缸 3 为主缸，两侧直径较小的液压缸 2 为辅助缸。当电液换向阀处于右位时，压力油只能进入辅助缸上腔，其下腔则经单向顺序阀 7 回油，以产生一定背压，起平衡滑块自重的作用。由于辅助缸的有效工作面积小，所以此时滑块快速下行，而主缸上腔则经液控单向阀 5（也称充液阀）从油箱 6 吸入油液。当滑块 1 触及工件后，系统压力上升，打开顺序阀 4，压力油进入主缸 3，三个液压缸同时进油，速度降低，转为慢速加压行程。当电液换向阀 8 处于左位时，液压缸回程，充液阀 5 开启，主缸油液排回充油箱 6。这种回路简单易行，常用于冶金机械。

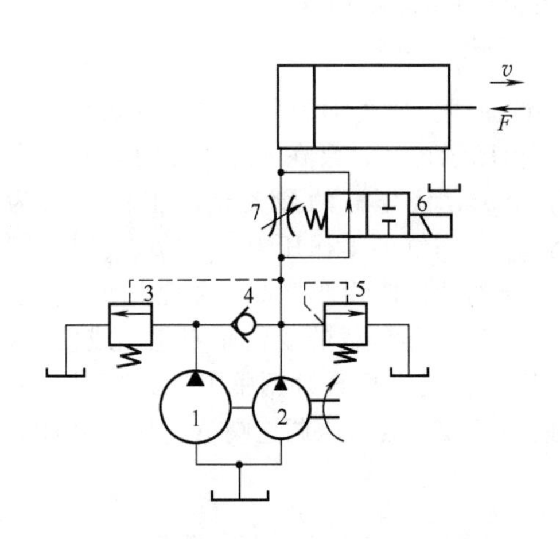

图 2.25 用双泵供油的快速运动回路

1—大流量泵；2—小流量泵；3—顺序阀；4—单向阀；5—溢流阀；6—换向阀；7—节流阀

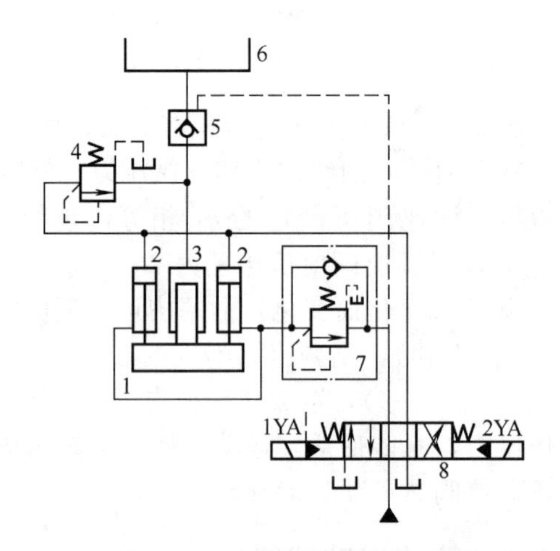

图 2.26 用辅助缸的快速运动回路

1—滑块；2—辅助缸；3—主缸；4—顺序阀；5—充液阀；6—油箱；7—单向顺序阀；8—电液换向阀

2.3.3 速度换接回路

速度接换回路的功能是使液压执行元件在一个工作循环中，从一种运动速度变换到另一种运动速度。实现这种功能的回路应具有较高的速度换接平稳性。

2.3.3.1 快速与慢速的换接回路

图 2.27（a）所示是一个能使执行元件按照快进、工进、快退、停止这一自动循环运动的回路。这种循环可用动作循环图 2.27（b）表示。图示状态为快退至原位的状态。当二位四通电磁阀 7 通电吸合时，自动循环开始，由于此时二位二通行程阀 4 处于导通的位置，液压缸 1 回油路没有阻力，活塞快进。当挡块 2 将行程阀 4 压下时，液压缸 1 必须经过调速阀 5 回油，其速度减慢，成为工作进给。当活塞继续运动，挡块碰到行程开关 3 后，电磁阀 7

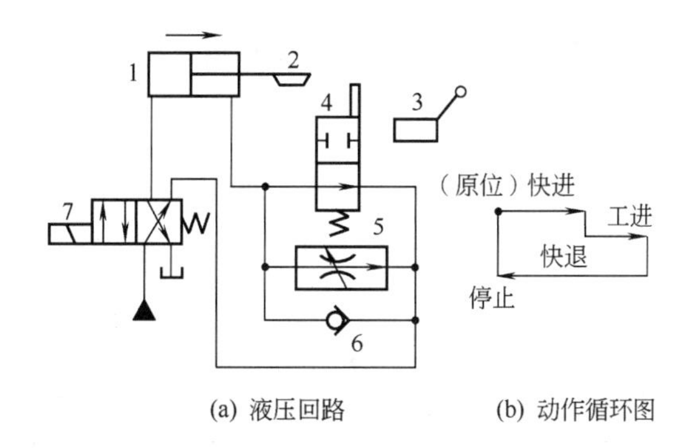

(a) 液压回路　　(b) 动作循环图

图 2.27　用行程阀或行程开关切换执行元件的速度和方向

1—液压缸；2—挡块；3—行程开关；4—行程阀；5—调速阀；6—单向阀；7—电磁阀

断电，活塞退回。此时由于单向阀 6 的存在，液压缸进、回油路上都没有阻力，故为快速。当退到终点时，活塞停止运动。这种回路的快、慢速换接过程比较平稳，换接点的位置比较准确。缺点是行程阀的安装位置不能任意布置，管路连接较为复杂。若将行程阀改为电磁阀，安装连接就比较方便，但速度换接的平稳性、可靠性以及换向精度都会较差。

2.3.3.2　两种慢速的换接回路

图 2.28 所示为两调速阀串联的两个工进速度的换接回路。当阀 1 在左位工作且阀 3 断开时，控制阀 2 处于右位，油液经调速阀 A 进入液压缸左腔；控制阀 2 处于左位，油液既经 A 又经 B 才能进入液压缸左腔，从而实现两种工进速度的换接。值得注意的是阀 B 的开口需调得比 A 小，即第二种工进速度必须比第一种工进速度低。此外，这种回路因调速阀 A 一直处于工作状态，换接平稳性较好，但能量损失较大。

图 2.29 所示为两调速阀并联的两个工进速度的换接回路。主换向阀 1 在左位（或右位）工作时，缸作快进（或快退）运动。当主换向阀 1 在左位工作，并使阀 2 通电，根据阀 3 不同的工作位置，进油需经调速阀 A 或 B 才能进入液压缸内，便可实现第一次工进速度和第二次工进速度的换接。两调速阀可单独调节，两速度互无影响，但在速度换接时易产生前冲现象，因此不宜于在工作过程中的速度换接，只可用在速度预选的场合。

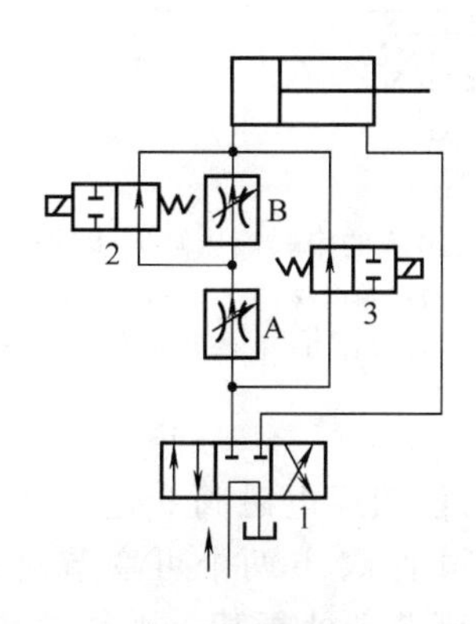

图 2.28　串联调速阀的两种慢速换接回路

1—三位四通换向阀；2，3—二位二通换向阀；A，B—调速阀

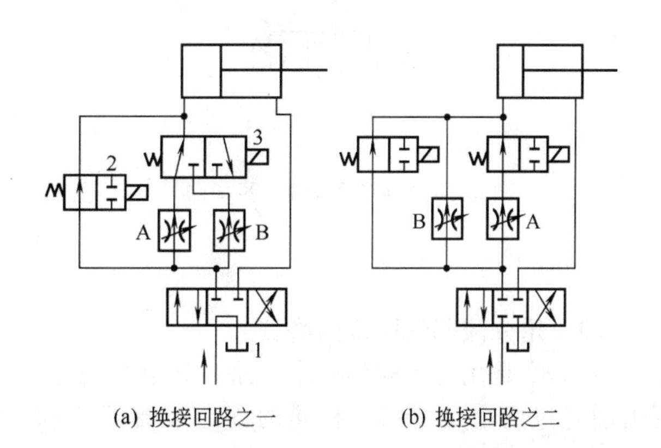

(a) 换接回路之一　　(b) 换接回路之二

图 2.29　并联调速阀的两种慢速换接回路

1—三位四通换向阀；2—二位二通换向阀；3—二位三通换向阀；A，B—调速阀

2.4 其他控制回路

2.4.1 同步回路

同步回路的功用在于使多个执行元件克服负载、摩擦、泄漏、制造质量等造成的差异，保证其位移量或速度相同的同步运动。

2.4.1.1 用调速阀的同步回路

图 2.30 中，在两个并联液压缸的进油路（或回油路）上分别串入一个调速阀，仔细调整两个调速阀的开口大小，可使两个液压缸在一个方向上实现速度同步。显然这种回路结构简单，但受油温变化及调速阀性能影响，不能严格保证位置同步，且调整比较麻烦，同步精度一般在 5%～10%左右。

2.4.1.2 用带补偿措施的串联液压缸同步回路

如图 2.31 所示为液压缸串联同步回路，在这个回路中，液压缸 1 的有杆腔 A 的有效面积与液压缸 2 的无杆腔 B 的面积相等，因而从 A 腔排出的油液进入 B 腔后，两液缸的升降便得到同步。而补偿措施使同步误差在每一次下行运动中都可消除，以避免误差的积累。其补偿原理为：当三位四通换向阀 6 右位工作时，两液压缸活塞同时下行，若缸 1 的活塞先运动到底，它就触动行程开关 a 使阀 5 得电，压力油便经阀 5 和液控单向阀 3 向缸 2 的 B 腔补油，推动活塞继续运动到底，误差即被消除；若缸 2 先到底，则触动行程开关 b 使阀 4 得电，控制压力油使液控单向阀反向通道打开，使缸 1 的 A 腔通过液控单向阀回油，其活塞即可继续运动到底。这种串联式同步回路只适用于负载较小的液压系统。

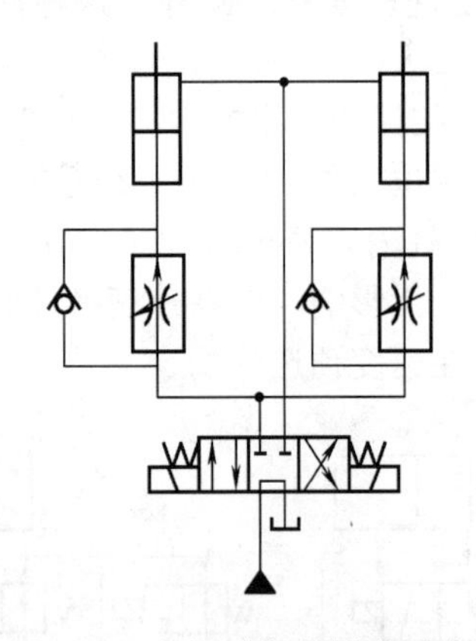

图 2.30 用调速阀的同步回路

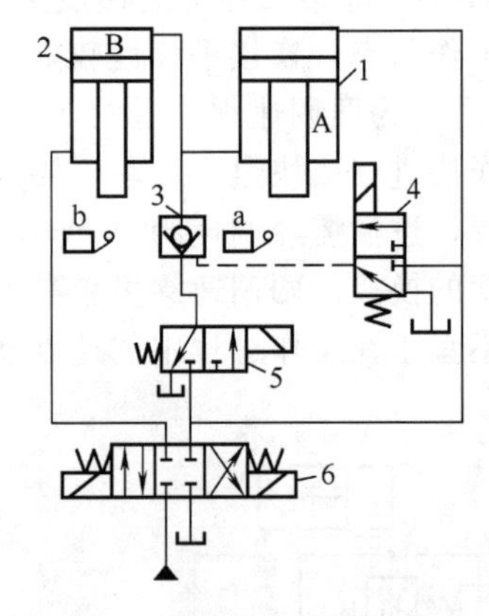

图 2.31 用带补偿措施的串联液压缸同步回路
1，2—液压缸；3—液控单向阀；4～6—换向阀；
A，B—液压缸；a，b—行程开关

2.4.1.3 用分流阀的同步回路

图 2.32 是用分流阀的同步回路，其中 8 为分流阀。当二位四通电磁阀 9 通电吸合时，压力油经过两个尺寸完全相同的固定节流器 4 和 5 及分流阀上 a、b 两个可变节流口后，进入两个液压缸 1 和 2，两缸活塞向右运动。当分流阀 8 的阀芯 3 处于某一平衡位置不动时，阀芯两端压力相等，即 $p_1=p_2$，节流器 4 和 5 上的压力降 p_s-p_1 和 p_s-p_2 保持相等，进入液压缸 1 和缸 2 的流量相等，缸 1 和缸 2 以相同的速度向右运动。如果缸 1 活塞上负载增加，缸 1 大腔的油压 p_1' 升高。分流阀左端的压力 p_1 也随 p_1' 上升，平衡阀芯 3 右

移，a 处节流阀口加大，b 处节流阀口减小，使压力 p_1 下降，p_2 上升。当达到某一平衡位置，p_1 又重新和 p_2 相等，阀芯 3 不再移动。由于 $p_1=p_2$，故此时两缸速度相等，保持速度同步。当然，此时 a、b 处开口的大小和开始时不同了。当电磁阀 9 复位后，缸 1 和缸 2 的活塞反向运动。回油经单向阀 6 和 7 以及电磁阀 9 而排回油箱。显然，这种回路只能保证速度同步，其同步精度为 2%～5%，由于同步作用靠分流阀自动调整，使用较为方便。

2.4.1.4　用电液比例调速阀控制的同步回路

图 2.33 为用电液比例调速阀实现同步的回路。回路中使用了一个普通调速阀 1 和一个电液比例调速阀 2，它们分别装在由 4 个单向阀组成的桥式回路中。调速阀 1 控制缸 3 运动，电液比例调速阀 2 控制缸 4 运动。图示接法时调速阀和电液比例调速阀能够在两个方向上使两液压缸保持同步。其工作原理为：当两活塞出现位置误差时，检测装置就会发出电信号，调节比例调速阀的开度，使两缸继续保持同步。用电液比例调速阀控制的同步回路，其同步精度较高。

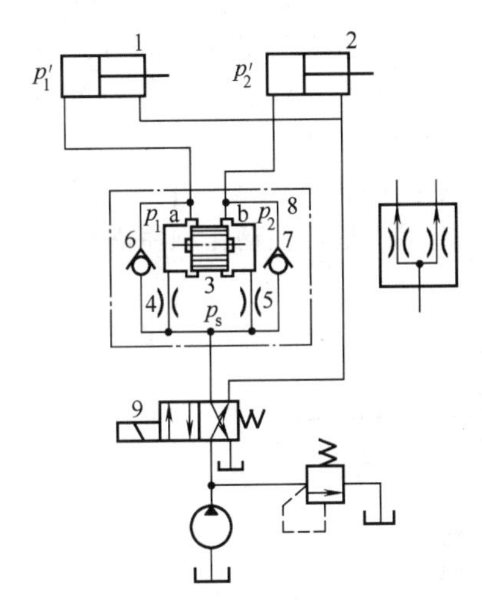

图 2.32　用分流阀的同步回路

1，2—液压缸；3—分流阀阀芯；4，5—分流阀节流器；6，7—单向阀；8—分流阀；9—电磁阀；a，b—可变节流口

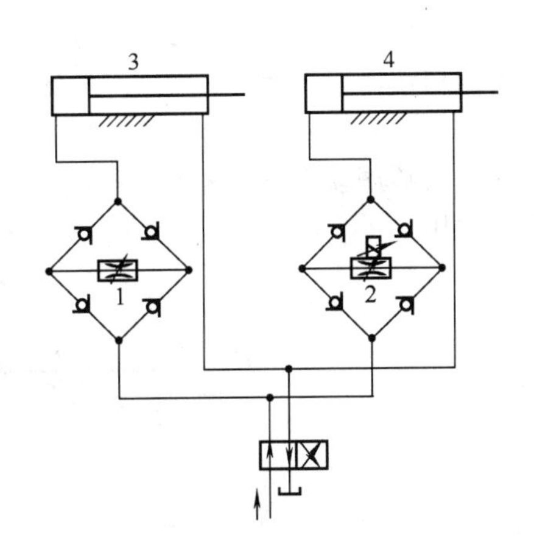

图 2.33　用电液比例调速阀控制的同步回路

1—普通调速阀；2—电液比例调速阀；3，4—液压缸

2.4.2　顺序动作回路

顺序动作回路就是液压系统中有两个以上的液压缸，要求按照一定的顺序依次动作的液压基本回路。例如，夹紧机构必须先定位，后夹紧；回转工作台必须先抬起，再回转，后定位等。顺序动作回路可分为行程控制和压力控制两类。

2.4.2.1　行程控制顺序动作回路

行程控制就是利用执行元件运动到一定位置（一定行程）时发出控制信号，使其转入下一执行元件动作。这种控制作用可靠，一般不会产生误动作。

图 2.34 是用行程换向阀控制的顺序动作回路。图示状态，液压缸 1 和 2 的活塞处于左端。当换向阀 3 通电吸合时，缸 1 活塞按箭头①方向运动。在缸 1 活塞运动到预定位置时，挡块 5 压下行程阀 4 的阀芯，缸 2 活塞按箭头②方向运动。当换向阀 3 断电复位后，缸 1 活塞按箭头③方向退回。当挡块 5 离开行程阀 4 时，行程阀复位，缸 2 按箭头④方向退回。可

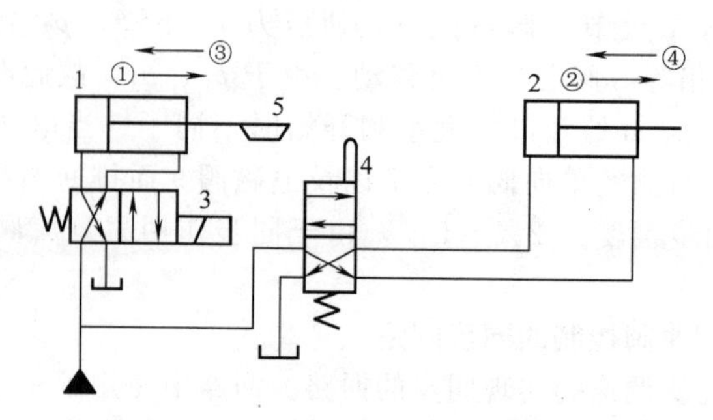

图 2.34 用行程换向阀控制的顺序动作回路

1，2—液压缸；3—电磁换向阀；4—行程换向阀；5—挡块

以看到，回路中顺序动作主要依靠行程阀保证。这种回路动作可靠，但要改变动作顺序较困难。

图 2.35 是用行程开关和电磁阀控制的顺序动作回路。图示状态是液压缸 5 和 6 的活塞都处于左端原位。按下循环启动按钮时，电磁阀 7 通电吸合，缸 6 活塞向右运动。到达预定位置时，挡块压下行程开关 2，使电磁阀 8 通电，缸 5 活塞向右运动。到预定位置时，缸 5 活塞上的挡块压下行程开关 3，使电磁阀 7 断电复位，缸 6 活塞向左退回。退至原位后压下行程开关 1，使电磁阀 8 也复位，缸 5 活塞向左退回到原位停止，完成一个顺序动作循环。这种回路的顺序动作由行程开关控制，所以方便灵活，应用广泛，在动作顺序需要改变的场合尤为适用。

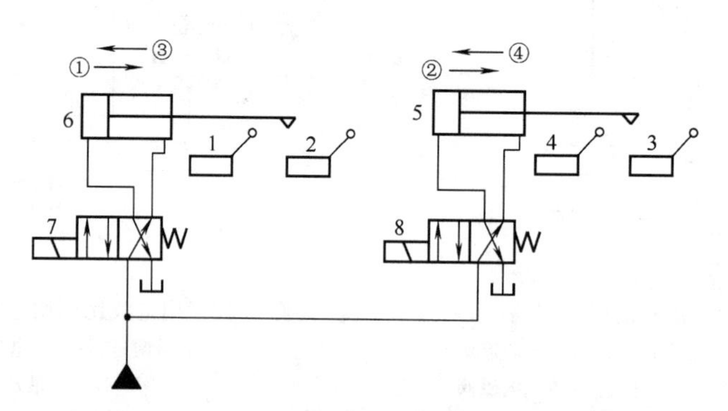

图 2.35 用行程开关和电磁阀控制的顺序动作回路

1～4—行程开关；5，6—液压缸；7，8—电磁阀

2.4.2.2 压力控制顺序动作回路

压力控制是利用液压系统工作过程中压力的变化来使所控制的执行元件按顺序动作。压力控制的顺序动作回路一般用顺序阀或压力继电器等元件来实现。

图 2.36 所示是用顺序阀控制的顺序动作回路，当换向阀 1 通电左位时，压力油进入 A 缸左腔，实现动作①；当 A 缸活塞行至终点停止时，系统压力升高，压力油打开顺序阀 3 进入 B 缸左腔，实现动作②；当换向阀 1 通电右位时，压力油先进入 B 缸右腔，实现动作③；当 B 缸返回至左端终点停止时，系统压力升高，压力油打开顺序阀 2 进 A 缸右腔，实现动作④。这种回路的可靠性取决于顺序阀的性能及调定压力值。为了避免由于系统压力波动造成误动作，一般顺序阀的调定压力应比先动作的液压缸最高工作压力高出 0.6～0.8MPa。这种回路适用于负载变化不大的场合。

图 2.37 是用压力继电器控制的顺序动作回路。当电磁铁 1YA 通电后，缸 3 活塞按箭

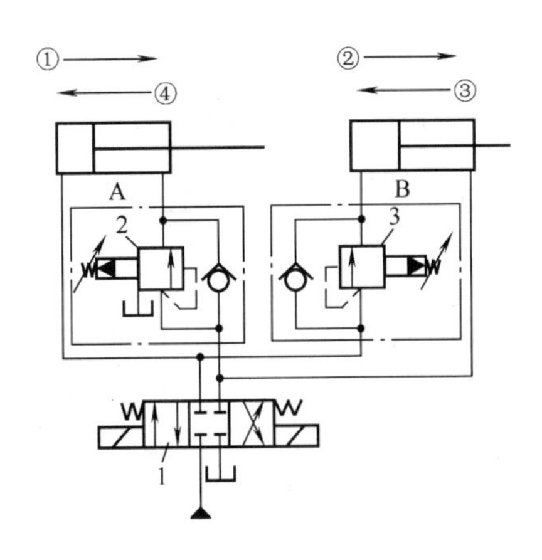

图 2.36 用顺序阀控制的顺序动作回路
1—换向阀；2，3—顺序阀

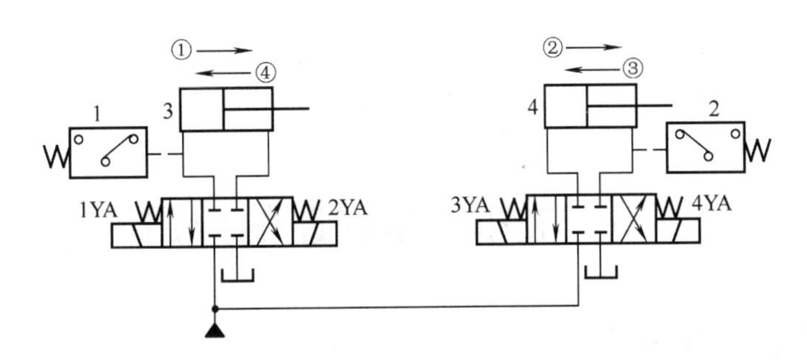

图 2.37 用压力继电器控制的顺序动作回路
1，2—压力继电器；3，4—液压缸

头①方向运动。到达终点压力升高后，压力继电器 1 动作使电磁铁 3YA 通电，缸 4 活塞按箭头②方向运动。当电磁铁 3YA 断电，电磁铁 4YA 通电时，缸 4 活塞按箭头③方向退回后，压力继电器 2 动作使电磁铁 1YA 断电，电磁铁 2YA 通电，缸 3 活塞按箭头④方向退回，以达到图示顺序动作的目的。此例中压力继电器所控制的是另外一个液压缸的动作。

2.4.3 互不干扰回路

这种回路的功用是使系统中几个执行元件在完成各自工作循环时互不影响。图 2.38 是通过双泵供油来实现多缸快慢速互不干扰回路。液压缸 1 和 2 各自要完成“快进—工进—快退”的自动工作循环。当电磁铁 1YA、2YA 得电，两缸均由大流量泵 10 供油，并作差动连接实现快进。如果缸 1 先完成快进动作，挡块和行程开关使电磁铁 3YA 得电，1YA 失电，大泵进入缸 1 的油路被切断，而改为小流量泵 9 供油，由调速阀 7 获得慢速工进，不受缸 2 快进的影响。当缸均转为工进、都由小泵 9 供油后，若缸 1 先完成了工进，挡块和行程开关使电磁铁 1YA、3YA 都得电，缸 1 改由大泵 10 供油，使活塞快速返回，这时缸 2 仍由泵 9 供油继续完成工进，不受缸 1 影响。同理，缸 2 完成工进后，2YA、4YA 得电，缸 2 活塞快速返回。当所有电磁铁都失电时，两缸都停止运动。此回路采用快、慢速运动由大、小泵分别供油，并由相应的电磁阀进行控制的方案来保证两缸快慢速运动互不干扰。

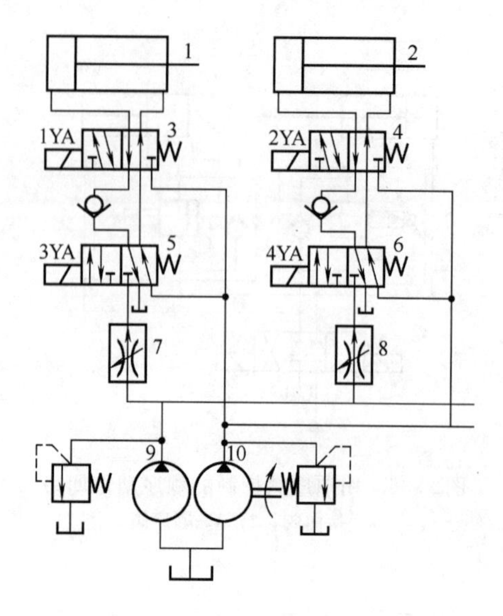

图 2.38　多缸快慢速互不干扰回路

1，2—液压缸；3，4，5，6—电磁阀；7，8—调速阀；9—小流量泵；10—大流量泵

2.5　液压基本回路的应用

2.5.1　液压动力滑台的控制

图 2.39（a）所示为具有一工进的液压动力滑台的液压原理图。该回路是由电磁换向阀换向回路、差动快速运动回路、变量泵和调速阀回油节流调速的容积调速回路所组成，要求完成快进—工进—快退—停止的工作循环［见图 2.39（b）］，动作顺序表如图 2.39（c）所示。图 2.39（a）中，当 1YA、3YA 得电，液压泵供油经三位五通阀左位到液压缸的无杆腔，液压缸有杆腔油液经三位五通阀左位、二位二通阀左位到液压缸的无杆腔，构成了差动快速回路，活塞杆推动工作台（图中未表示出）向右快速进给；快进到位 3YA 失电，1YA 仍得电，液压缸左腔进油路不变，右腔油液经三位五通阀左位、精滤油器、调速阀回油箱，

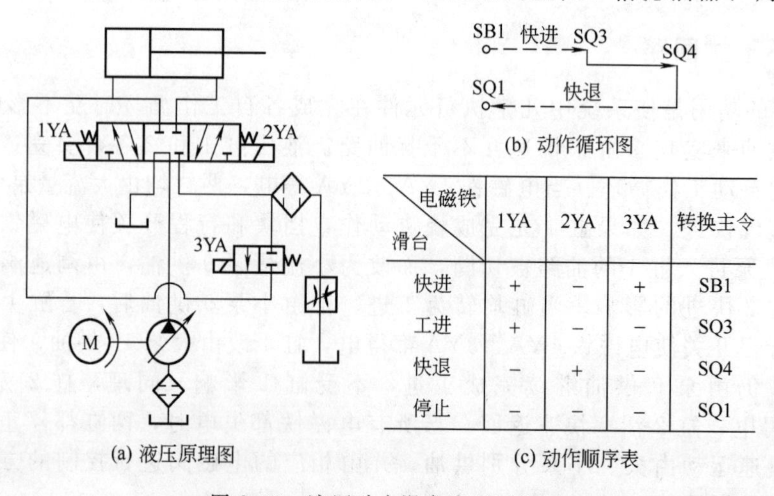

(a) 液压原理图

(b) 动作循环图

电磁铁 / 滑台	1YA	2YA	3YA	转换主令
快进	+	−	+	SB1
工进	+	−	−	SQ3
快退	−	+	−	SQ4
停止	−	−	−	SQ1

(c) 动作顺序表

图 2.39　液压动力滑台液压原理图

构成容积-回油节流调速回路，实现工作进给；工进到位 1YA 失电，3YA 仍失电，2YA 得电，此时液压油经三位五通阀右位进液压缸有杆腔，液压缸无杆腔经三位五通阀右位回油箱，实现快速退回，退到原位停止，此时 2YA 失电。

若需要两次工作进给的控制回路，只要在此原理图上稍作改动即可，试请自行分析。

2.5.2 定位夹紧的控制

图 2.40 所示是由溢流阀调压回路、减压阀减压回路、电磁换向阀换向回路和单向顺序阀顺序动作回路所组成的定位夹紧回路，要求先定位后夹紧。如图 2.40 所示，液压泵的供油一路至主油路，另一路经减压阀、单向阀、换向阀至定位缸 A 的上腔，推动活塞下行进行定位。定位后，缸 A 的活塞停止运动，油路压力升高，当达到单向顺序阀调定压力时，顺序阀打开，压力油经顺序阀进入夹紧缸 B 的上腔，推动活塞下行，进行夹紧。减压阀的作用是调节夹紧力的大小，并保持夹紧力稳定；溢流阀的作用是调定主油路的工作压力。在这里应注意的是：顺序阀的调整压力至少应比先动作的执行元件的最高工作压力大 0.5～0.8MPa，以保证动作顺序可靠。

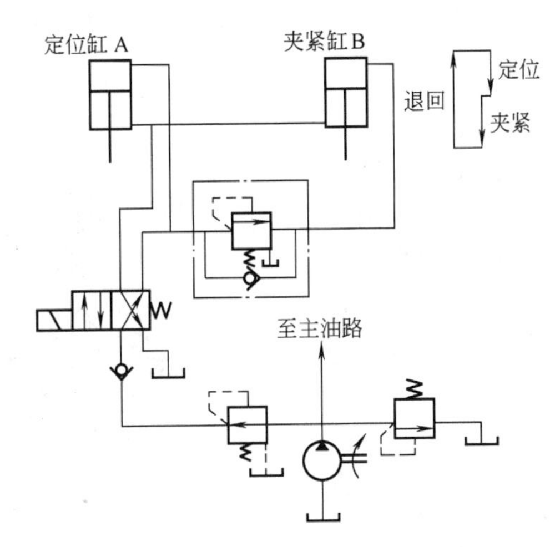

图 2.40 定位夹紧顺序动作回路

2.6 例题与习题

2.6.1 例题

【例 2-1】 图 2.41 为一个二级调压回路，图中 1 为溢流阀，2 为远程调压阀。试分析实现二级调压的原理。

解： 在图示状态，活塞向右运动，这时系统的最大工作压力决定于溢流阀的调整压力。虽然远程调压阀 2 的调整压力较溢流阀 1 低，但由于远程调压阀的回油口接在高压管路上，因此远程调压阀无法打开。当换向阀换位，活塞向左运动时，原来的高压管路切换为通油箱的低压管路，系统压力由远程调压阀的调整压力决定。所以，图示回路能使活塞在左、右两个方向运动时，其最高（安全）压力不同。

【例 2-2】 一夹紧油路如图 2.42 所示，若溢流阀调整压力 $p_1=5\text{MPa}$，减压阀调整压力 $p_2=2.5\text{MPa}$。试分析夹紧缸活塞空载运动时，A、B 两点的压力各为多少？减压阀的阀芯

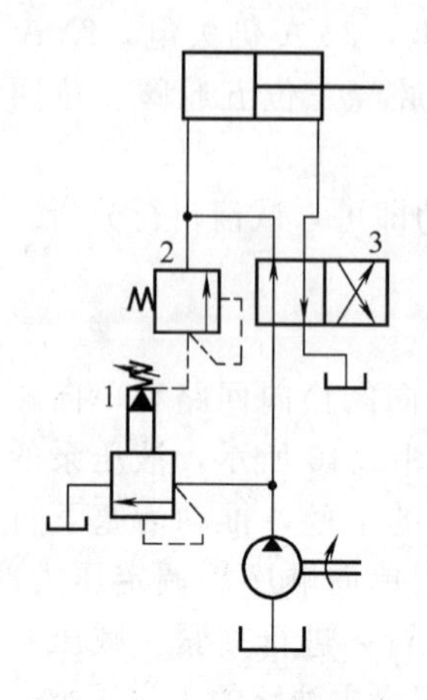

图 2.41 二级调压回路
1—溢流阀；2—远程调压阀；
3—二位四通换向阀

处于什么状态？夹紧时活塞停止运动后，A、B 两点压力又各为多少？减压阀阀芯又处于什么状态？

解：当回路中的二位二通电磁阀处于图示状态时，在活塞为空载运动期间，如忽略活塞运动时的摩擦力、惯性力和管路损失等，则 B 点压力为零。这时减压阀中的先导阀关闭，主阀芯处于开口最大位置，若不考虑流过减压阀的压力损失，则 A 点压力也为零。夹紧时，活塞停止运动，B 点压力升高到减压阀的调整压力 2.5MPa，并保持此压力不变。这时减压阀中的先导阀打开，主阀芯开口很小。而液压泵输出油液中仅有极少量流过减压阀中的先导阀，绝大部分经溢流阀溢回油箱，故 A 点压力为溢流阀的调整压力 5MPa。

【例 2-3】 如图 2.43 所示，溢流阀调定压力为 5MPa，顺序阀调定压力为 3MPa，液压缸无杆腔有效面积 $A=50\text{cm}^2$，负载 $F_L=10000\text{N}$。当换向阀处于图示位置时，试问活塞运动时和活塞到终点停止运动时，A、B 两处的压力各为多少？又当负载 $F_L=20000\text{N}$ 时，A、B 两处的压力又各为多少（管路损失忽略不计）？

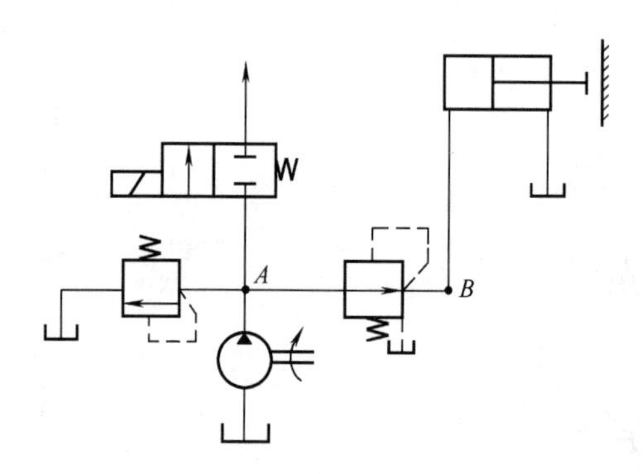

图 2.42 减压回路中的压力变化

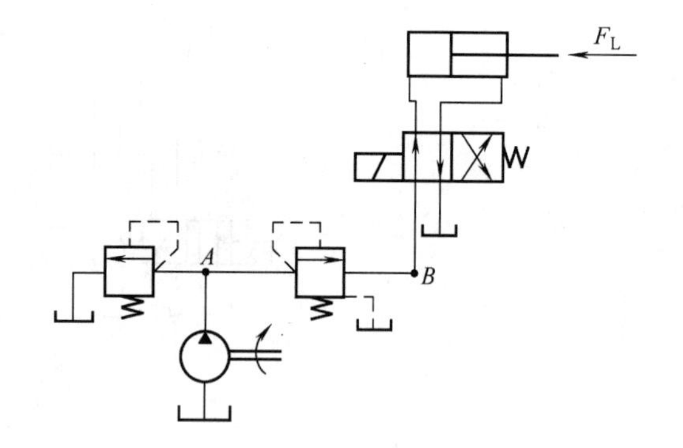

图 2.43 顺序阀前后的压力

解：(1) 活塞运动时，B 点压力为

$$p_B=\frac{10000}{50\times10^{-4}}=2\times10^6\ (\text{Pa})=2\ (\text{MPa})$$

A 点压力为 3MPa。

(2) 活塞到终点停止运动后，液压泵输出的压力油不能进入液压缸而只能从溢流阀溢出，这时 A 点压力

$$p_A=5\ (\text{MPa})$$

B 点压力

$$p_B=5\ (\text{MPa})$$

(3) 当负载 $F_L=20000\text{N}$，活塞运动时

$$p_B=\frac{20000}{50\times10^{-4}}=4\times10^6\ (\text{Pa})=4\ (\text{MPa})$$

$$p_A=4\ (\text{MPa})$$

活塞停止运动后

$$p_A=p_B=5\ (\text{MPa})$$

【例 2-4】 如图 2.44 (a)、(b) 所示，节流阀同样串联在液压泵和执行元件之间。调节节流阀通流面积，能否改变执行元件的运动速度？为什么？

解： 图 2.44 (a)、(b) 所示的回路中，调节节流阀的通流面积不能达到调节执行元件运动速度的目的。对于图 2.44 (a) 的回路，定量泵只有一条输出油路，泵的全部流量只能经节流阀进入执行元件。改变节流阀的通流面积只能使液流流经节流阀时的压力损失以及液压泵的出口压力有所改变。如将节流阀通流面积调小，节流阀压力损失增大，液压泵压力增高，通过节流阀的流量仍是泵的全部流量。图 2.44 (b) 的回路与 (a) 基本相同，在节流阀后面并联的溢流阀，只能起限制最大负载作用，工作时是关闭的，对调速回路不起作用。

【例 2-5】 在图 2.45 所示的进油路节流调速回路中，液压缸有效面积 $A_1=2A_2=50\text{cm}^2$，$Q_P=10\text{L/min}$，溢流阀的调定压力 $p_s=24\times10^5\text{Pa}$，节流阀为薄壁小孔，其通流面积调定为 $a=0.02\text{cm}^2$，取 $C_q=0.62$，油液密度 $\rho=870\text{kg/m}^3$，只考虑液流通过节流阀的压力损失，其他压力损失和泄漏损失忽略不计。试分别按 $F_L=10000\text{N}$，5500N 和 0 三种负载情况，计算液压缸的运动速度和速度刚度。

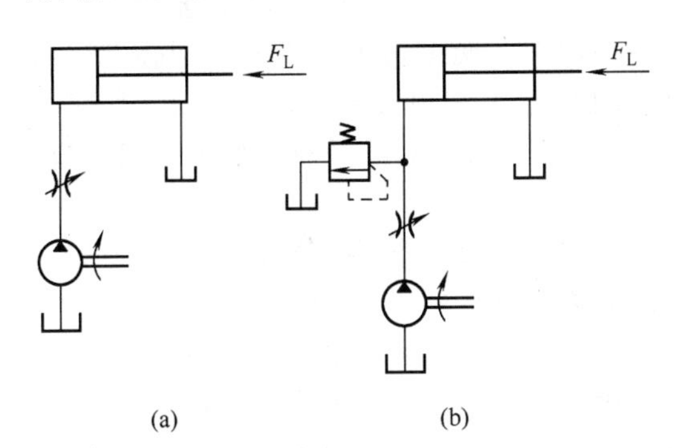

图 2.44　两种错误的接法

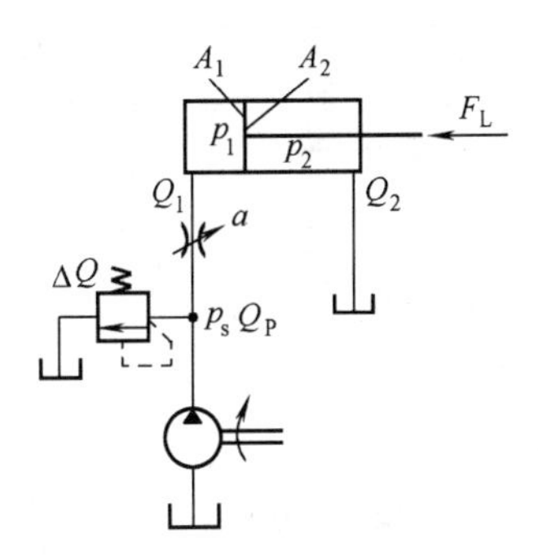

图 2.45　进油路节流调速回路

解： 当按 $F_L=10000\text{N}$ 时

$$Q_1=Ka\left(p_s-\frac{F_L}{A_1}\right)^{\frac{1}{2}}$$

而

$$K=C_q\sqrt{\frac{2}{\rho}}=0.62\times\sqrt{\frac{2}{870}}=0.0297$$

$$Q_1=0.0297\times2\times10^{-6}\times\sqrt{2.4\times10^6-\frac{10000}{50\times10^{-4}}}=37.6\times10^{-6}\ (\text{m}^3/\text{s})=37.6\ (\text{cm}^3/\text{s})$$

$$v=\frac{Q_1}{A_1}=\frac{37.6}{50}=0.75\ (\text{cm/s})$$

$$k_V=\frac{2(p_sA_1-F_L)}{v}=\frac{2\times(2.4\times10^6\times50\times10^{-4}-10000)}{0.75}=5333\ (\text{N}\cdot\text{s/cm})$$

当 $F_L=5500\text{N}$ 时

$$Q_1=Ka\left(p_s-\frac{F_L}{A_1}\right)^{\frac{1}{2}}=0.0297\times 2\times 10^{-6}\times\sqrt{2.4\times 10^6-\frac{5500}{50\times 10^{-4}}}$$

$$=67.73\times 10^{-6}\ (m^3/s)=67.73\ (cm^3/s)$$

$$v=\frac{Q_1}{A_1}=\frac{67.73}{50}=1.35\ (cm/s)$$

$$k_V=\frac{2\times(2.4\times 10^6\times 50\times 10^{-4}-5500)}{1.35}=9630\ (N\cdot s/cm)$$

当 $F_L=0$ 时

$$Q_1=0.0297\times 2\times 10^{-6}\times\sqrt{2.4\times 10^6}=92.02\times 10^{-6}\ (m^3/s)\ =92.02\ (cm^3/s)$$

$$v=\frac{Q_1}{A_1}=\frac{92.02}{50}=1.84\ (cm/s)$$

$$k_V=\frac{2\times 2.4\times 10^6\times 50\times 10^{-4}}{1.84}=13043\ (N\cdot s/cm)$$

上述计算表明，空载时速度最高，负载最大时速度最低，其速度刚度亦然。

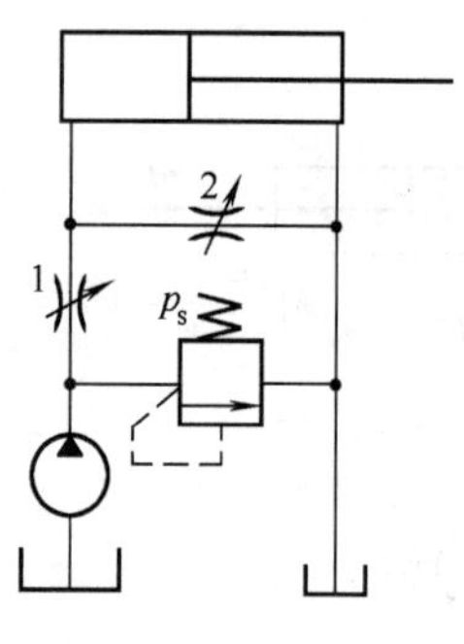

图 2.46　例 2-6 附图
1，2—节流阀

【例 2-6】 图 2.46 回路中，泵输出流量 $Q_P=10L/min$，溢流阀调定压力 $p_s=2MPa$。两节流阀均为薄壁小孔型，流量系数 $C_q=0.62$，开口面积 $a_1=0.02cm^2$，$a_2=0.01cm^2$，$\rho=870\ kg/m^3$。当液压缸克服阻力向右运动时，如不考虑溢流阀的调压偏差，试求：

（1）液压缸大腔的最大工作压力能否达到 2MPa；

（2）溢流阀的最大溢流量。

解：（1）图示回路中，无论活塞是否运动到端点位置，始终有流量通过节流阀 1、2 回油箱。节流阀 1 两端必然有压差。故大腔压力始终比溢流阀调定压力 2MPa 要低，不可能达到 2MPa。

当液压缸大腔压力不足以克服负载阻力时（或活塞运动到端点位置时），活塞停止向右运动，这时液压缸大腔的压力 p 为最高，并且通过节流阀 1 的流量全部经节流阀 2 流回油箱。通过节流阀 1 的流量

$$Q_1=Ka_1(p_s-p)^{\frac{1}{2}}$$

通过节流阀 2 的流量

$$Q_2=Ka_2(p_s-0)^{\frac{1}{2}}$$

$$\because Q_1=Q_2\quad\therefore Ka_1(p_s-p)^{\frac{1}{2}}=Ka_2(p_s-0)^{\frac{1}{2}}$$

即

$$0.02(2-p)^{\frac{1}{2}}=0.01p^{\frac{1}{2}}$$

得

$$p=1.6\ (MPa)$$

（2）当活塞停止运动时，大腔压力 p 最高，节流阀 1 两端压差最小，通过节流阀 1 的流量最小，通过溢流阀的流量最大。这时，通过节流阀 1 的流量

$$Q_1 = Ka\Delta p^{\frac{1}{2}} = C_q\sqrt{\frac{2}{\rho}}a(p_s - p)^{\frac{1}{2}} = 0.62\times\sqrt{\frac{2}{870}}\times0.02\times10^{-4}\times\sqrt{(2-1.6)\times10^6}$$
$$= 0.0376\times10^{-3}\ (\mathrm{m^3/s}) = 2.26\ (\mathrm{L/min})$$

通过溢流阀的流量

$$Q_{溢} = Q_P - Q_1 = 10 - 2.26 = 7.74\ (\mathrm{L/min})$$

【例 2-7】 有一液压缸，快速运动时需油 40L/min，工作进给（采用节流阀的进油路节流调速）时，最大需油量 Q_L 为 9L/min，负载压力 p_L 为 3MPa，节流阀压降为 0.3MPa。试问：

（1）当采用图 2.47 所示的双泵供油系统时，工进速度最大情况下的回路效率是多少？

（2）若采用单个定量泵供油时，同一情况下的效率又是多少？

解：（1）根据题设条件，取泵 1 的流量为 $Q_{P1}=32$L/min，泵 2 的流量为 $Q_{P2}=10$L/min（根据泵的样本选取）。由于采用了节流阀进油路节流调速，取 $p_{P2}=3+0.3=3.3$（MPa）。阀 3 卸荷时的压力损失 $\Delta p=0.3$MPa，则

$$\eta = \frac{p_L Q_L}{p_{P2}Q_{P2} + \Delta p Q_{P1}} = \frac{3\times9}{3.3\times10 + 0.3\times32} = 0.63$$

（2）当采用一个定量泵供油时，泵的流量应能满足快速运动的需要，为此 Q_P 最少取 40L/min，可求得最大工进速度下的效率得

$$\eta = \frac{p_L Q_L}{p_P Q_P} = \frac{3\times9}{3.3\times40} = 0.205$$

【例 2-8】 图 2.48 所示回路中，溢流阀的调整压力 $p_Y=5$MPa，减压阀的调整压力 $p_J=2.5$MPa。试分析下列各情况，并说明减压阀阀口处于什么状态？

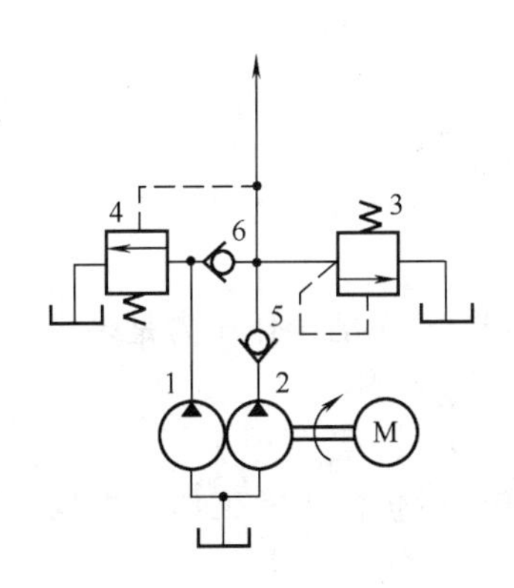

图 2.47 双泵供油的快速运动回路

1—低压大流量泵；2—高压小流量泵；3—溢流阀；4—顺序阀；5，6—单向阀

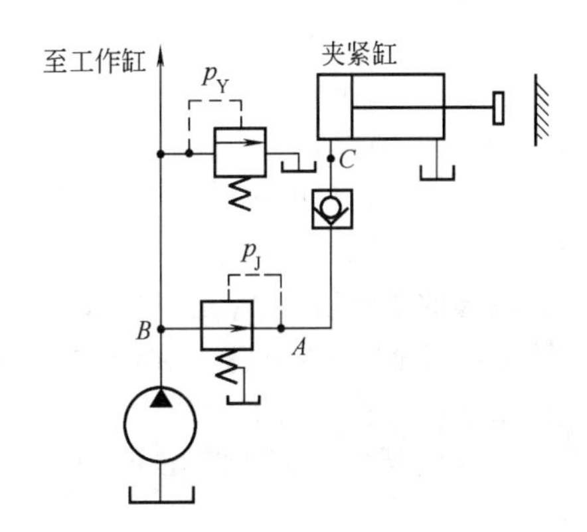

图 2.48 例 2-8 附图

（1）当泵压力 $p_B=p_Y$ 时，夹紧缸使工件夹紧后，A、C 点的压力为多少？

（2）当泵压力由于工作缸快进，压力降到 $p_B=1.5$MPa 时（工件原先处于夹紧状态），A、C 点的压力各为多少？

（3）夹紧缸在未夹紧工件前作空载运动时，A、B、C 三点的压力各为多少？

解：（1）工件夹紧时，夹紧缸压力即为减压阀调整压力，$p_A=p_C=2.5$MPa。减压阀开口很小，这时仍有一部分油通过减压阀阀芯的小开口（或三角槽），将先导阀打开而流出，

减压阀阀口始终处于工作状态。

（2）泵的压力突然降到 1.5MPa 时，减压阀的进口压力小于调整压力 p_J，减压阀阀口全开而先导阀处于关闭状态，阀口不起减压作用，$p_A=p_B=1.5$MPa。单向阀后的 C 点压力，由于原来夹紧缸处于 2.5MPa，单向阀在短时间内有保压作用，故 $p_C=2.5$MPa，以免夹紧的工件松动。

（3）夹紧缸作空载快速运动时，$p_C=0$。A 点的压力如不考虑油液流过单向阀造成的压力损失，$p_A=0$。因减压阀阀口全开，若压力损失不计，则 $p_B=0$。由此可见，夹紧缸空载快速运动时将影响到泵的工作压力。

注：减压阀阀口是否起减压作用，与减压阀的进口压力 p_1 及出口的负载压力 p_2 有密切关系。如 $p_2<p_J$，出口负载压力 p_2 小于名义上的调整压力 p_J，先导阀关闭而减压阀阀口全开，不起减压作用，只呈现通道阻力。若 $p_1<p_J$，进口压力比名义上的调整压力低，减压阀阀口全开，不起减压作用，如果通道阻力也忽略，则减压阀的进、出口压力相等。

【例 2-9】 缸的活塞面积 $A=100\text{cm}^2$，负载在 500～40000N 的范围内变化，为使负载变化时活塞运动速度稳定，在液压缸进口处使用一个调速阀。如将泵的工作压力调到额定压力 6.3MPa，试问是否适宜？

解：缸的最大工作压力

$$p=\frac{F}{A}=\frac{40000}{100\times10^{-4}}\ (\text{Pa})=4\ (\text{MPa})$$

因调速阀在正常工作时的最小压差 $\Delta p=0.5$MPa，所以泵的工作压力

$$p_p=p+\Delta p=4+0.5\ (\text{MPa})=4.5\ (\text{MPa})$$

如果将泵的工作压力调到 6.3MPa，虽然调速阀有良好的稳定流量性能，但对节省泵的能耗不利。

注：调速阀在负载变化时具有稳定的输出流量，其进、出口间的压差至少保持 0.4～0.5MPa。如果压差过小，减压阀全开，其性能相当于节流阀。相反，如压差过大，则功率损失太大。

【例 2-10】 在图 2.49 所示的调速阀节流调速回路中，已知：$q_p=25\text{L/min}$，$A_1=100\text{cm}^2$，$A_2=50\text{cm}^2$，F 由零增至 30000N 时活塞向右移动速度基本无变化 $v=20\text{cm/min}$。如调速阀要求的最小压差 $\Delta p_{min}=0.5$MPa，试问：

（1）溢流阀的调整压力 p_Y 是多少（不计调压偏差）？泵的工作压力是多少？

（2）液压缸可能达到的最高工作压力是多少？

（3）回路的最高效率是多少？

解：（1）溢流阀应保证回路在 $F=F_{max}=30000$N 时仍能正常工作，根据液压缸受力平衡式

$$p_YA_1=p_2A_2+F_{max}=\Delta p_{min}A_2+F_{max}$$

得

$$p_Y\frac{100}{10^4}=0.5\times10^6\times\frac{50}{10^4}+30000\ (\text{Pa})=3.25\ (\text{MPa})$$

进入液压缸大腔的流量 $q_1=A_1v=\frac{100\times20}{10^3}\ (\text{L/m})=2\ (\text{L/m})\ll q_p$，溢流阀处于正常溢流状态，所以泵的工作压力 $p_p=p_Y=3.25$（MPa）。

（2）当 $F=F_{min}=0$ 时，液压缸小腔中压力达到最大值，由液压缸受力平衡式 $p_YA_1=p_{2max}A_2$，故

$$p_{2\max}=\frac{A_1}{A_2}p_Y=\frac{100}{50}\times 3.25\ (\text{MPa})=6.5\ (\text{MPa})$$

(3) $F=F_{\max}=30000\text{N}$，回路的效率最高

$$\eta=\frac{Fv}{p_p q_p}=\frac{30000\times\frac{20}{10^2}}{3.25\times 10^6\times\frac{25}{10^3}}=0.074$$

注：由于溢流阀的调整压力需由最大负载和调速阀正常工作所需的最小压差确定。负载消失时，大腔液压全部作用在调速阀上，使小腔压力急剧加大，这是出口节流调速回路的特点，它有利于承受负向负载，但不利于密封。

【例 2-11】 在图 2.50（a）所示回路中，两溢流阀的压力调整值分别为 $p_{Y1}=2\text{MPa}$，$p_{Y2}=10\text{MPa}$。试求：

(1) 活塞往返运动时，泵的工作压力各为多少？

(2) 如 $p_{Y1}=12\text{MPa}$，活塞往返运动时，泵的工作压力各为多少？

(3) 图 2.50（b）所示回路能否实现两级调压？这两个回路中所使用的溢流阀有何不同？

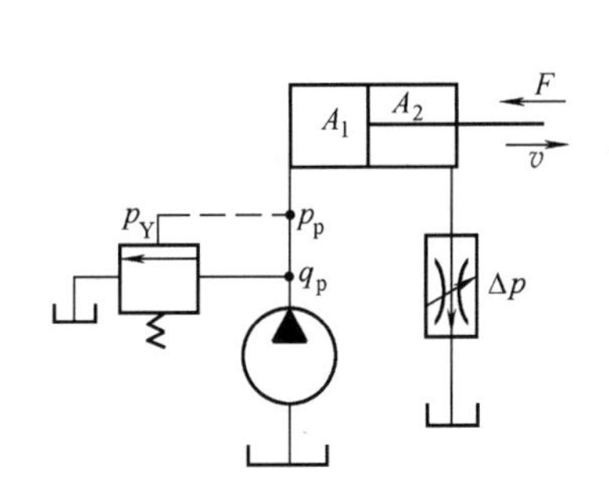

图 2.49 调速阀节流调速回路

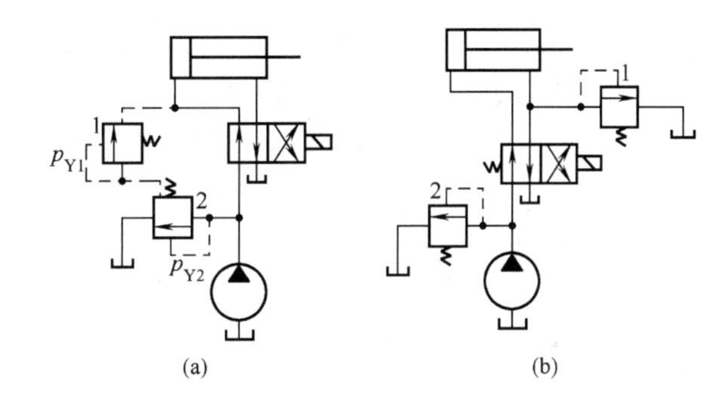

图 2.50 例 2-11 附图

1，2—溢流阀

解：(1) 图（a）中，活塞向右运动时，溢流阀 1 由于进、出口压力相等，始终处在关闭状态，不起作用，故泵的工作压力由溢流阀 2 决定，即 $p_p=p_{Y2}=10$ (MPa)。

当图（a）中活塞向左运动时，与溢流阀 2 的先导阀并联着的溢流阀 1 出口压力降为零，于是泵的工作压力便由两个溢流阀中压力调整值小的那个来决定，即 $p_p=p_{Y1}=2$ (MPa)。

(2) 活塞向右运动时，泵的工作压力同上，仍为 10MPa，活塞向左运动时，改为 $p_p=p_{Y2}=10$ (MPa)。

(3) 图（b）所示回路能实现图（a）所示回路相同的两级调压。阀型选择上，图（a）中的溢流阀 1 可选用流量规格小的远程调压阀，溢流阀 2 必须选用先导式溢流阀，图（b）中的两个溢流阀都需采用先导式溢流阀，或直动式溢流阀，视工作压力而定。

注：分析多级调压的问题，需先观察调压阀的连接方式。调压阀并联时起作用的是那个最小的压力调整值，串联时则为几个压力调整值之和。此外，还需注意：如果溢流阀进、出口压力相等，则不管压力如何变化，这个阀的阀口永远是关闭的，不起作用。

【例 2-12】 在图 2.51 所示回路中，已知活塞在运动时所需克服的摩擦阻力为 $F=1500\text{N}$，活塞面积为 $A=15\text{cm}^2$，溢流阀调压压力 $p_Y=4.5\text{MPa}$，两个减压阀的调整压力分别为 $p_{J1}=2\text{MPa}$，$p_{J2}=3.5\text{MPa}$。如管道和换向阀处的压力损失均可不计，试问：

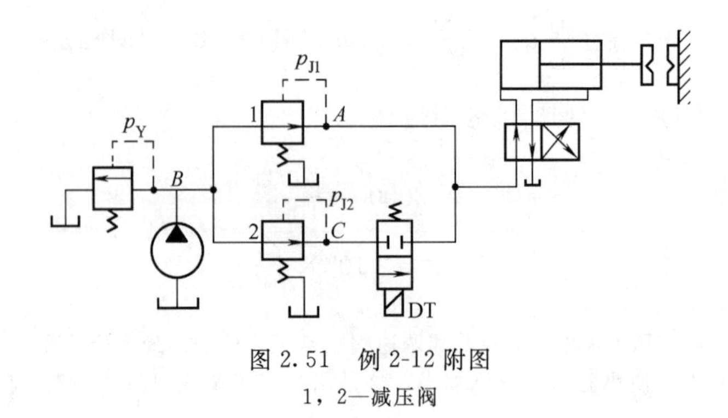

图 2.51　例 2-12 附图

1，2—减压阀

（1）DT 吸合和不吸合时对夹紧压力有无影响？

（2）如减压阀的调整压力改为 $p_{J1}=3.5\text{MPa}$，$p_{J2}=2\text{MPa}$，DT 吸合和不吸合时对夹紧压力有何影响？

解：（1）摩擦阻力在液压缸引起的负载压力为

$$p=\frac{F}{A}=\frac{1500}{15\times10^{-4}}\ (\text{Pa})=1\ (\text{MPa})$$

可见不管 DT 吸合与否，夹紧过程都能正常进行。

当 DT 不吸合时（见图），减压阀 1 起作用，夹紧压力上升到 2MPa 时为止。当 DT 吸合时，减压阀 1 和 2 同时起作用，夹紧压力上升到 2MPa 时，减压阀 1 的阀口关闭，减压阀 2 的阀口仍处于全开位置，为此夹紧压力继续上升，到 3.5MPa 时才终止。所以，DT 吸合或不吸合所造成的夹紧压力是不同的。这是一个二级减压回路，用二位二通阀来变换夹紧压力。

（2）当 $p_{J1}=3.5\text{MPa}$，$p_{J2}=2\text{MPa}$ 时，DT 吸合或不吸合都会产生 3.5MPa 的夹紧压力，二位二通阀失去了变换夹紧压力的功用。

注：多级减压阀并联时，起作用的是那个最大的出口压力调整值。减压阀进口压力小于其出口压力调整值时，阀口全开，相当于一个过油通道。

【例 2-13】 图 2.52 是组合机床的液压系统原理图。该系统中具有进给和夹紧两个液压

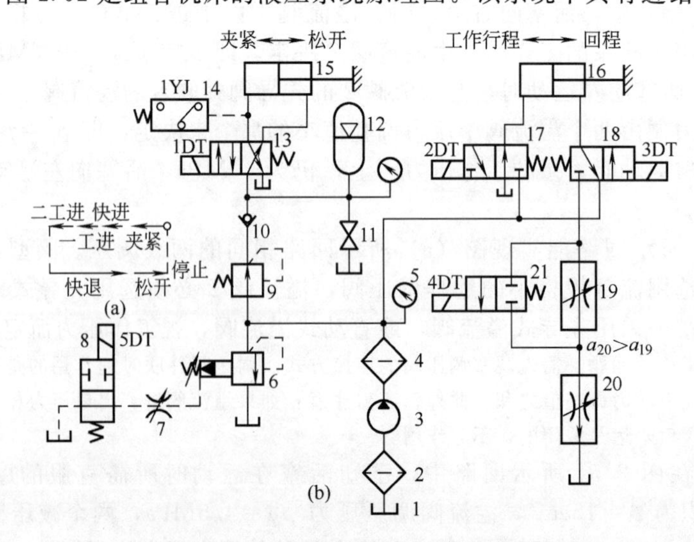

图 2.52　组合机床的液压系统原理图

缸，要求它完成的动作循环已在图 2.52（a）中表明。读懂该系统并完成以下几项工作：

（1）写出从序号 1 到 21 的液压元件名称；

（2）根据动作循环做出电磁阀和压力继电器的动作顺序表。用符号“＋”表示电磁铁通电或压力继电器接通，符号“－”则表示断电或断开；

（3）分析该系统中包含哪几种液压基本回路；

（4）指出序号为 7，10，14 等元件在系统中所起的作用。

解：（1）油箱 1，滤油器 2（粗滤用），定量泵 3，滤油器 4（精滤用），压力表 5，溢流阀 6，阻尼器 7（或称节流器），二位二通电磁阀（H 型）8，减压阀 9，单向阀 10，开关（截止阀）11，隔离式气体蓄能器 12，二位四通电磁阀 13，压力继电器 14，杆固定的单活塞杆液压缸 15、16，二位三通电磁阀 17、18，调速阀 19、20，二位二通电磁阀（O 型）21。

（2）电磁阀和压力继电器动作顺序表 2.2 如下。

表 2.2 电磁阀和压力继电器动作顺序

动作 \ 元件	1DT	2DT	3DT	4DT	5DT	1YJ
夹紧	＋	－	－	－	＋	＋
差动快进	＋	＋	－	－	＋	＋
一工进	＋	＋	＋	＋	＋	＋
二工进	＋	＋	＋	－	＋	＋
快退	＋	－	－	－	＋	＋
松开	－	－	－	－	＋	－
原位停止	－	－	－	－	－	－

（3）该系统包含由阀 17、18 和进给缸 16 组成的差动连接快速运动回路；由阀 19、20 和 21 组成的二次进给速度切换回路；由压力继电器 14 和阀 17、18 实现的夹紧与快进的顺序动作回路；由单向阀 10 和蓄能器 12 组成的夹紧缸的防干扰及夹紧系统的保压回路；由阀 6 和 8 组成的卸荷回路；由减压阀 9 构成的减压回路以及由电磁换向阀组成的换向回路等。

（4）阻尼器 7 的作用是使阀 6 的卸荷过程较平稳。单向阀 10 的作用是配合蓄能器 12 等组成防干扰保压回路。压力继电器 14 的作用是保证夹紧缸的夹紧力达到调定值时，进给缸才可以开始进给并进行加工，起到两缸的互锁作用。

2.6.2 习题

习题 2-1 图 2.53 所示为采用行程换向阀 A、B 以及带定位机构的液动换向阀 C 组成的连续往复运动回路，试说明其工作原理。

习题 2-2 试用若干个二位二通电磁换向阀组成使液压缸换向的回路，画出其原理图。

习题 2-3 图 2.54 所示回路能实现快进（差动连接）→慢进→快退→停止卸荷的工作循环，试列出其电磁铁动作表（通电用“＋”，断电用“－”）。

习题 2-4 图 2.55（a）、（b）所示回路的参数相同，液压缸无杆腔面积 $A=50\text{cm}^2$，负载 $F_L=10000\text{N}$，各阀的调定压力如图 2.55 所示。试分别确定此两回路在活塞运动时和活塞运动到终端停止时 A、B 两处的压力。

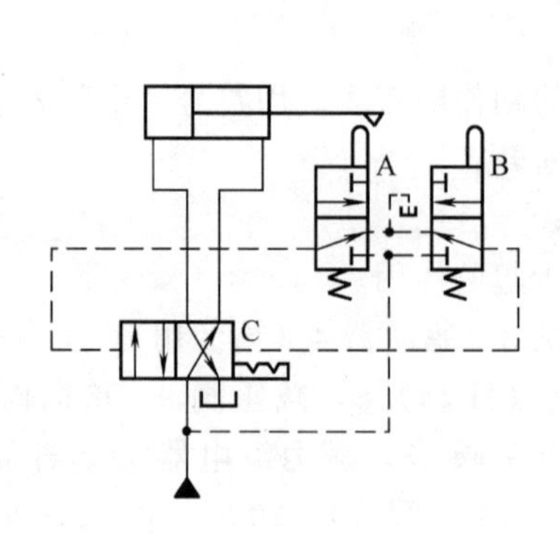

图 2.53　连续往复运动回路

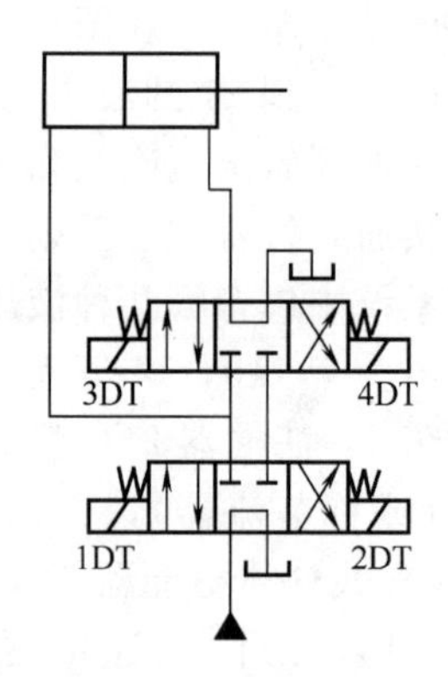

图 2.54　习题 2-3 附图

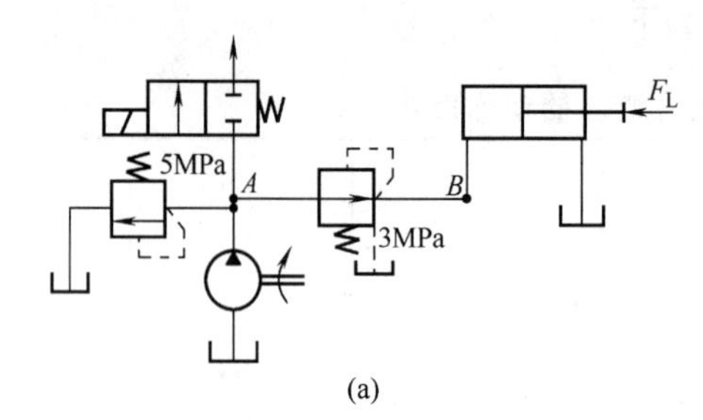

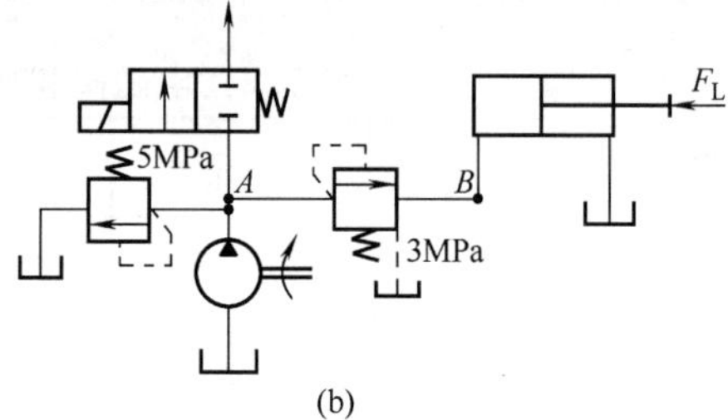

图 2.55　习题 2-4 附图

习题 2-5　图 2.56 所示液压系统，液压缸的有效面积 $A_1=A_2=100\text{cm}^2$，缸Ⅰ负载 $F_L=35000\text{N}$，缸Ⅱ运动时负载为零，不计摩擦阻力、惯性力和管路损失。溢流阀、顺序阀和减压阀的调整压力分别为 4MPa，3MPa 和 2MPa。求在下列三种工况下 A，B 和 C 处的压力。

(1) 液压泵启动后，两换向阀处于中位；

(2) 1DT 有电，液压缸Ⅰ运动时及到终点停止运动时；

(3) 1DT 断电，2DT 有电，液压缸Ⅱ运动时及碰到固定挡块停止运动时。

习题 2-6　图 2.57 所示回路属于什么功能回路？说明其工作原理。

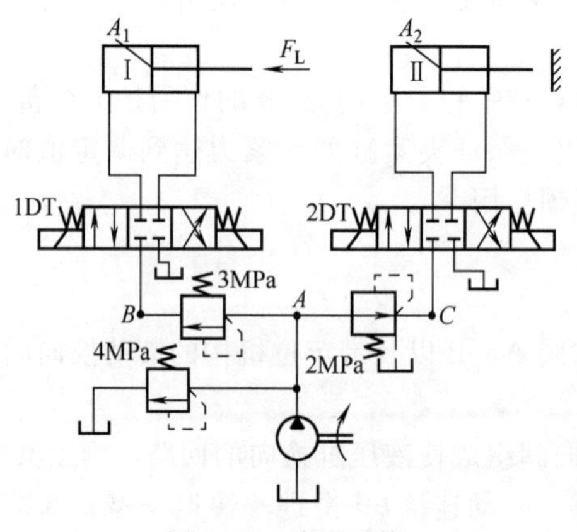

图 2.56　液压系统

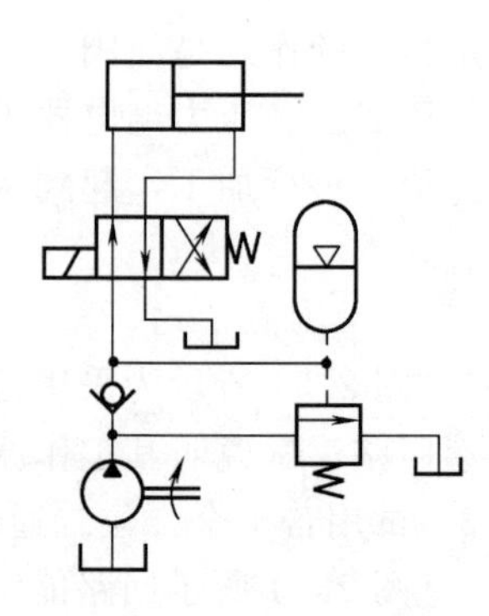

图 2.57　习题 2-6 附图

习题 2-7　下列三种回路，已知：液压泵流量 $Q_P=10\text{L/min}$，液压缸无杆腔面积 $A_1=50\text{cm}^2$，$A_2=25\text{cm}^2$，溢流阀调定压力 $p_s=2.4\text{MPa}$，负载 F_L 及节流阀通流面积 a 均已标注在图 2.58 上。试分别计算这三种回路中活塞的运动速度和液压泵的工作压力（通过节流阀

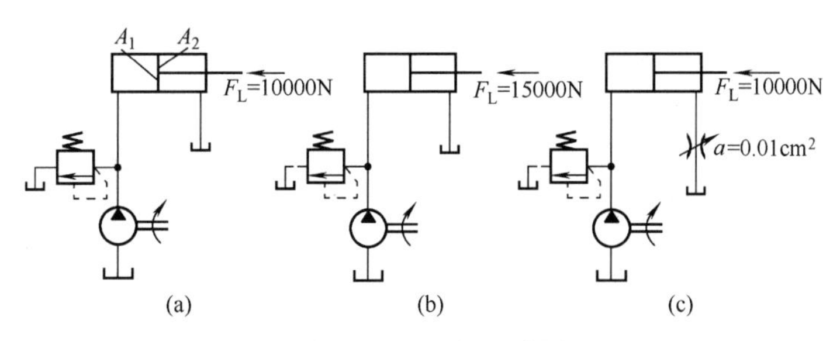

图 2.58 习题 2-7 附图

的流量 $Q=C_q a\sqrt{\frac{2}{\rho}\Delta p}$，设 $C_q=0.62$，$\rho=870\text{kg/m}^3$）。

习题 2-8 在图 2.59 所示回路中，已知缸径 $D=100\text{mm}$，活塞杆直径 $d=70\text{mm}$，负载 $F_L=25000\text{N}$。

（1）为使节流阀前、后压差为 0.3MPa，溢流阀的调定压力应取何值？

（2）上述调定压力不变，当负载 F_L 降为 15000N 时，活塞的运动速度将怎样变化？

习题 2-9 图 2.60 所示的减压回路，已知缸无杆腔、有杆腔的面积为 100cm^2、50cm^2，最大负载 $F_1=14\times10^3\text{N}$，$F_2=4250\text{N}$，背压 $p=1.5\times10^5\text{Pa}$，节流阀的压差 $\Delta p=2\times10^5\text{Pa}$。求：

（1）A、B、C 各点的压力（忽略管路阻力）；

（2）泵和阀 1、2 应选用多大的额定压力？

（3）若两缸的进给速度分别为 $v_1=3.5\text{cm/s}$，$v_2=4\text{cm/s}$，泵和各阀的额定流量应选多大？

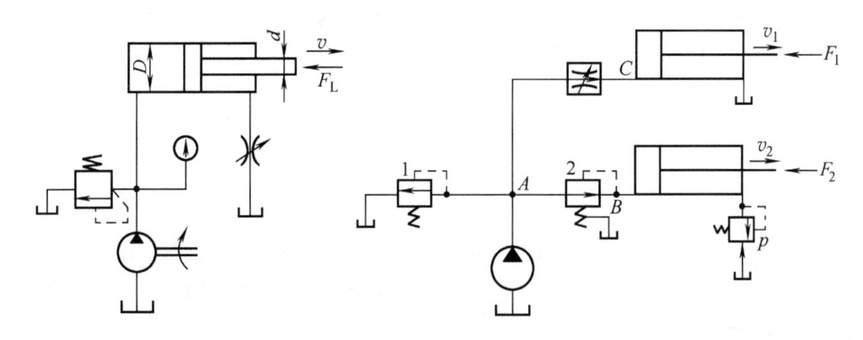

图 2.59 习题 2-8 附图　　图 2.60 习题 2-9 附图

习题 2-10 图 2.61 所示回路，顺序阀的调整压力 $p_X=3\text{MPa}$，溢流阀的调整压力 $p_Y=5\text{MPa}$。问在下列情况下：

（1）液压缸运动时，负载压力 $p_L=4\text{MPa}$；

（2）如负载压力 p_L 变为 1MPa；

（3）如活塞运动到右端位时；

A、B 点的压力各等于多少？

习题 2-11 图 2.62 所示回路，顺序阀和溢流阀串联，它们的调整压力分别为 p_X 和 p_Y，当系统的外负载趋于无限大时，泵出口处的压力是多少？若把两只阀的位置互换一下，泵出口处的压力是多少？

习题 2-12 在图 2.63 所示回路中，如溢流阀的调整压力分别为 $p_{Y1}=6\text{MPa}$，$p_{Y2}=$

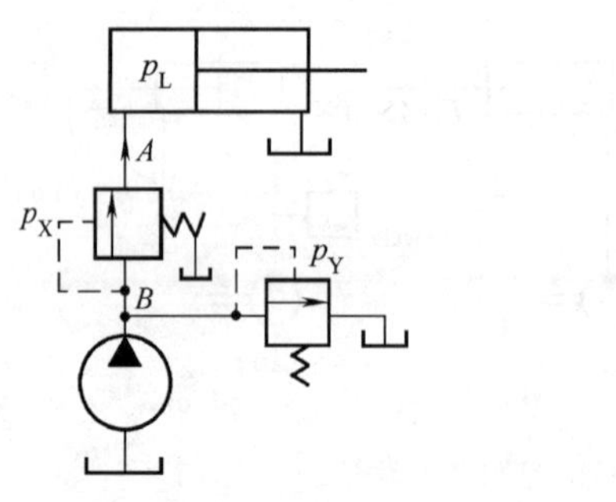

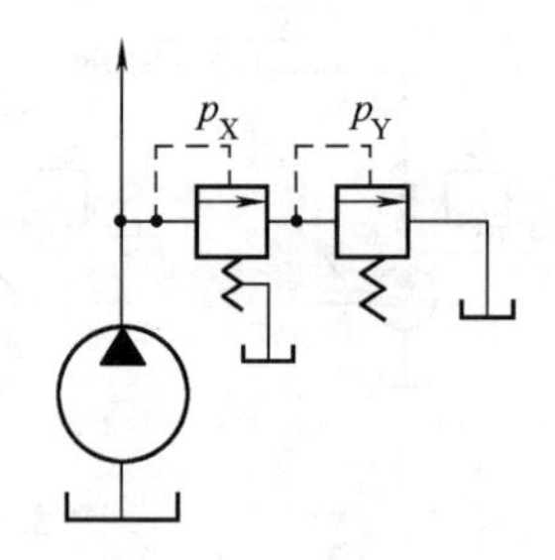

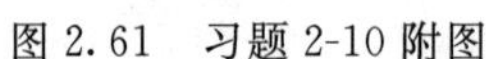

图 2.61　习题 2-10 附图　　　　图 2.62　习题 2-11 附图

4.5MPa，泵出口处的负载阻力为无限大。试问在不计管道损失和调压偏差时：

（1）换向阀下位接入回路时，泵的工作压力是多少？如溢流阀阻尼小孔所产生的压差可以忽略不计，A、B、C 三点处的压力是否相等？

（2）换向阀上位接入回路时，泵的工作压力是多少？A、B、C 三点处的压力又是多少？

习题 2-13　在图 2.64 所示回路中，如 $p_{Y1}=2\text{MPa}$，$p_{Y2}=4\text{MPa}$，卸荷时的各种压力损失均可忽略不计，试列表表示 A、B 两点处在电磁阀不同位置上的压力值。

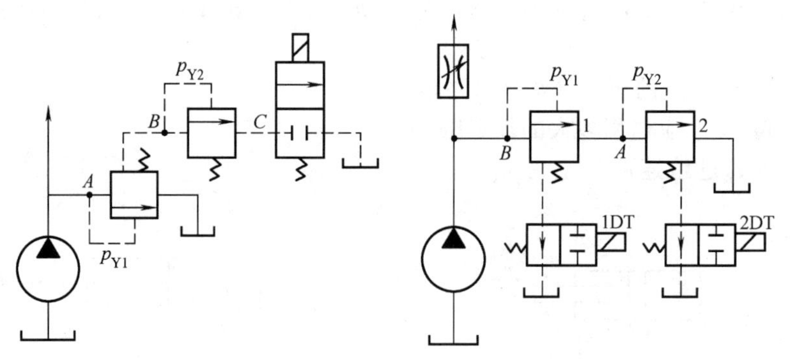

图 2.63　习题 2-12 附图　　　　图 2.64　习题 2-13 附图

习题 2-14　在图 2.65 所示回路中，已知活塞运动时的负载 $F=1200\text{N}$，活塞面积 $A=15\text{cm}^2$，溢流阀调整值为 $p_Y=4.5\text{MPa}$，两个减压阀的调整值分别为 $p_{J1}=3.5\text{MPa}$，$p_{J2}=2\text{MPa}$。如油液流过减压阀及管路时的损失可略去不计，试确定活塞在运动时和停在终端位置处时，A、B、C 三点的压力。

习题 2-15　在图 2.66 所示双向差动回路中，A_A、A_B、A_C 分别代表液压缸左、右腔及

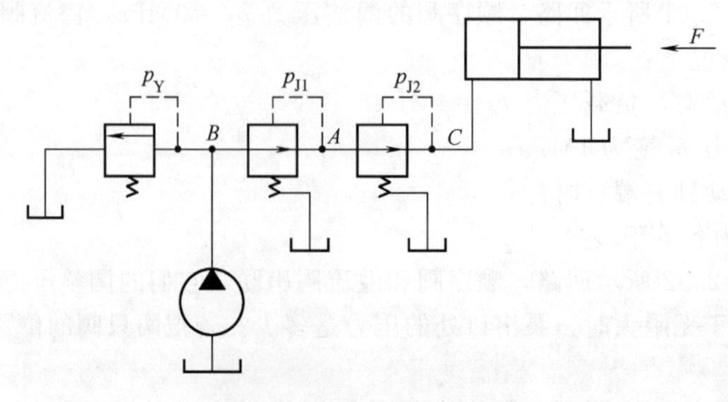

图 2.65　习题 2-14 附图

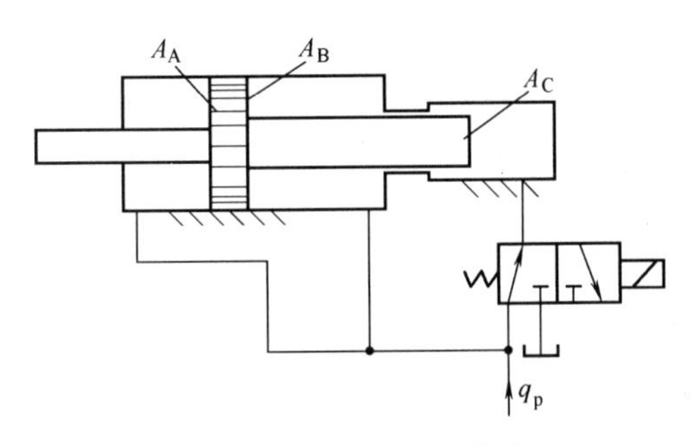

图 2.66　习题 2-15 附图

柱塞缸的有效工作面积，q_p为液压泵输出流量。如 $A_A>A_B$，$A_B+A_C>A_A$，试求活塞向左和向右移动时的速度表达式。

习题 2-16　图 2.67 所示为实现“快进→工进（1）→工进（2）→快退→停止”动作的回路，工进（1）速度比工进（2）快，试问这些电磁阀应如何调度？

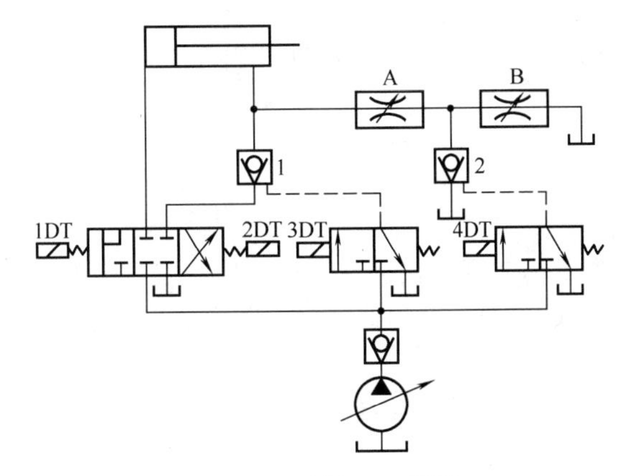

图 2.67　习题 2-16 附图

习题 2-17　在图 2.68 所示回路中，已知两液压缸的活塞面积相同，$A=20cm^2$，但负载分别为 $F_1=8000N$，$F_2=4000N$，如溢流阀的调整压力为 $p_Y=4.5MPa$。试分析减压阀压力调整值分别为 1MPa、2MPa、4MPa 时，两液压缸的动作情况。

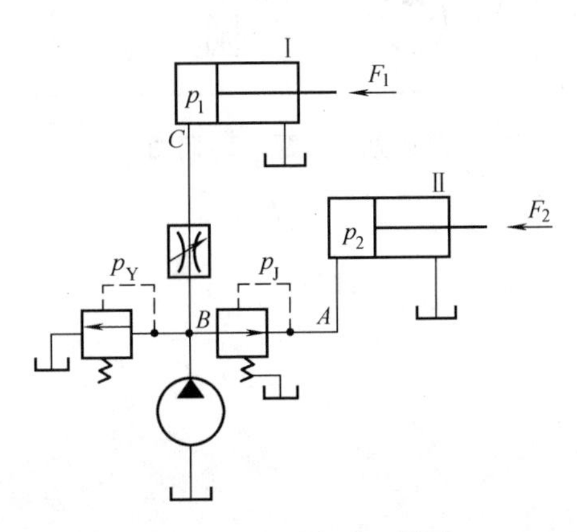

图 2.68　习题 2-17 附图

习题 2-18　读懂下列油路图（图 2.69），指出是哪一种基本回路，并简要说明工作原理。

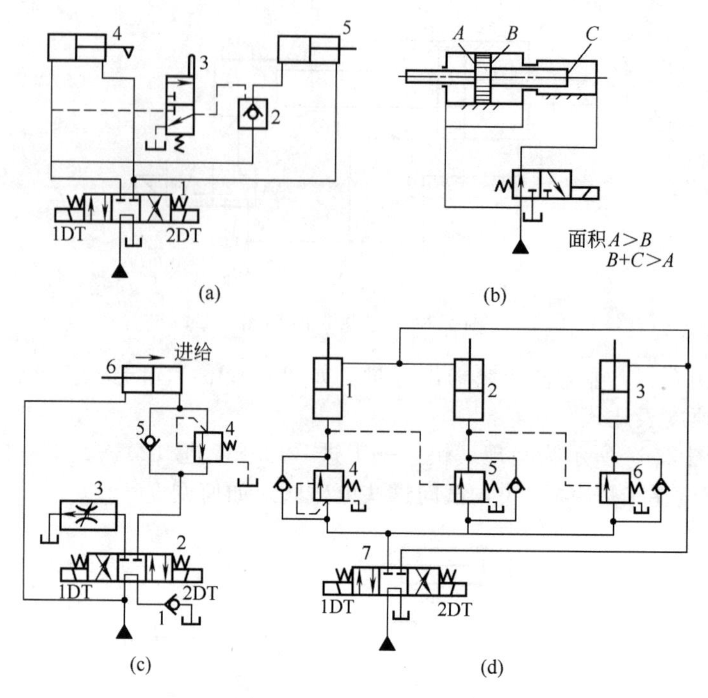

图 2.69 习题 2-18 附图

习题 2-19 图 2.70 所示为实现“快进→工进（1）→工进（2）→快退→停止”的动作回路，工进（1）速度比工进（2）快，试问这些电磁阀应如何调度？

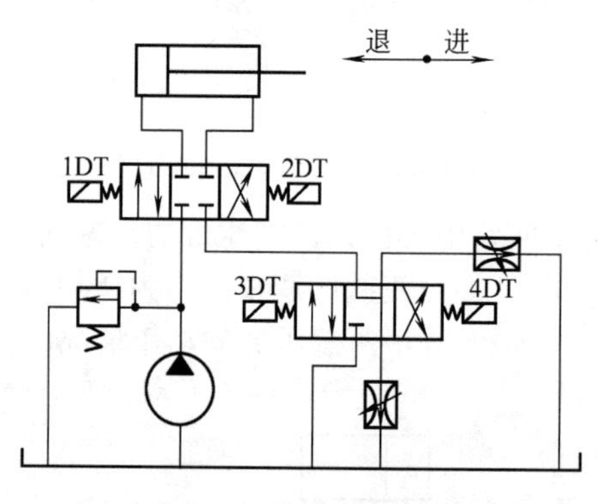

图 2.70 习题 2-19 附图

3 气压传动控制基础

3.1 气压技术基本原理与气源装置

3.1.1 气压传动系统的工作原理

气压传动是在机械传动、电气传动、液压传动之后，近几十年才被应用的一种传动方式。它是以压缩空气为工作介质来进行能量和信号的传递，从而实现生产过程自动化的一门技术。

为了对气压传动系统有一个概括了解，现以气动剪切机为例，介绍气压传动系统的工作原理。图 3.1（a）为气动剪切机的工作原理图，图示位置为剪切前的情况。空气压缩机 1 产生的压缩空气，经过冷却器 2、油水分离器 3 进行降温及初步净化后，送入储气罐 4 备用，再经过分水滤气器 5、减压阀 6 和油雾器 7 及气控阀 9 到达气缸 10。此时换向阀的 A 腔压力将阀芯推到上位，使气缸的上腔充压，活塞处于下位，剪切机的剪口张开，处于预备工

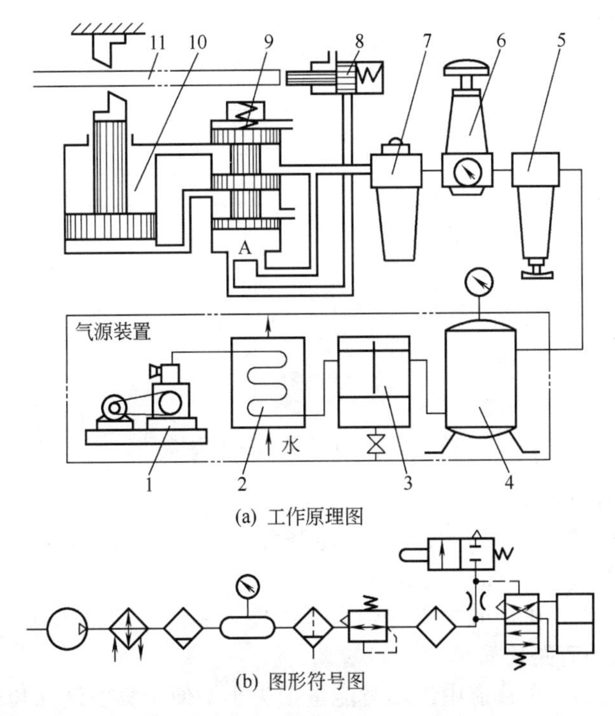

(a) 工作原理图

(b) 图形符号图

图 3.1 气动剪切机的工作原理

1—空气压缩机；2—冷却器；3—油水分离器；4—储气罐；5—分水滤气器；6—减压阀；7—油雾器；8—行程阀；9—气控阀；10—气缸；11—工料

作状态。当送料机构将工料 11 送入剪切机并到达规定位置，将行程阀 8 的触头压下时，换向阀的 A 腔与大气连通。换向阀的阀芯在弹簧力作用下向下移，将气缸上腔与大气连通，下腔与压缩空气连通，此时活塞带动剪刃快速向上运动将工料切下。工料被切下后，行程阀复位，换向阀 A 腔气压上升，阀芯上移使气路换向，气缸上腔进压缩空气，下腔排气，活塞带动剪刃向下运动，系统又恢复图示状态，等待第二次进料剪切。图 3.1（b）为气动剪切机的图形符号图。

从这一实例可见：

① 气压传动系统工作时，空气压缩机先把电动机传来的机械能转变为气体的压力能，压缩空气在被送入气缸后，通过气缸把气体的压力能转变成机械能（推动剪刃剪切）；

② 气压传动的过程是依靠运动着的气体压力能来传递能量（如气缸 10 处）和控制信号的（如 A 处）。

3.1.1.1 气压传动系统的组成

由图 3.1 可见，完整的气压传动系统由以下部分组成。

（1）气源装置　即获得压缩空气的装置和设备，其主体部分为空压机，它将原动机（如电动机）提供的机械能转变成气体的压力能并经辅助设备净化，为各类气动设备提供动力。

（2）执行元件　将气体的压力能转换为机械能的装置，是系统的能量输出装置，如气缸和气马达。

（3）控制元件　用以控制压缩空气的压力、流量、流动方向以及系统执行元件工作程序的元件，有压力阀、流量阀、方向阀和逻辑元件等。

（4）辅助元件　起辅助作用，如各种过滤器、油雾器、消声器、散热器、冷却器、放大器及管件等，它们对保持系统可靠、稳定和持久地工作，起着十分重要的作用。

3.1.1.2 气压传动系统的分类

气压传动系统按选用的控制元件来分类，如图 3.2 所示。本章重点介绍气阀控制系统。

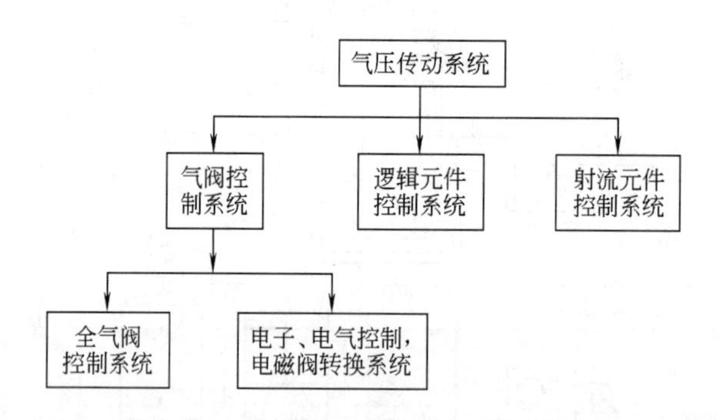

图 3.2　气压传动系统的分类

3.1.1.3 气压传动的优缺点

气压传动在机械、电气、液压传动之后能跻身于传动控制行列，正是因为它具有下列独特的优点。

① 用空气作为工作介质，取之不尽，来源方便，用后直接排入大气不污染环境，并且不需回气管路，故气动管路较简单。

② 空气的黏度很小，在管道中流动时能量损失小，便于集中供气和远距离输送。

③ 安全可靠，没有防火防爆问题，能在高温、辐射、潮湿、灰尘等恶劣环境下工作，且空气具有可压缩性，便于实现过载保护，因而在石化、矿山、食品等工业中得到广泛使用。

④ 气压传动比液压传动动作迅速、反应快，特别适用于系统的自动控制。

⑤ 气压元件结构简单，易于加工制造，使用寿命长，维护简单，管道不易堵塞，且不存在介质变质、补充、更换等问题。

气压传动也存在如下的缺点。

① 由于空气的可压缩性大，致使气动系统的动作稳定性差，负载变化时对工作速度的影响较大。

② 目前气动系统压力低，不易获得较大的输出力和力矩。因此，气压传动不适于重载系统。

③ 气控信号传递速度慢于电子及光速，不适用高速复杂传递的系统。

④ 排气噪声大。

3.1.2　空气的基本性质

3.1.2.1　空气的组成

空气是若干种气体混合组成的，其主要成分是氮（N_2）与氧（O_2），还有少量的其他气体。此外，空气中常含有一定量的水蒸气。人们将含水蒸气的空气称湿空气；反之则称为干空气。标准状态下干空气的组成如表 3.1 所列。

表 3.1　空气的组成　　单位：%

成　分	氮(N_2)	氧(O_2)	氩(Ar)	二氧化碳(CO_2)	其他气体
体积	78.03	20.93	0.932	0.03	0.078
重量	75.50	23.10	1.28	0.045	0.075

3.1.2.2　空气的湿度

湿空气中所含水蒸气的多少，称为湿度。在一定温度下，含水蒸气越多，空气就越潮湿。当空气中水蒸气的含量超过某限量时，空气中就有水滴析出，这种极限状态的湿空气就称为饱和湿空气。

空气作为传动介质，其干湿程度对传动系统的工作稳定性和使用寿命都将产生一定的影响。如果空气的湿度大，即含有的水蒸气较多，则此湿空气在一定温度和压力条件下，能在系统中局部管道和元件中凝结水滴，使管道和元件锈蚀，严重时还会导致整个系统工作失灵。因此，必须采取措施减少压缩空气中所含的水分。应当指出，当温度下降时，空气中水蒸气的含量是降低的，因此，从减少空气中所含水分的角度看，降低进入气动设备压缩空气的温度是有利的。

3.1.2.3　空气的可压缩性和热膨胀性

气体因压力变化而使体积变化的性质称为气体的可压缩性；气体因温度变化而使体积变化的性质称为气体的热膨胀性。气体的可压缩性和热膨胀性都远大于液体的可压缩性和热膨胀性，故研究气压传动与控制时，应予考虑。

3.1.2.4　空气流动的压力损失

因空气的可压缩性、黏性及管道内表面的粗糙度、管道截面形状等因素，使压缩空气与管壁的摩擦、旋涡的产生及因通流截面上各点流速不同而引起的内摩擦等因素，都将使气体的压力能转化为热能而消耗掉。系统的总压力损失包括沿程压力损失和局部压力损失两部分。它们的含意与液压传动中的沿程压力损失和局部压力损失基本相同。

在实际应用中，为了避免过大的压力损失，保证系统的正常运行，一般限制压缩空气在管道内的流速为 25m/s，不得超过 30m/s。

3.1.2.5　气容

气动系统中储存或放出气体的空间称为气容。管道、储气罐、气缸等都是气容。气动系统的工作过程中，存在着无数次的充、放气过程，因此，在气动系统的设计、安装、调试及维修中，要充分考虑气容。例如，为了提高气压信号的传输速度，提高系统的工作频率和运行的可靠性，应限制管道气容，以消除气缸等执行元件气容对控制系统的影响。但有时为了延时、缓冲等目的，还应在一定的部位放置适当的气容。

3.1.3 气源装置

3.1.3.1 气源装置的组成

气源装置应提供洁净、干燥，并且具有一定压力和流量的压缩空气，以满足气压传动和控制的要求。

气动系统中由空压机产生的压缩空气必须经过降温、净化、干燥处理，即除去压缩空气中混入的灰尘、水分、油分等杂质后才能作为气动系统的动力源使用。这些除尘、除水和除油装置与空气压缩机一起组成气源装置，图 3.3 为气源装置组成示意图。

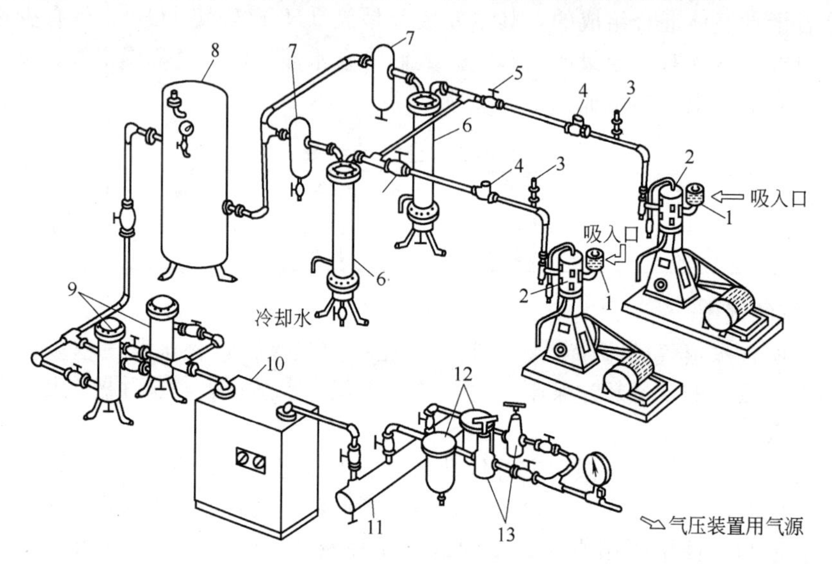

图 3.3 气源装置组成示意图

1—预过滤器；2—空气压缩机；3—安全阀；4—单向阀；5—阀门；6—后冷却器；7，9—油水分离器；8—储气罐；10—冷冻式干燥器；11—集气管；12—分水滤气器；13—减压阀

气源装置的工作过程是将周围环境的空气经过安装于空压机吸口处的预过滤器，滤除部分灰尘，然后吸入空压机将空气压缩，使进入空压机的空气得到初步净化；经压缩后的空气会温度升高，由输气管送入后冷却器进行冷却，析出其中的水分和油分；再经油水分离器，除去混入的水滴、油滴后送进储气罐。部分水滴、油滴及灰尘中的固体颗粒会沉淀于储气罐的底部，故对储气罐应定期清除，或用自动排气装置自动排除。

从储气罐输出的空气再经过滤后，还只能供一般的气动工具使用。用于气动控制的高质量压缩空气还要经过干燥器（冷冻式或吸附式干燥器），进一步除去其中的残留水分。经过干燥处理后的压缩空气，再经过分水滤气器过滤，用减压阀调定到系统规定的工作压力，然后才能供气压传动系统使用。

3.1.3.2 空压机

空压机是将原动机的机械能转换成气体压力能的装置，是产生和输送压缩空气的机器。

（1）空压机的分类　空压机种类很多，按工作原理的不同可分为容积型和速度型两大类。一般采用容积型空压机。

容积型空压机是通过机件的运动，使密封容积发生周期性大小的变化，从而完成对空气的吸入和压缩过程。这种空压机又有几种不同的结构形式，如螺杆式、回转滑片式和活塞式等，最常用的是活塞式低压空压机，它又可分为立式和卧式两种结构形式。

(2) 活塞式空压机的工作原理　图 3.4 所示为立式空压机工作原理。它是利用曲柄连杆机构，将原动机的回转运动转变为活塞的往复直线运动。当活塞 1 向下运动时，气缸 2 的容积增大，排气阀 3 关闭。外界空气在大气压的作用下，通过空气滤清器 5 和进气管 6，打开进气阀 7 进入缸内，此过程称为吸气；当活塞向上运动时，气缸的容积减小，空气受到压缩，压力逐渐升高而使进气阀关闭，排气阀 3 打开，压缩空气经排气管 4 进入储气罐，这个过程称为压气。单级单缸空压机就是这样往复运动，不断产生压缩空气。图 3.5 为卧式空压机工作原理图，其工作原理与立式的相同。上述两种空压机均采用单缸活塞，而大多数空压机是由多缸多活塞组合而成。

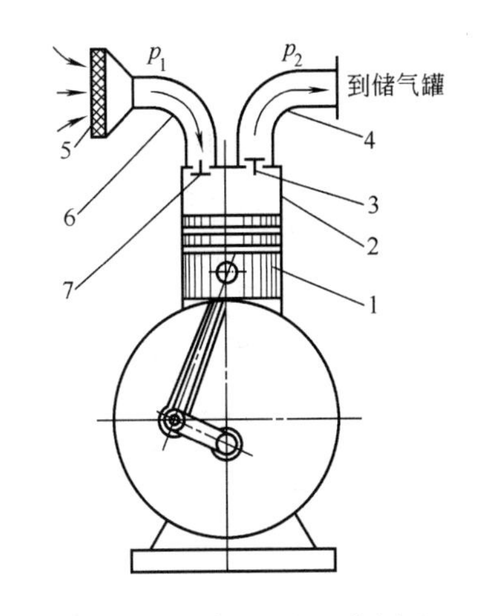

图 3.4　立式空压机工作原理

1—活塞；2—气缸；3—排气阀；4—排气管；5—空气滤清器；6—进气管；7—进气阀

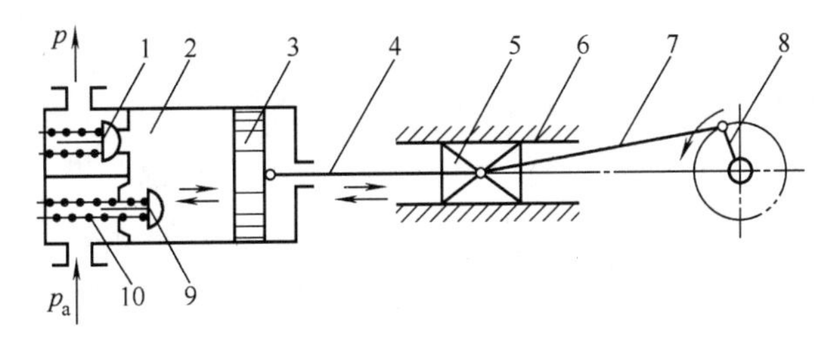

图 3.5　卧式空压机工作原理

1—排气阀；2—气缸；3—活塞；4—活塞杆；5，6—滑块和滑道；7—连杆；8—曲柄；9—吸气阀；10—弹簧

3.1.3.3　气源的净化装置

为了保证压缩空气的质量，对压缩空气要用净化装置来进行净化处理。气源的净化方法及装置有多种类型，现介绍几种最常用的气源净化装置。

(1) 冷却器　冷却器安装在空压机排气口处的管道上，也称后冷却器。它的作用是将空压机排出的压缩空气温度由 120～150℃降至 40～50℃，使压缩空气中的油雾和水汽迅速达到饱和而大部分析出，凝结成水滴和油滴，以便经油水分离器排出。

冷却器一般是水冷式的，其结构见图 3.6。热的压缩空气由管内流过，冷却水在管外进行冷却。这种冷却器的结构简单，故应用广泛。为了提高降温效果，在安装使用时要特别注意冷却水和压缩空气是反向流动的（见图中箭头所指方向）。

(2) 油水分离器　油水分离器安装在后冷却器后面的气源管道上，其作用是分离压缩空气中所含有的油分、水分等杂质，使压缩空气得到初步净化。它的结构形式有环形回转式、撞击回转式、离心旋转式、水浴式及以上形式的组合等。

撞击回转式油水分离器是使气流撞击并产生环形回转流动的油水分离器，其结构如图 3.7 所示。它的工作原理是：当压缩空气从入口管进入分离器壳体以后，气流先受到隔板的阻挡，被撞击而折回向下（见图中箭头所示流向），之后又上升并产生环形回转，最后从出

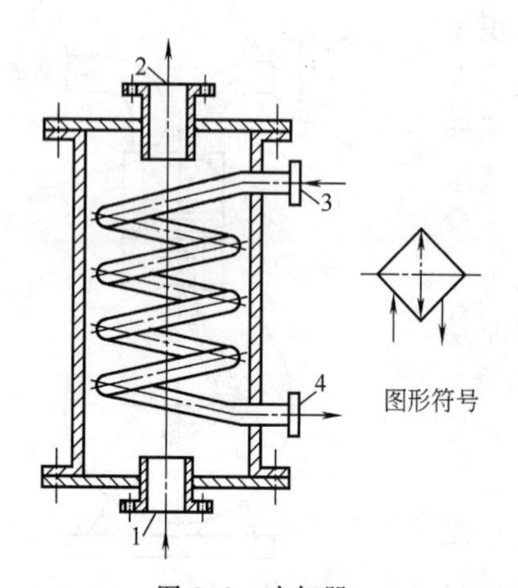

图 3.6 冷却器
1—热空气；2—冷空气；3—冷却水进口；4—冷却水出口

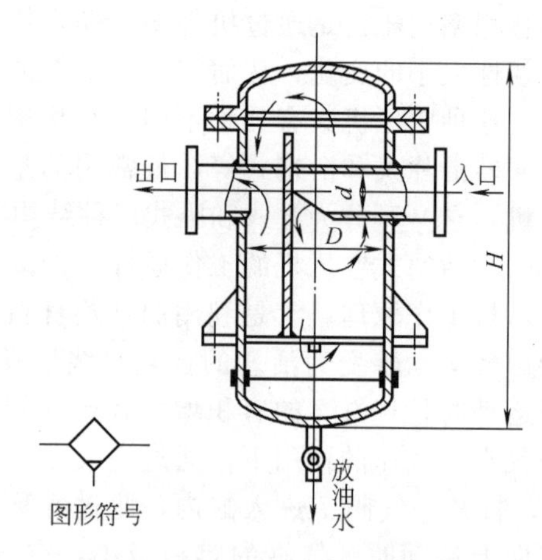

图 3.7 撞击回转式油水分离器

口管排出，与此同时，在压缩空气中凝聚的水滴、油滴等杂质，受惯性力的作用而分离析出，沉降底部，由放油水阀定期排出。

为提高油水分离的效果，气流回转后上升的速度不能太快，一般不超过 1m/s，通常油水分离器的高度 H 为其内径 D 的 3.5～5 倍。在气源系统中，油水分离器最好设置两套，交替使用以便排除污物和清洗。

(3) 储气罐 储气罐一般是由钢板焊接而成的压力容器，大多数采用立式结构，如图 3.8 所示。储气罐上安装了监测内部压力的压力表、安全阀、清洗孔及排放油、水阀等。储气罐储存空压机排出的脉动气体，减小了气源输出气流的脉动，保证输出气流的连续性和平稳性，并能解决空压机的输出气量和气动设备的耗气量之间的不平衡问题，也是应急动力源，同时进一步分离压缩空气中的油水等杂质。安装储气罐时，应使进气口在下，出气口在上，并尽可能加大两管口之间的距离，以利于充分分离空气中的杂质；罐上的安全阀，其调整压力为工作压力的 1.1～1.2 倍；设置的人工孔和工艺孔，是为便于清理、检查内部。罐的高度 H 为其内径的 2～3 倍，选择容积时可参考经验公式，即

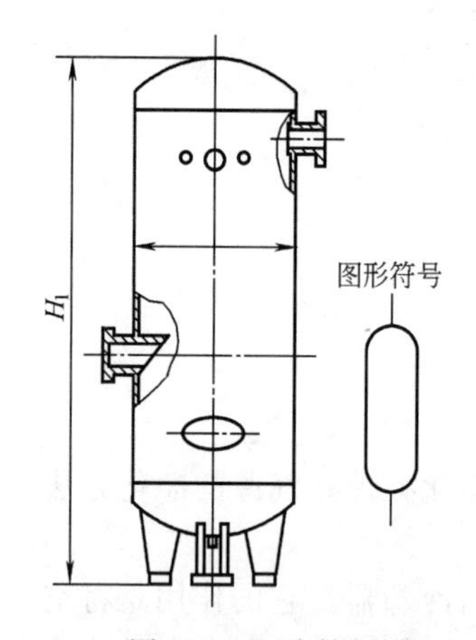

图 3.8 立式储气罐

$$V_c = 0.2q_V \quad (q_V < 0.1\text{m}^3/\text{s})$$
$$V_c = 0.15q_V \quad (q_V = 0.1 \sim 0.5\text{m}^3/\text{s})$$
$$V_c = 0.1q_V \quad (q_V > 0.5\text{m}^3/\text{s})$$

式中，q_V 为空压机的额定排气量，m^3/s；V_c 为储气罐容积，m^3。

(4) 干燥器 从空压机排出的压缩空气，经冷却器的冷却和油水分离器的初步净化，已可满足一般气动系统的需要，但此时的压缩空气仍含有少量的油水、粉尘等杂质，还必须经过干燥、过滤等装置进一步净化处理后才能适用于要求高的气动系统。

使空气干燥的方法很多，目前使用最广泛的是吸附法和冷冻法。冷冻法是利用制冷设备使空气冷却到一定的露点温度（不同质量等级压缩空气的露点温度是不同的，可查 ISO/8573—1985)，析出空气中所含的多余水分，从而达到所需要的干燥程度。单独使用此法，适于处理低压、大流量并对干燥程度要求不高的压缩空气。压缩空气的冷却，除用制冷设备外，也可采用制冷剂直接蒸发，或用冷冻液（如盐水）间接冷却的方法。

吸附法是利用具有吸附性能的吸附剂（如硅胶、铝胶或分子筛等）来吸附水分而达到干燥的目的，此法的除水效果最好，如采用铝胶可将压缩空气干燥到含湿量为 0.05g/m³，相当于把露点降低到－6.4℃。此外，也可用焦炭作吸附剂，效果虽然差些，但简便、成本低，还能吸附油分。干燥吸附剂的性能见表 3.2。

表 3.2　干燥吸附剂的性能

名　　称	分子式	干燥后含湿量/(g/m³)	相应的露点/℃
粒状氯化钙	$CaCl_2$	1.5	－14
棒状苛性纳	$NaOH$	0.8	－19
棒状苛性钾	KOH	0.014	－58
硅胶	$SiO_2 \cdot H_2O$	0.03	－52
铲胶(活性氧化铝)	$Al_2O_3 \cdot H_2O$	0.005	－64
分子筛		0.011～0.003	－60～－70

为了提高干燥效果，还可将上述两种方法结合使用，即将压缩空气先经制冷设备冷却到5～10℃，除去大部分水分，然后再用吸附法进一步干燥处理。

吸附法是干燥处理方法中应用最普通的一种方法。吸附式干燥器的形式很多，图 3.9 所示是最常见的一种。它的外壳呈圆筒形，其中分层设置栅板、吸附剂、滤网等。压缩空气从湿空气进气管 1 进入干燥器，经过上吸附剂层 21、铜丝过滤网 20、上栅板 19 和下吸附剂层 16 后，所含水分被吸附剂吸收而变得很干燥，然后再经过铜丝过滤网 15、下栅板 14 和铜丝过滤网 12，干燥洁净的压缩空气便从干燥空气输出管 8 排出。

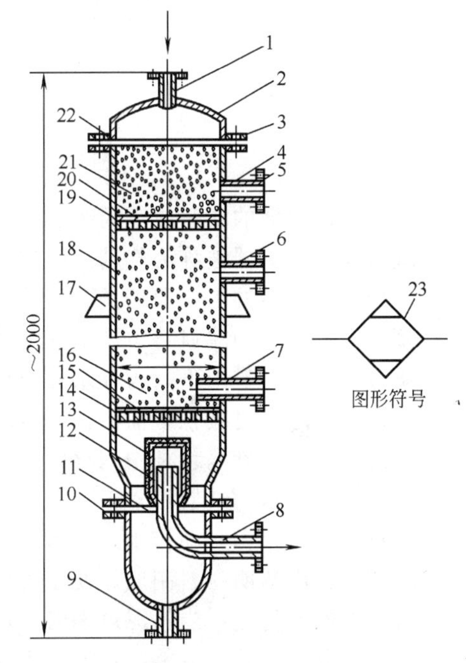

图 3.9　吸附式干燥器

1—湿空气进气管；2—顶盖；3，5，10—法兰；4，6—再生空气排气管；7—再生空气进气管；8—干燥空气输出管；9—排水管；11，22—密封垫；12，15，20—铜丝过滤网；13—毛毡；14—下栅板；16，21—吸附剂层；17—支承；18—筒体；19—上栅板；23—图形符号

当干燥器使用一般时间以后，吸附剂吸水达到饱和状态而失去吸附能力，因此需设法除去吸附剂中的水分，使其恢复干燥状态，以便继续使用，这就是吸附剂的再生。具体做法是：先将干燥器的进、出气管关闭，使之脱离工作状态，然后从再生空气进气管 7 输入干燥的热空气（温度为 180～200℃），热空气通过吸附层时将其所含水分蒸发成水蒸气并一起由再生空气排气管 4、6 排出。经过一定的再生时间后，吸附剂被干燥并恢复了吸湿能力，这时将再生空气的进、排气管关闭，将压缩空气的进、出气管打开，干燥器便继续进入工作状态。因此，为保证供气的连续性，一般气源系统设置两套干燥器，一套用于空气干燥，一套用于吸附剂再生，两套交替工作。

应该注意的是，吸附剂对湿空气中的油分很为敏感，一旦油分附着于吸附剂表面，其吸湿能力就会明显下降，吸附剂也将迅速老化。因此，使用这种干燥器时，应在进气管道上安装除油器。

(5) 过滤器　过滤器的作用是进一步滤除压缩空气中的杂质，有些过滤器常与干燥器、油水分离器等做成一体。过滤器的形式很多，常用的过滤器有一次过滤器和二次过滤器。

一次过滤器也称简易过滤器，滤灰效率为50%～70%，图3.10为一种一次过滤器。气流由切线方向进入筒内，在惯性的作用下分离出液滴，然后气体由下向上通过多孔钢板、毛毡、硅胶、焦炭、滤网等过滤吸附材料，干燥清洁的压缩空气便从筒顶输出。

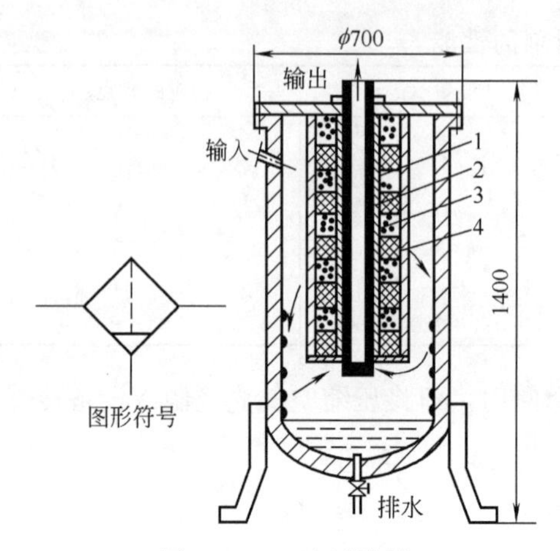

图3.10　一次过滤器

1—多孔钢板；2—毛毡；3—硅胶；4—滤网

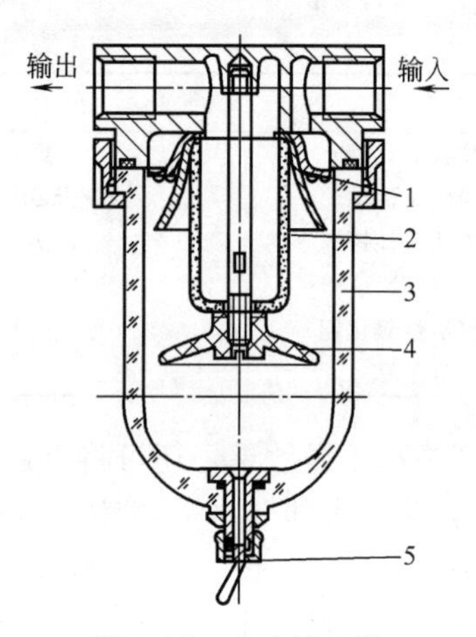

图3.11　分水滤气器

1—旋风叶子；2—滤芯；3—存水杯；4—挡水板；5—手动排水阀

二次过滤器的滤灰效率为70%～99%。图3.11所示的分水滤气器属于二次过滤器，它和减压阀、油雾器被称为气动三联件，是气动设备必不可少的辅助装置。

分水滤气器的工作原理是：压缩空气从输入口进入后，被引入旋风叶子，旋风叶子上有很多成一定角度的缺口，迫使空气沿切线方向运动并产生强烈的旋转。气体中较大的水滴、油滴等在惯性力作用下，与存水杯内壁碰撞分离出来沉到杯底，而微粒灰尘和雾状水汽则在气体通过滤芯2时被拦截而滤去，洁净的空气从输出口输出。

为防止气体旋涡将杯中积存的污水卷起而破坏过滤作用，在滤芯下部设有挡水板4。此外，为保证分水滤气器正常工作，必须将污水通过手动排水阀5及时放掉。某些人工排气不便的场合，可采用自动排水式分水滤气器。

存水杯由透明材料制成，便于观察内部情况。滤芯多为铜颗粒烧结成形，可耐高温耐冲洗且过滤性能稳定，当污泥过多时，可拆下用酒精清洗。此种过滤器应尽可能安装在能使空气中的水分变成液态或能防止液体进入的部位。它既可安装在气源系统中，又可安装在气动设备的压缩空气入口处。

3.1.4　其他辅助装置

根据气动系统的实际情况，有时还需要安装一些专用元件，如油雾器、消声器等，以解决润滑和噪声等问题。

3.1.4.1　油雾器

油雾器是以压缩空气为动力的注油装置，它使润滑油雾化，随着气流进入需要润滑的部件，使之附着在滑动面上，达到润滑的目的。图3.12是普通油雾器的结构图。压缩空气从输入口进入后，一部分气体从小孔a经特殊单向阀进入储油杯5的上腔c中，使油面受压，油液经吸油管6将单向阀的钢球7顶起，钢球上部管口是一个小方形孔，不能被钢球完全封死，油能不断地经节流阀8流入视油器9，滴入喷嘴1中，再被主管道的气流从小孔b中引

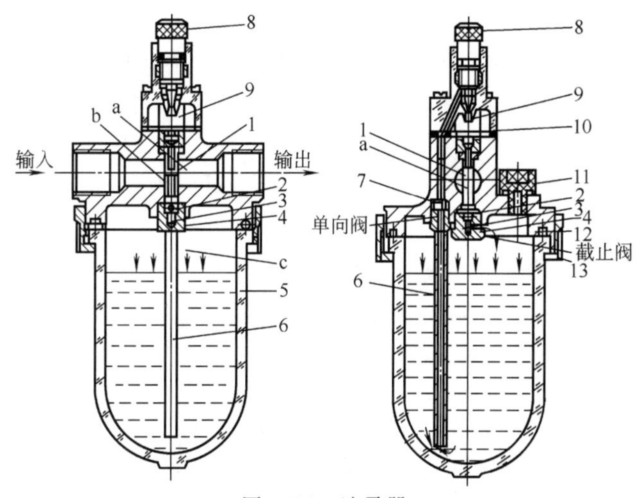

图 3.12　油雾器

1—喷嘴；2，7—钢球；3—弹簧；4—阀座；5—储油杯；6—吸油管；
8—节流阀；9—视油器；10—密封垫；11—油塞；12—密封圈；13—螺母；
a—阻尼孔；b—引油小孔；c—压缩空气腔

射出来并雾化后从输出口输出。通过视油器 9 可以观察滴油量，滴油量可用节流阀 8 调节，调节范围为 0～220 滴/min。

此油雾器可以在不停气状态下加油，实现不停气加油的关键部件是由阀座 4、钢球 2 及弹簧 3 组成的特殊单向阀，如图 3.13 所示。当没有气流输入时，阀中的弹簧把钢球顶起，封住加油通道，阀处于截止状态［见图 3.13（a)］。正常工作时，压力气体推开钢球进入油杯，油杯内的气体压力加上弹簧的弹力使钢球处于中间位置，阀处于打开状态［见图 3.13（b)］。当进行不停气加油时拧松图 3.12 中的油塞 11，储油杯中气压立即降至大气压，输入的压力气体把钢球压到下限位置，使阀处于反向关闭状态［见图 3.13（c)］，这样便封住了油杯的进气道，保证在不停气情况下可以从加油孔加油。要注意的是：上述过程必须在气源压力大于或等于 0.1MPa 时才能实现，否则单向阀关闭不严，压缩空气进入杯内，将使油液从加油孔喷出。

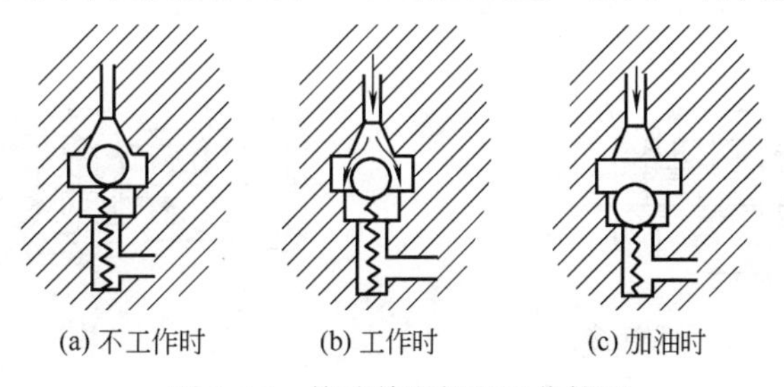

图 3.13　特殊单向阀的工作情况

油雾器的安装位置尽量靠近换向阀，与阀的距离一般不应超过 5m，应尽量避免将油雾器安装在换向阀与气缸之间，以免浪费润滑油。

3.1.4.2　消声器

气动系统没有回气管道，使用后的压缩空气直接排入大气，所以因气体的急剧膨胀，会引起气体振动，导致强烈噪声的产生。排气速度和排气功率越大，噪声也越高，一般可达 100～120dB，噪声使环境恶化，危害人身心健康。因此，必须设法消除或减弱噪声。为此，可在气动系统的排气口，尤其是在换向阀的排气口，安装消声器来降低排气噪声。消声器就是通过对气流的阻尼或增加排气面积等方法，来降低排气速度和排气功率，从而达到降低噪声的目的。

目前使用的消声器种类繁多，但根据消声原理不同，有阻性消声器、抗性消声器和阻抗复合式消声器及多孔扩散消声器。阀用消声器常用多孔扩散消声器，其结构见图 3.14，消声器主要依靠吸声材料消声，消声套为多孔的吸声材料，当有压缩空气通过消声套时，气流受阻，声能被部分吸收转化为热能，从而降低了噪声强度。这种消声器结构简单，有良好的消除中、高频噪声的性能。因气动噪声主要是中、高频噪声，尤其是高频噪声较多，故采用这种消声器是合适的。

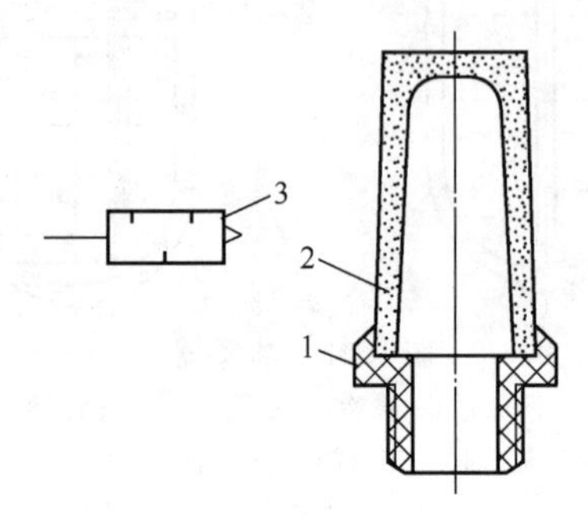

图 3.14 阀用消声器

1—连接销钉；2—消声套；3—图形符号

3.1.4.3 管接头

管接头是气动装置中管道与管道、管道与气动元件之间连接和固定必不可少的辅件。对管接头要求是密封性好，流动阻力小，结构简单，工作时安全可靠，装拆方便。

常用的硬管接头与液压用管接头基本相同，有焊接式、螺纹连接和薄管扩口式、卡套式等，此处不再介绍。常用的软管接头有下述的快插式和快速式两种。

（1）快插式管接头　快插式管接头常用于气动回路中尼龙管和聚氨酯管的连接，结构如图 3.15 所示。使用时将管子插入后，由管接头中的弹性卡环 3 将其自行咬合固定，并由 Y 形密封圈 1 密封。卸管时只需通过顶帽 4 将弹性卡环压下，即可方便地拔出管子。快插式管接头种类繁多，尺寸系列齐全，是软管接头中应用最广泛的一种。

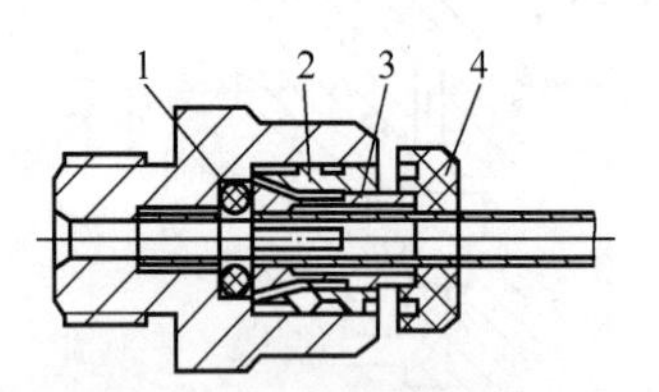

图 3.15 快插式管接头

1—Y 形密封圈；2—套座；3—弹性卡环；4—顶帽

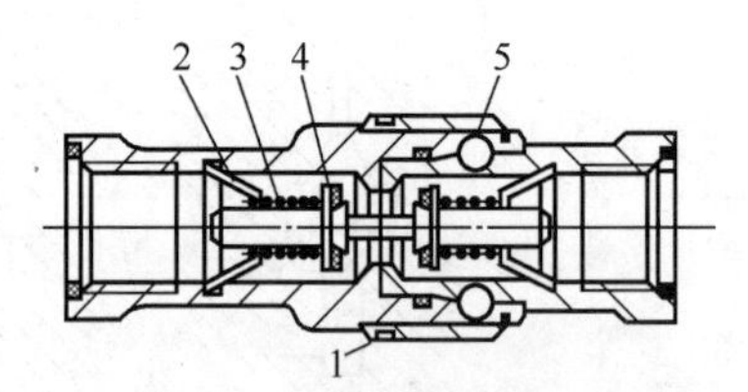

图 3.16 快速式管接头

1—弹簧销；2—支架；3—弹簧；4—活塞；5—钢球

（2）快速式管接头　快速式管接头是一种既不需要使用工具又能快速装拆的管接头。接头内部带有单向元件，接头相互连接时靠钢球定位，两侧气路接通；接头卸开，气路即断开，不需要装气源开关，如图 3.16 所示。

3.2 气动执行元件

气动执行元件是把压缩空气的压力能转变为机械能的能量转换装置。气动执行元件包括气缸和气马达两大类。气缸用于实现往复运动，气马达用于实现回转运动。

3.2.1　气缸

气缸是气动系统中最常用的一种执行元件，与液压缸相比，它具有结构简单、成本低、污染少、便于维修、动作迅速等优点，但由于推力小，所以广泛用于轻载系统。

3.2.1.1　气缸的分类

气缸按活塞端面受压状态可分为单作用式和双作用式；按结构特征可分为活塞式、柱塞式、薄膜式、叶片摆动式和齿轮齿条摆动式；按运动形式可分为往复直线式、摆动式和回转式；按功能可分为普通式和特殊式，特殊式气缸中有气-液阻尼缸、冲击气缸、步进气缸和制动气缸等。

3.2.1.2　几种常用气缸的工作原理和用途

(1) 单作用气缸　图 3.17 为单作用气缸结构原理图。所谓单作用缸是指压缩空气只从气缸的一端进气，并推动活塞（或柱塞）运动，而活塞或柱塞的返回则需借助于其他外力，如重力、弹簧力等。这种气缸的特点是：

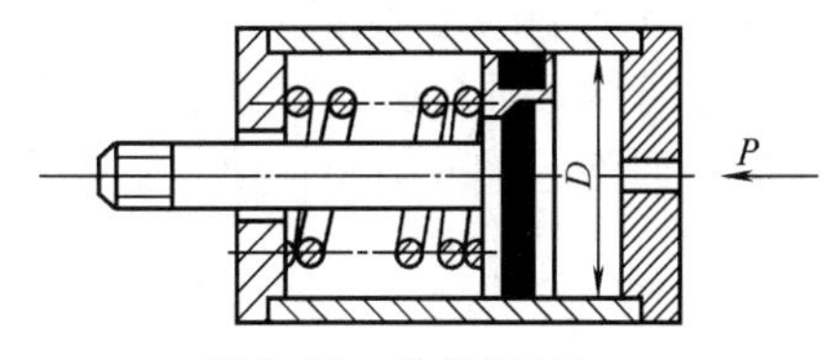

图 3.17　单作用气缸结构原理

① 结构简单，由于单边进气，耗气量小；

② 由于有复位弹簧，压缩空气的作用力一部分需用来克服弹簧的反力，因而减小了活塞杆的推力，并且推力随行程而变化；

③ 由于缸内安装弹簧，增加了缸体长度，缩短了活塞的有效行程。

单作用气缸多用于短行程及对推力、运动速度要求不高的场合，如气吊、定位和夹紧装置等。

单作用气缸的推力可按下式计算

$$F=\frac{\pi}{4}D^2 p\eta-F_t \tag{3.1}$$

式中，F 为活塞杆上的推力（工作负载），N；D 为活塞直径，m；p 为气缸的工作压力，Pa；F_t 为弹簧力，N；η 为考虑总阻力损失时的效率，一般取 0.7～0.8，当活塞运动速度 $v<0.2$m/s 时取大值，$v>0.2$m/s 时取小值。

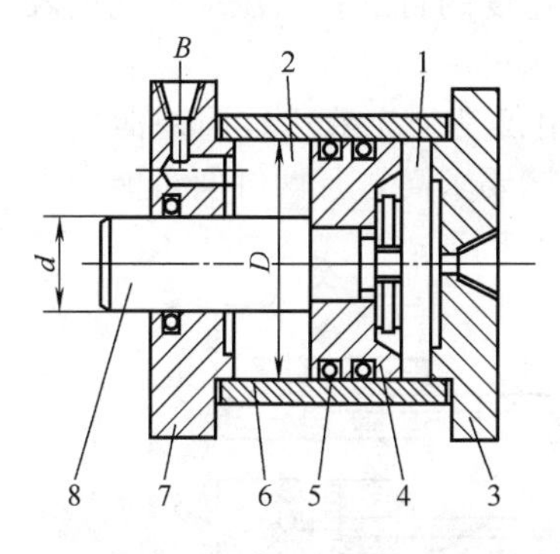

图 3.18　单活塞杆双作用气缸结构简图

1—无杆腔；2—有杆腔；3—后端盖；4—活塞；5—密封圈；6—杠体；7—前端盖；8—活塞杆

气缸工作时总阻力包括运动部件的惯性力和各密封处的摩擦阻力等，它与多种因素有关，综合考虑以后，以效率 η 的形式计入式 (3.1)。

(2) 双作用气缸　这是指未加缓冲装置的两端进气的缸，活塞的往返运动均由压缩空气来推动，也分为单活塞杆和双活塞杆两种。

① 单活塞杆双作用气缸　这是使用最为广泛的一种普通气缸，其结构如图 3.18 所示。这种气缸工作时活塞杆上的输出力用下式计算

$$F_1=\frac{\pi}{4}D^2 p\eta \tag{3.2}$$

$$F_2=\frac{\pi}{4}(D^2-d^2)p\eta \tag{3.3}$$

式中，F_1 为当无杆腔进气时活塞杆上的输出力，N；F_2 为当有杆腔进气时活塞杆上的输出力，N；其他符号的意义与式（3.1）相同。

应当注意的是，无杆腔进气时活塞杆受压，当有杆腔进气时活塞杆承受拉力。

② 双活塞杆双作用气缸　这种气缸使用得较少，其结构与单活塞杆气缸基本相同，只是活塞两侧都装有活塞杆。因两端活塞杆直径相同，所以活塞往复运动的速度和输出力均相等，其输出力按式（3.3）计算。此种气缸常用于气动加工机械及包装机械等设备上。

③ 缓冲气缸　一个普通气缸为了防止活塞与气缸端盖发生碰撞，必须设置缓冲装置，使活塞接近端盖时逐渐减速，平衡地靠拢端盖。这种气缸称为缓冲气缸，其结构见图 3.19，图中缸的内侧都设置了缓冲装置。在活塞到达终点前，缓冲柱塞将柱塞孔堵死，活塞在向前运动时，封闭在缸内的空气因被压缩而吸收运动部件的惯性，从而使运动速度减慢。在实际应用中，常使用节流阀将封闭在气缸内的空气缓慢地排出。当活塞反向运动时，压缩空气经单向阀进入气缸，因而能正常启动。调节节流阀 2、9 的开口度，即可调节缓冲效果，控制气缸行程终端的运动速度，因而称为可调缓冲气缸。如做成固定节流孔，其开口度不可调，即为不可调缓冲气缸。气缸缓冲装置的种类很多，上述只是最常用的缓冲装置，此外，也可在气动回路上采取措施，使气缸具有缓冲作用。

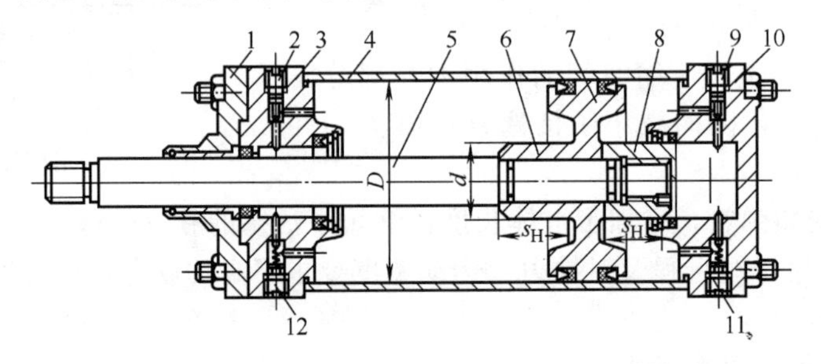

图 3.19　缓冲气缸

1—压盖；2，9—节流阀；3—前端盖；4—缸体；5—活塞杆；6，8—缓冲柱塞；7—活塞；10—后端盖；11，12—单向阀

（3）气-液阻尼缸　图 3.20 为串联式气-液阻尼缸原理图，它由左边的气缸和右边的液压缸串联而成，两缸活塞装在同一根活塞杆上。当气缸右腔供气时，活塞克服外负载带动液压缸活塞向左运动，此时，液压缸左腔排油，油液只能经节流阀 1 缓慢流回右腔，对整个活塞的运动起到阻尼作用，调节节流阀，就能达到调节活塞运动速度的目的；当压缩空气进入气缸左腔时，液压缸右腔排油，此时单向阀 3 开启，活塞能快速返回。

这种气-液阻尼缸也可以是双活塞杆液压缸。油箱 2 的作用仅是补充液压缸因外泄而减少的油量，改用油杯也可以。这种缸缸体长，加工与装配的工艺要求高，且两缸间可能产生

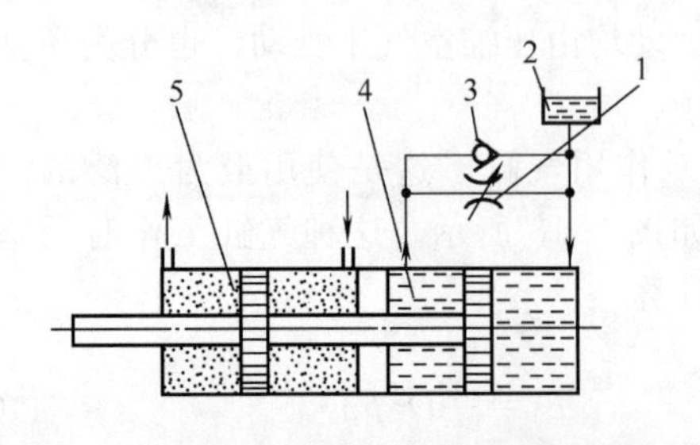

图 3.20　气-液阻尼缸原理图

1—节流阀；2—油箱；3—单向阀；4—液压缸；5—气缸

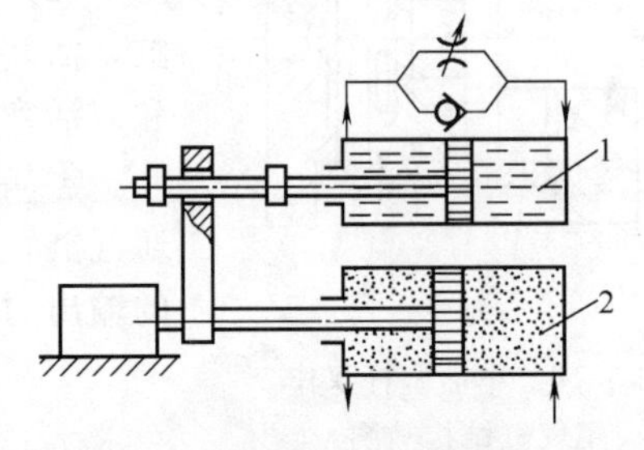

图 3.21　并联式气-液阻尼缸原理图

1—液压缸；2—气缸

窜气、窜油现象。

图 3.21 为并联式气-液阻尼缸原理图，它缸体短，结构紧凑，调整方便，消除了气、油缸间的窜气、窜油现象，但由于气缸和油缸安装在不同轴线上，会产生附加力矩，严重时造成爬行现象。

（4）薄膜式气缸　薄膜式气缸有单作用式和双作用式两种，图 3.22 为膜片式气缸结构图。膜片分盘形膜片和平膜片两种，膜片材料可用夹织物橡胶、钢片或磷青铜片，金属膜片仅用于行程短的气缸中。

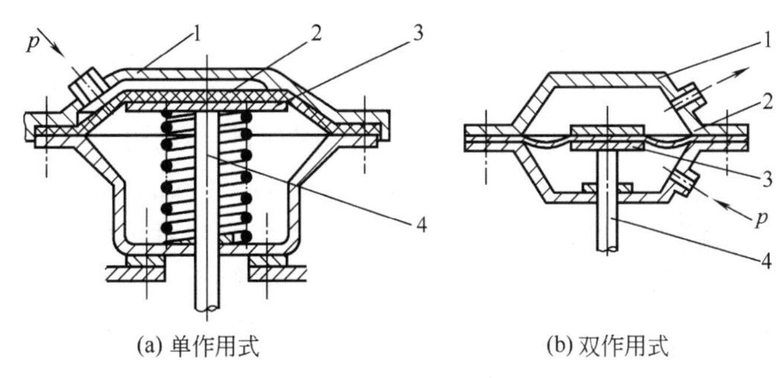

图 3.22　膜片式气缸结构图

1—缸体；2，3—膜片；4—活塞杆

薄膜式气缸与活塞式气缸相比较，具有结构紧凑、重量轻、制造容易、成本低、维修方便、寿命长、泄漏少、效率高等优点。但因膜片的变形有限，故其行程短，一般不超过40～50mm。其最大行程 S_{max} 与缸径 D 的关系如下。

平膜片气缸：

$$S_{max}=(0.12\sim0.15)D \tag{3.4}$$

盘形膜片气缸：

$$S_{max}=(0.2\sim0.25)D \tag{3.5}$$

因膜片变形要吸收能量，所以活塞杆上输出的力随行程的加大而减少。

（5）冲击气缸　冲击气缸与普通气缸比较，在结构上增加了一个具有一定容积的蓄能腔和喷嘴，其工作原理如图 3.23 所示。图中的中盖 5 与缸体固定，活塞把气缸分隔成三部分，即蓄能腔 3、活塞腔 2 和活塞杆腔 1，中盖 5 的中心开有喷嘴口 4。

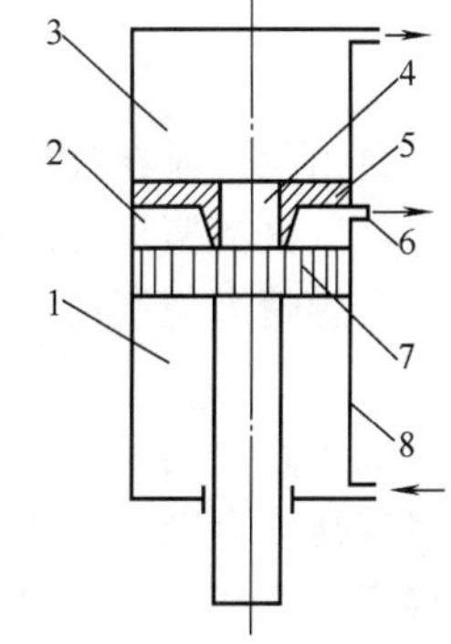

图 3.23　冲击气缸的工作原理图

1—活塞杆腔；2—活塞腔；3—蓄能腔；4—喷嘴口；5—中盖；6—泄气口；7—活塞；8—缸体

当压缩空气进入蓄能腔时，其压力只能通过喷嘴口的小面积作用在活塞上，还不能克服活塞杆腔的排气压力所产生的向上推力以及活塞与缸体间的摩擦力，喷嘴处于关闭状态，当蓄能腔的充气压力逐渐升高到能使活塞向下移动时，活塞下移使喷嘴口开启，聚集在蓄能腔中的压缩空气通过喷嘴口突然作用于活塞的全面积上，喷嘴口处的气流速度可达声速，使压力急剧上升，活塞产生很大的向下的推力，此时活塞杆腔内的压力很低，活塞在很大的压差作用下迅速加速（加速度可达 $1000m/s^2$ 以上），在很短的时间内（约为 0.25～1.25s）以极高的速度（平均速度可达 8m/s）向下冲击，从而获得很大的动能。

根据活塞杆腔的气体在工作时能否迅速排出缸外，冲击气缸可分为非快排型和快排型两种。图 3.24 为非快排型冲击气缸。当压缩空气由进气口 8 输入蓄能腔 1 一定时间后，将推动活塞 5 下移，使

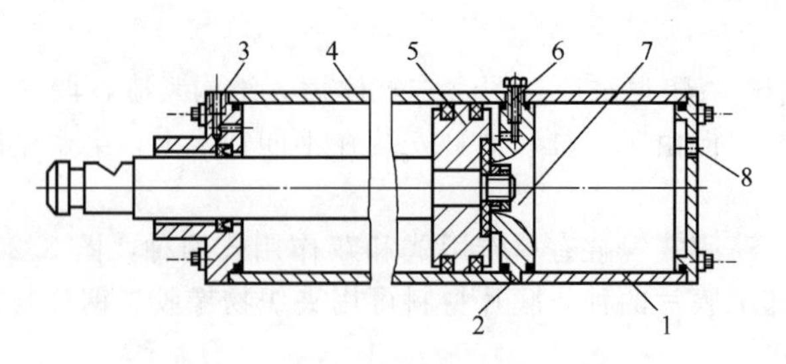

图 3.24 非快排型冲击气缸

1—蓄能腔；2—中盖；3—排气口；4—气缸；5—活塞；
6—排气小孔；7—喷嘴口；8—进气口

气压作用面扩大，从而使活塞快速向下冲击，活塞杆腔的气体通过排气口 3 排出。

冲击气缸的用途广泛，可完成型材下料、打印、破碎、冲孔、锻造等多种作业。

（6）制动气缸　气缸的工作介质具有可压缩性，使气缸很难正确地停在行程中的任意位置，定位精度低。为此设计了一种带有制动的装置代替前缸盖，使气缸能在行程中所规定的位置停止，保证活塞不动，定位精度较高。这种带有制动装置的气缸称为制动气缸，见图 3.25。制动装置一般安装在普通气缸的前端，其结构有卡套锥面、偏心凸轮等多种形式。按制动方式有弹簧制动、气压制动和弹簧气压联合制动三种方式。

图 3.25 所示为弹簧制动气缸的结构示意图。制动装置有两个工作状态，即自由状态和制动状态。

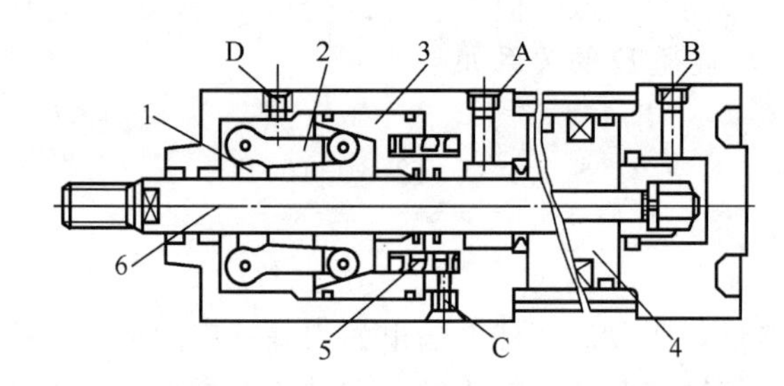

图 3.25 弹簧制动气缸的结构示意图

1—制动箍；2—压板杆；3—制动活塞；4—活塞；5—弹簧；6—活塞杆；
A，B—进出气口；C—空气呼吸口；D—气控口

自由状态时在气控口 D 输入气压，通过制动活塞克服弹簧力右移，使制动箍处于松开状态，气缸活塞杆可以自由移动。当气缸活塞杆从运动状态进入制动状态时气控口 D 迅速排气，弹簧力使制动活塞快速左移，通过制动箍迅速锁住（抱紧）活塞杆，使之停止在其位置上。

如果在制动过程中，同时向空气呼吸口 C 输入气压，这时制动力大大地增加，就成为弹簧气压联合制动方式。若拿去图 3.25 中的弹簧，依靠从空气呼吸口 C 输入气压、气控口 D 排气，达到制动作用，则就成了气压制动方式。

由工作原理可知，这种新型气缸在动力源出现故障的情况下，能自动而且可靠地保持制动力，防止意外事故发生。同时在交变负载、工作压力脉冲或系统出现泄漏的情况下，制动装置仍可使活塞杆长时间地精确制动和定位。因此，制动气缸正在逐渐被应用于起吊、自动多点焊接、高精度自动送料以及行程需要经常变换的场合。

（7）标准化气缸简介　以往各使用单位大都自行设计气缸，随气动系统应用的日益广泛，原一机部组织设计了五种系列的气缸（简称标准化气缸），并由专业生产厂家供应。因

此，在设计和生产中应尽可能地选用标准化气缸。标准化气缸的详细参数、外形尺寸、连接方法及安装方式等，可参阅有关设计手册，也可参阅气缸产品样本。

3.2.2　气马达

气马达是把压缩空气的压力能转化为机械能，实现回转运动并输出力矩，驱动作旋转运动的执行机构，所以气马达的功能相当于液压马达或电动机。

3.2.2.1　气马达的分类和工作原理

气马达的种类很多，在容积式气马达中按结构形式有叶片式、活塞式和齿轮式等。下面仅介绍最常用的叶片式气马达。

图 3.26 为叶片式气马达的工作原理图。压缩空气由 A 孔进入后分为两路：一路经定子两端密封盖的气槽进入叶片底部（图中没有表示），将叶片推出使之紧抵于定子内壁上，保证相邻叶片间形成密封腔以便启动；另一路压缩空气就进入相应的密封腔而作用在两个叶片上，由于叶片伸出量不同使受压面积不同，因而产生了转矩差，于是叶片带动转子按逆时针方向旋转，回气由 C 孔和 B 孔排出。若改变压缩空气的输入方向，即改变了转子的转向。

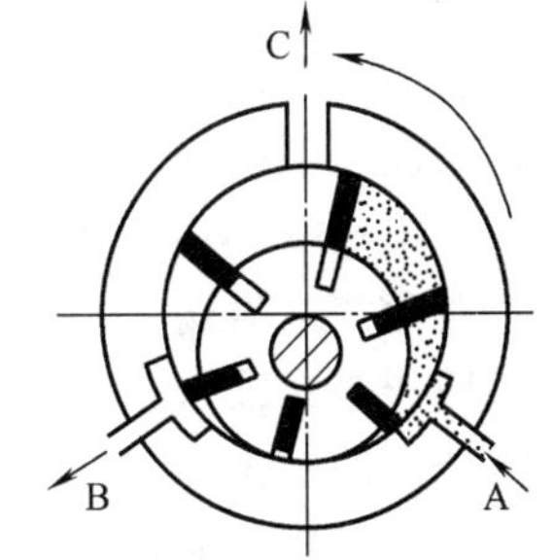

图 3.26　叶片式气马达的工作原理

3.2.2.2　气马达的特点及应用

气马达的优点如下。

① 可以实现无级调速且转速范围和功率范围较宽。只要控制进气阀或排气阀的开度，即控制压缩空气的流量，就能调节气马达的输出功率和转速。输出功率范围可以从几百瓦调至几十千瓦，转速范围可从 0 调至 50000r/min。

② 可实现正、反转，且换向容易、时间短、冲击小。启动力矩较高，可直接带负载启动，起、停迅速，几乎可以瞬时升到全速（活塞式气马达可在不到 1s 的时间内升至全速），且可长时间满载运行，温升小，抗过载能力强，工作安全。

③ 适用于恶劣的工作环境，在易燃、易爆、高温、振动、潮湿、粉尘等不利条件下均能正常工作，且操纵方便，维修简单。

气马达的缺点是很难控制稳定速度，且耗气量大，效率低。

3.3　气动控制元件

与液压控制阀一样，按功能可将气动控制阀分为压力控制阀、流量控制阀和方向控制阀三大类。

3.3.1　压力控制阀

在气动系统中，控制气体压力的阀统称为压力控制阀，它们的共用特点与液压压力控制阀一样，都是利用作用于阀芯上的压力和弹簧力相平衡的原理进行工作的。压力控制阀主要有减压阀、溢流阀和顺序阀等。

3.3.1.1　减压阀

一个完整的气动系统都需要使用减压阀，它是把来自气源的较高输入压力减至较低的输出压力，保持输出压力值稳定，使它不受流量、负载和进气压力变化的影响。气压减压阀与液压减压阀一样也是以出口压力为控制信号的。

减压阀的种类很多，按结构可分为直动式和先导式，按溢流结构又可分为溢流式、非溢流式和恒量排气式三种。

(1) 减压阀的工作原理　图 3.27 是直动式减压阀的结构原理图。当顺时针旋转手柄 1，经调压弹簧 2、3，推动膜片 5 和阀杆 6 下移，使阀芯 9 也下移，打开阀口便有气流输出，这时输出气流经阻尼孔 7 在膜片 5 上产生向上的推力，这个作用力总是企图把阀口关小，使输出压力下降。逆时针旋转手柄，调压弹簧放松，膜片在输出压力作用下向上变形，阀口变小，输出压力降低。当作用在膜片上的力与弹簧力相平衡时，减压阀便有稳定的压力输出，这种作用方式称为负反馈。

当减压阀输出负载发生变化时，如压力上升，则输出端压力将膜片向上推，阀芯 9 在复位弹簧 10 的作用下向上移，减少阀口开度，使输出压力下降，稳定在调定压力值。反之，当输出压力下降时，阀的开度变大，流量加大，使输出压力上升，保持输出压力稳定在调定值上。阻尼孔的主要作用是提高调压精度，并在负载变化时，对输出的压力波动起阻尼作用，避免产生振荡。

减压阀在输入压力一定时，输出压力越低，流量变化引起输出压力的波动越小，且只有在减压阀的输出压力低于输入压力一定值时，才能保证减压阀的输出压力稳定。

直动式减压阀选用的弹簧刚度越小，调压精度越高，但弹簧刚度不能太小，要与阀工作压力和公称流量相适应；膜片直径越大，调压精度越好，但又不能太大，以免影响弹簧刚度和阀结构的大小。在保证密封的前提下，应尽量减少阀芯上密封圈产生的摩擦力以便提高调压精度。

(2) 先导式减压阀　当减压阀的通径和输出压力都较大时，用调压弹簧直接调压，同直动式液压减压阀一样，输出压力波动较大，阀的尺寸也会很大，为克服这些缺点可采用先导式减压阀。

先导式减压阀的主阀结构、动作原理与直动式减压阀相同。先导式减压阀所采用的调压

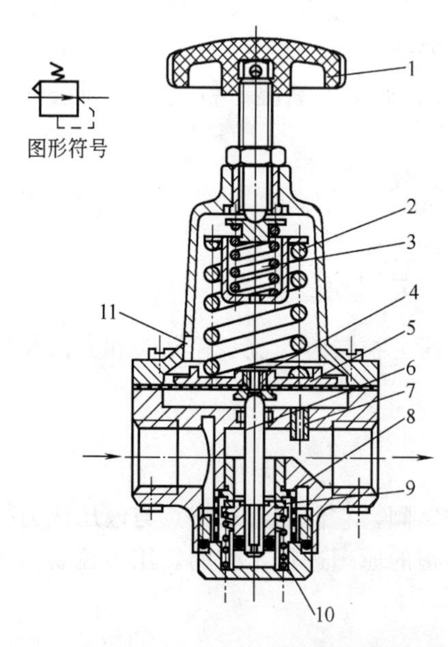

图 3.27　直动式减压阀的结构原理图
1—手柄；2，3—调压弹簧；4—溢流口；5—膜片；6—阀杆；7—阻尼孔；8—阀座；9—阀芯；10—复位弹簧；11—排气孔

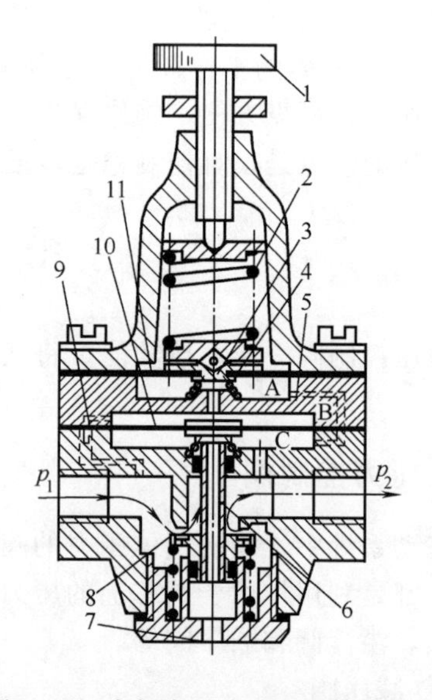

图 3.28　内部先导式减压阀结构原理图
1—旋钮；2—调压弹簧；3—挡板；4—喷嘴；5—孔道；6—阀芯；7—排气口；8—进气阀口；9—固定节流口；10，11—膜片

空气是由小型直动式减压阀供给的，若将小型直动式减压阀装在主阀的内部，则称为内部先导式减压阀；若把小型直动式减压阀装在主阀的外部，则称为外部先导式减压阀。图 3.28 为内部先导式减压阀结构原理图。当喷嘴 4 与挡板 3 之间的距离发生微小变化时，就会使中气室 B 中的压力发生明显变化，从而使膜片 10 产生较大的位移，并控制阀芯 6，使之上下移动并使进气阀口 8 开大或关小，阀芯控制的灵敏度提高了，输出压力的波动也减小了，因此，稳压精度比直动式减压阀好。

(3) 定值器　定值器是一种高精度的减压阀，其稳压性能可达±0.5%。定值器的输入压力一般不超过 0.35MPa。它适用于气动测量系统、气动自动仪表及射流控制系统等需要精确信号压力和气源压力的场合。

图 3.29 为定值器工作原理图，非工作状态时，气源的压缩空气进入 A 室和 E 室，主阀芯 10 在弹簧和气源压力作用下压在阀座上，使 A 室和 B 室隔断，同时气流经稳压阀口 6 进入 F 室，通过恒节流孔 7 压力降低后分别进入 G 室和 D 室。由于还未对膜片 2 施加向下的力，挡板距喷嘴较远，由喷嘴流出的气流阻力低，故 G 室气压较低，膜片 5 和 8 为原始位置，进入 H 室的微量气体经输出口及 B 室和排气阀口 9 由排气口排出。当处于工作状态时，转动手轮，压下弹簧并推动膜片 2 连同挡板一同下移，使 D 室和 G 室压力上升，膜片 8 下移将排气阀口 9 关闭，使主阀口开启，压缩空气经 B 室和 H 室由输出口流出。同时 H 室压力上升并反馈到膜片 2 下部，当反馈作用和弹簧力平衡时，定值器有稳定的压力输出。

当输出压力上升时，则 B 室和 H 室压力增高，使膜片 2 上移，挡板与喷嘴的距离变大，D 室压力下降。由于 B 室压力已上升，使膜片 8 向上移，使主阀口开度变小，输出压力下降，直到稳定在调定值上。当输入压力上升，则 E 室和 F 室的气压增高，使膜片 5 上移。稳压阀口 6 开度减小，节流作用增强，F 室压力下降。由于恒节流孔 7 的作用，D 室压力下降，主阀口开度减小，减压作用增强。反之，输入压力下降时，会使主阀口开度加大，减压作用减小。定值器就是利用喷嘴挡板的放大作用及稳压阀口作用进一步提高稳压性能。

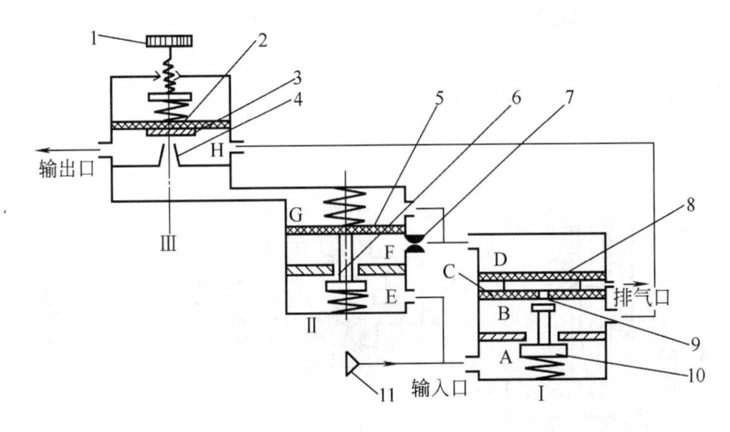

图 3.29　定值器工作原理图

1—调压手柄；2，3，5，8—膜片；4—喷嘴；6—稳压阀口；
7—恒节流孔；9—排气阀口；10—主阀芯；11—气源

3.3.1.2 溢流阀与顺序阀

溢流阀的作用是当回路中气压上升到所规定的调定压力以上时，气流经溢流阀排出，使输入压力不超过调定值，以防止管路、气罐和元件等破坏。实际上溢流阀是起安全作用的，常称安全阀。溢流阀有直动式和先导式两种。

顺序阀的作用是当回路中气压上升到规定的调节压力以上时，气流经顺序阀输向下一个执行元件，达到控制执行元件顺序动作的目的。

溢流阀（安全阀）与顺序阀的符号见图 3.30，其工作原理与同类液压阀相似，此处不再叙述。

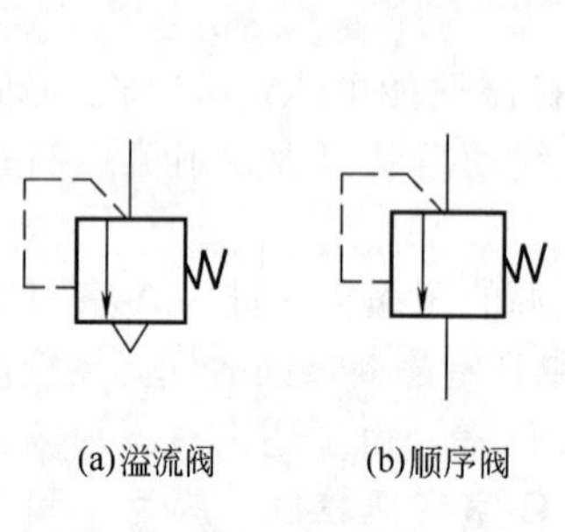

图 3.30 溢流阀与顺序阀符号

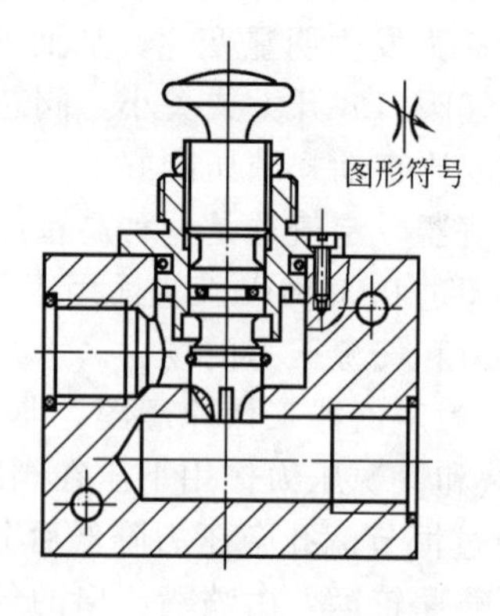

图 3.31 节流阀的结构原理图

3.3.2 流量控制阀

与液压流量控制阀一样，气压传动中的流量控制阀也是通过改变阀的通流面积来实现流量控制的，其中包括节流阀、单向节流阀和排气节流阀等。

3.3.2.1 节流阀

图 3.31 所示为节流阀的结构原理图。阀芯为带三角沟槽的圆锥状，节流特性主要取决于阀芯形状，调节螺钉带动阀芯上、下移动，即可改变气体通过的流量。节流阀常用于速度控制回路及延时回路。

3.3.2.2 单向节流阀

单向节流阀的结构原理如图 3.32 所示，由单向阀和节流阀组合而成。正向流动（从 P 口到 A 口）时，气体流量受节流阀控制；反向流动（从 A 口到 P 口）时单向阀被顶开，气流不经过节流阀。该阀常用于单向调速回路中。

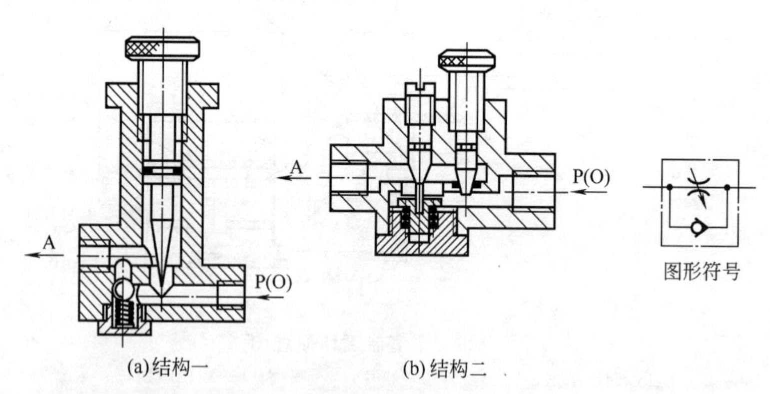

图 3.32 单向节流阀的结构原理

3.3.2.3 排气节流阀

图 3.33 为装有消声器的排气节流阀。消声器安装于主控阀的排气口上，可用来调节执行元件的运动速度并降低排气噪声。

3.3.2.4 行程节流阀

行程节流阀依靠凸轮、杠杆等机械方法控制节流阀的开度，以实现流量控制，见图

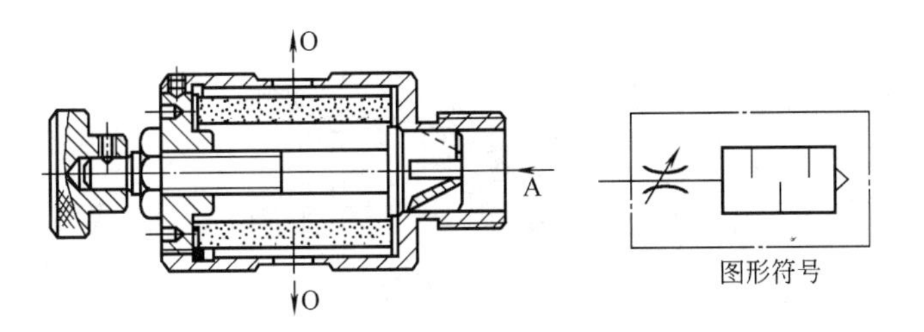

图 3.33　排气节流阀

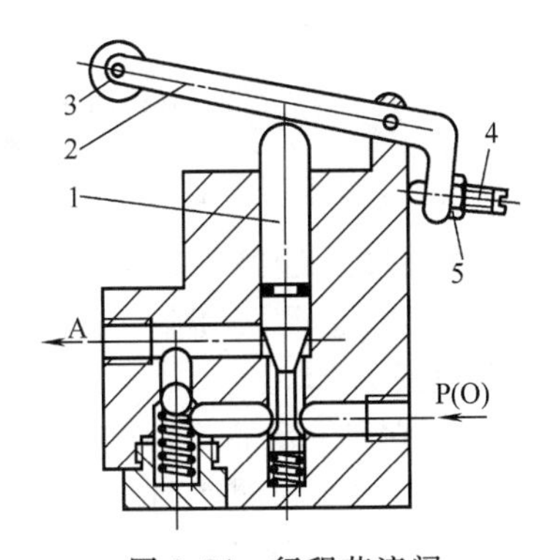

图 3.34　行程节流阀

1—阀芯；2—杠杆；3—滚轮；4—调节螺钉；5—锁紧螺母

3.34。调节螺钉 4 可用来调节杠杆的复位位置，以决定滚轮在没有被凸轮或撞块压下时节流阀的开口度。

行程节流阀用于气缸在行程中以机械方法调节运动速度，而调速性能受行程长度、凸轮或挡块的形状等因素的影响。

在气动系统用控制流量的方法控制运动速度很难实现，但注意以下几点，在大多数场合，还是可以使气动控制速度达到比较满意的程度：

① 彻底防止管道等处的泄漏；

② 减小内表面摩擦，适当提高气缸内表面的加工精度和表面粗糙度，尽量采用摩擦系数小的密封圈；

③ 流量控制阀应尽量安装在执行元件附近；

④ 保持气缸内的正常润滑状态；

⑤ 作用在气缸活塞杆的负载要稳定；

⑥ 气缸的速度控制一般应采用排气节流回路，以达到执行机构运动速度比较稳定，只有少数有具体要求的回路才采用进气节流控制速度，如气缸举起重物等。

3.3.3　方向控制阀

与液压方向控制阀相同，气动方向控制阀也分为单向阀和换向阀。但根据气压传动具有的特点，气动换向阀按结构不同分为滑阀式、截止式、旋塞式和膜片式等；按控制方式可分为电磁控制、气压控制、机械控制和手动控制等。

3.3.3.1　气压控制换向阀

气压控制换向阀是利用气体压力控制阀芯动作来达到换向作用，可以在易燃、易爆、潮湿、高温、强磁场等环境下工作，比较安全、可靠。

图 3.35 为二位五通双气控滑阀式换向阀的结构，当 K_2 输入控制信号后，滑阀（由控

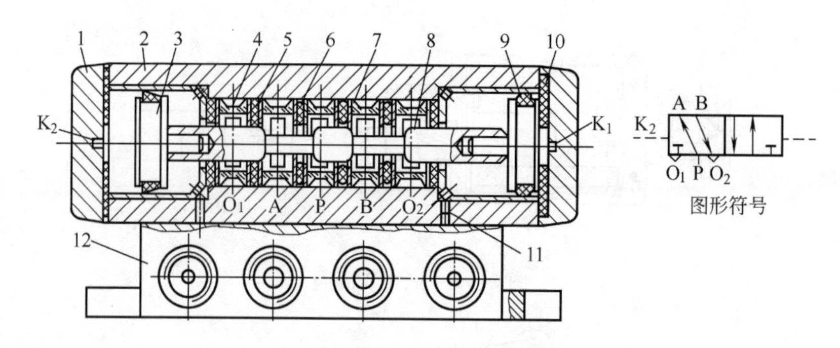

图 3.35 双气控滑阀式换向阀

1—端盖；2—阀体；3—控制活塞；4—隔套；5，6，9—密封圈；7—挡片；
8—阀芯；10—缓冲垫；11—呼吸孔；12—阀座

制活塞和阀芯等组成）右移并停留在右端，通路状态是 P 口通 A 口，B 口通 O_2 口；当 K_2 控制信号消失后，滑阀仍停留在右端，具有记忆功能。当 K_1 输入控制信号，滑阀被切换到左边，通路状态为 P 口通 B 口，A 口通 O_1 口。

图 3.36 所示为气压延时换向阀。它是一种带有时间信号元件的换向阀，通过气容 C 和一个单向节流阀组成时间信号元件来控制主阀的换向。当 K 口通入信号气流，气流通过节流阀 1 的节流口进入气容 C，使主阀芯 4 左移而换向，控制节流阀阀口的大小可控制主阀延时换向的时间，延时时间为几分之一秒至几分钟。当去掉信号气流后，气容 C 经单向阀快速放气，主阀芯在左端弹簧作用下返回右端。

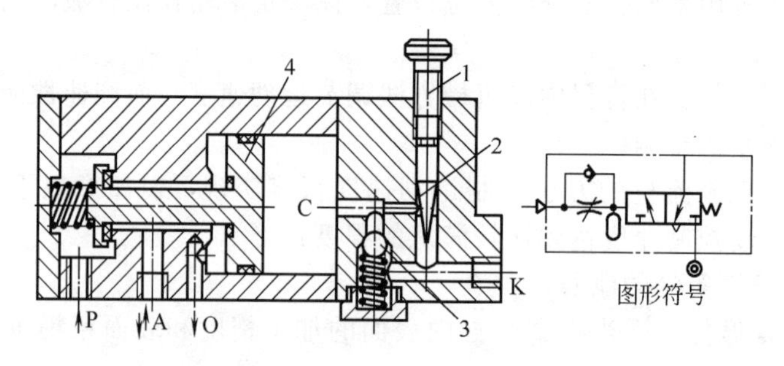

图 3.36 气压延时换向阀

1—节流阀；2—恒节流孔；3—单向阀；4—主阀芯
A—进出气口；C—气容；O—回气孔；P—进气口

3.3.3.2 电磁换向阀

电磁换向阀由电磁控制部分和主阀（换向阀）两部分组成，有直动式和先导式两种。

（1）直动式单电控电磁换向阀 图 3.37 为直动式单电控电磁换向阀的工作原理图。它只有一个电磁铁，通电时，电磁铁 1 推动阀芯 2 向下运动，将 A 口与 O 口断开，P 口与 A 口相通。断电时，阀芯靠弹簧力的作用恢复原位，A 口与 P 口切断，A 口与 O 口相通。图 3.38 为螺管式二位三通常断型微型电磁阀。图示位置为电磁铁处于断电状态，动铁芯在弹簧作用下，使铁芯上的密封垫与阀体保持密封，此时 P 口与 A 口不通，A 口与 O 口相通。得电时，静铁芯吸引动铁芯，向上封闭排气口 O，使 P 口与 A 口相通。

（2）先导式双电控换同阀 先导式双电控二位三通换向阀的工作原理如图 3.39 所示。

当电磁先导阀 1 的线圈得电时（先导阀 2 断电），主阀 3 的 K_1 腔进气，K_2 腔排气，使主阀阀芯向右移动，P 口与 A 口接通，同时 B 口与 O_2 口通，B 口排气。反之，当电磁先导阀 2 得电时，K_2 腔进气，K_1 腔排气，主阀阀芯向左移动，P 口与 B 口相通，A 口与 O_1 口

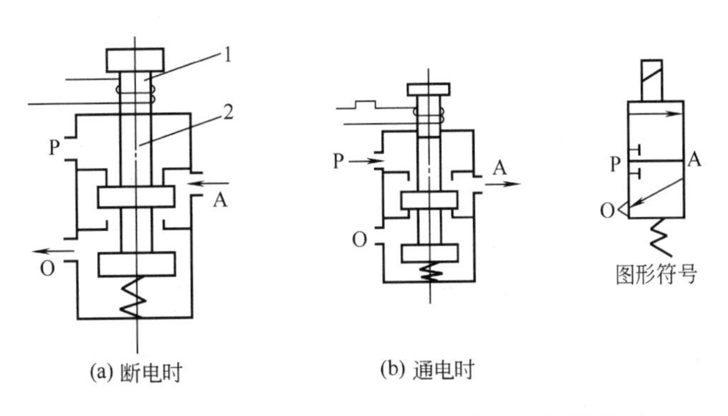

图 3.37 直动式单电控电磁换向阀工作原理

1—电磁铁；2—阀芯

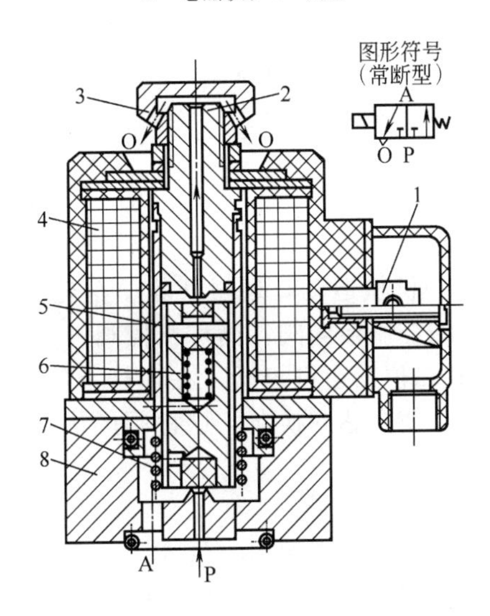

图 3.38 螺管式二位三通常断型微型电磁阀

1—接线压板；2—静铁芯；3—防尘螺母；4—线圈组件；
5—隔磁套管；6—动铁芯；7—弹簧；8—阀体

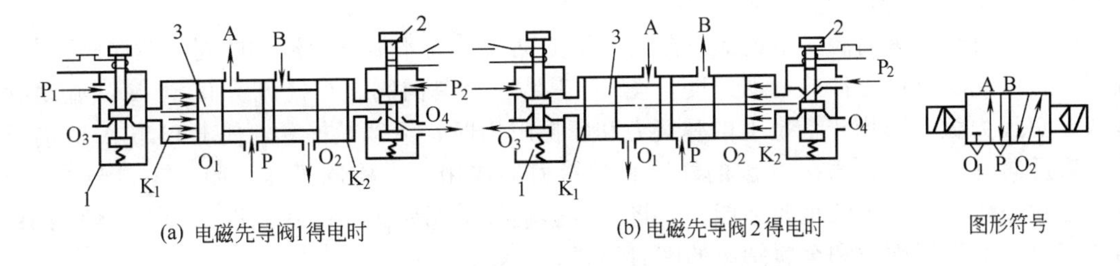

图 3.39 先导式双电控二位三通换向阀工作原理图

1，2—电磁先导阀；3—主阀

相通，A 口排气。先导式双电控阀具有记忆功能，即通电时换向，断电时并不返回原位。要特别注意，两电磁铁不能同时得电。

图 3.40 是先导式双电控二位五通滑阀。电磁先导阀采用了两个 QF23D-2 螺管式微型电磁阀，主阀采用软质密封。两端控制腔 K_1 和 K_2 分别与两个电磁先导阀的输出口相通。这种结构摩擦力小，但不适于垂直安装或振动大的场合，以免引起误动作。

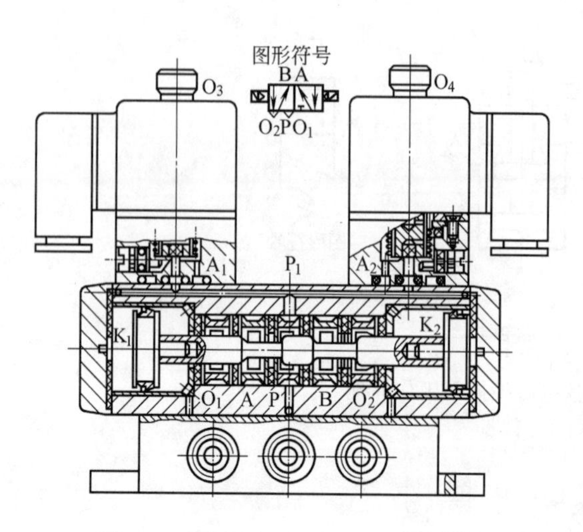

图 3.40 先导式双电控二位五通滑阀

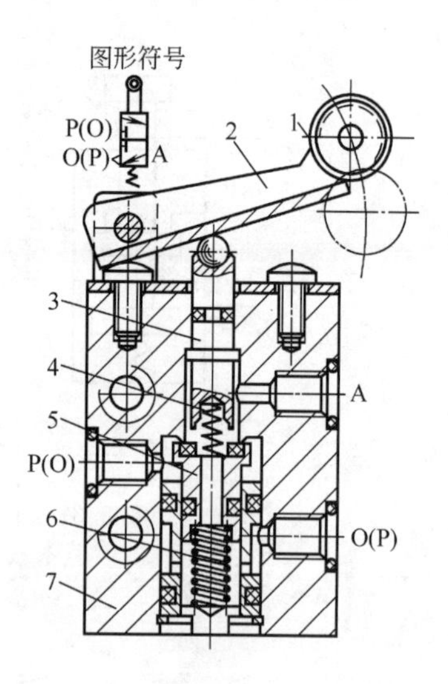

图 3.41 杠杆滚轮式二位三通机控阀

1—滚轮；2—杠杆；3—顶杆；4—缓冲弹簧；5—阀芯；6—密封弹簧；7—阀体

3.3.3.3 机械控制换向阀

依靠执行机构或其他机构的机械运动，通过凸轮、滚轮、挡块和杠杆操纵阀芯的位置，实现气流换向的阀类，通称机械控制换向阀，简称机控阀。

图 3.41 所示为杠杆滚轮式二位三通机控阀。在顶杆上部有一杠杆滚轮机构，当凸轮或挡块压下滚轮 1 后，通过杠杆 2 使阀芯 5 换向。这种阀的优点是减少了顶杆所受的侧向力，不易出现卡死现象。

3.3.3.4 人力控制换向阀

利用人的手、脚等来操纵阀杆，改变阀芯的位置，实现气流换向的阀类，通称人力控制换向阀。人力控制换向阀的主体部分与气控阀类似，也有滑柱式、截止式、平面式和旋塞式等，它的操作方式有多种形式，如按钮式、拨动式、推拉式、长手柄式和锁式等，见图 3.42。图形符号上的缺口数表示有几个定位位置。手动阀除弹簧复位外，也有采用气压复位的，好处是具有记忆性，即不加气压信号，阀能保持原位而不复位。

3.3.3.5 单向型控制阀

(1) 单向阀　单向阀是指气流只能向一个方向流动而不能反向流动的阀。单向阀常与节流阀组合以控制执行元件的运动速度。图 3.43 是一个单向阀。当气流 P 口至 A 口流动时，且当 P 口压力大于作用于活塞上的弹簧力和摩擦阻力时，活塞被推开，使 P 口与 A 口接通；当气流反向流动时，活塞在 A 腔的气压和弹簧力的作用下，将阀迅速关闭，A 口与 P 口不通。密封好坏是单向阀的重要性能，它将直接影响气动回路工作的稳定性，所以一般采用平面软密封，不采用钢球和金属阀座的密封形式。

(2) 梭阀　梭阀相当于由两个单向阀组合而成的阀，在气压传动中，梭阀的应用是很广泛的。

图 3.44 为梭阀工作原理图。当 P_1 口进气时，阀芯将 P_2 口切断，P_1 口与 A 口相通，P_2 口排气。当 P_2 口进气时，阀芯将 P_1 口切断，P_2 口与 A 口相通，P_1 口排气。若 P_1 口和 P_2 口都进气，则需要根据压力进入的先后顺序和压力大小来确定阀芯停在左边或右边，如 P_1 口的压力和 P_2 口的压力不等，则高压口的通路被打开，低压口的通路关闭。因此，梭阀的作用相当于“或”门。

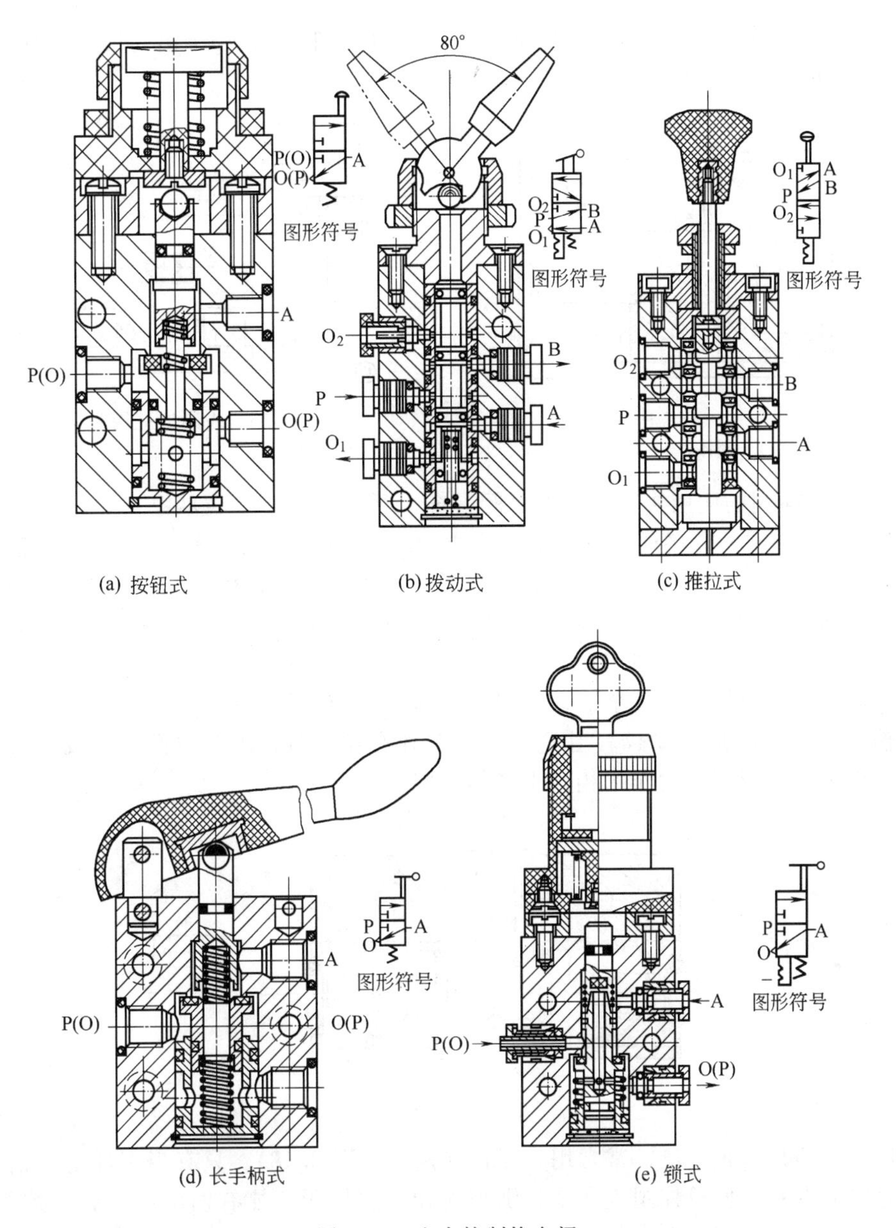

图 3.42　人力控制换向阀

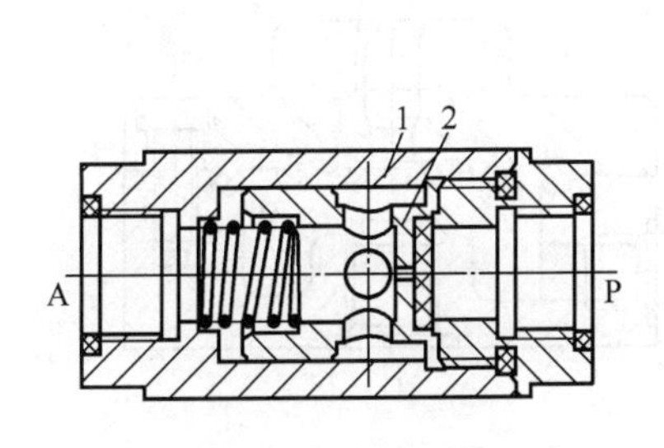

图 3.43　单向阀

1—阀体；2—活塞

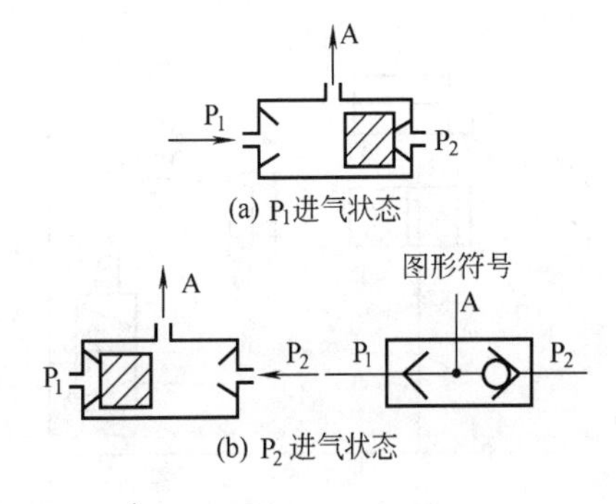

图 3.44　梭阀工作原理

图 3.45 是一种梭阀的结构图。它有两个进气口 P_1 和 P_2，一个出气口 A，其中 P_1 口和 P_2 口都可与 A 口相通，但 P_1 口和 P_2 口不相通。

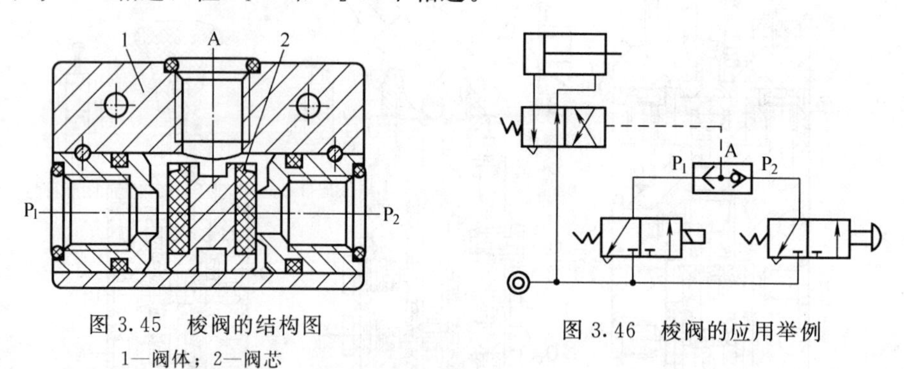

图 3.45 梭阀的结构图

1—阀体；2—阀芯

图 3.46 梭阀的应用举例

图 3.46 是梭阀的应用实例。当电磁阀得电、手动阀处于复位状态时，气流将梭阀阀芯推向右端，P_1 口与 A 口接通，气控阀右位接入工作状态，活塞杆向右移动；若电磁阀断电，活塞杆将返回。如在电磁阀断电后，按下手动阀，气流将梭阀芯推向左端，使 P_2 口与 A 口相通，活塞杆伸出；放开手动阀按钮，活塞杆返回。在这里，梭阀起到手动、自动操作转换的作用，即起“或”门逻辑功能。

(3) 双压阀　双压阀有两个输入口 P_1、P_2 和一个输出口 A。当 P_1、P_2 同时有输入时，A 才有输出。其结构如图 3.47。当 P_1 或 P_2 单独有输入时，阀芯被推向右或左端，输出口 A 无输出。因此，双压阀的作用相当于“与”门。

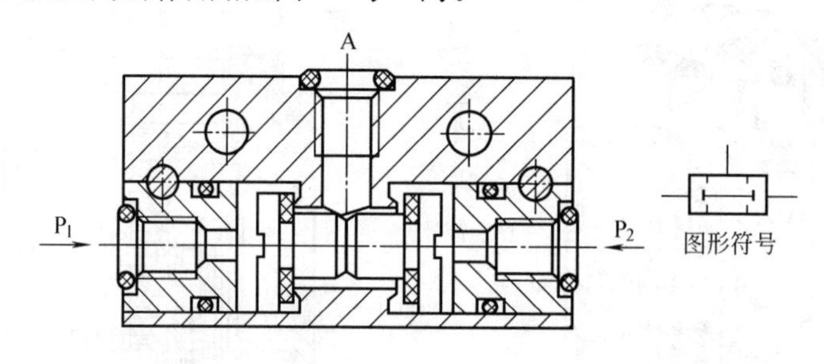

图 3.47 双压阀

双压阀的应用也很广泛，常常用于互锁回路（见图 3.48）。只有当工件定位信号和工件夹紧信号同时存在，使机控阀 1 和 2 分别被切换，双压阀 3 才有输出，然后气控阀 4 换向，使工作缸 5 前进，进行钻孔切削。

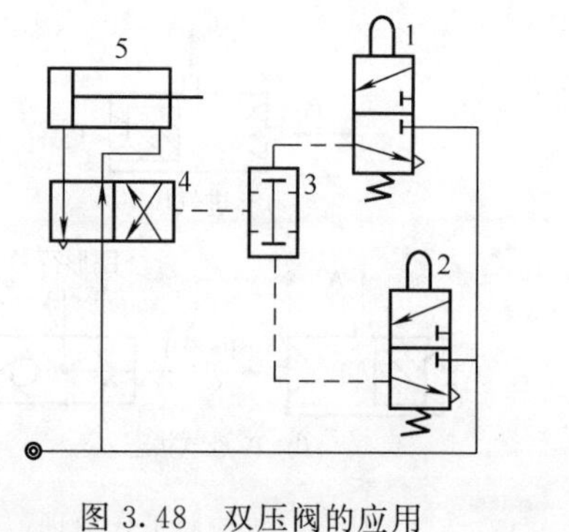

图 3.48 双压阀的应用

1，2—机控阀；3—双压阀；4—气控阀；5—工作缸

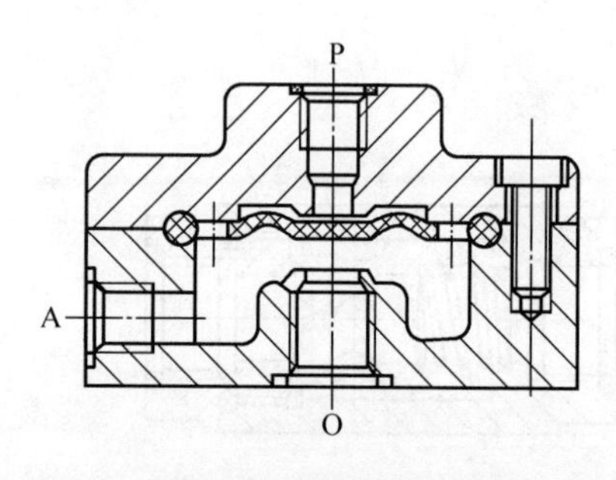

图 3.49 快速排气阀

（4）快速排气阀　当输入端气压下降到某一数值时，输出腔自动打开通大气的阀叫快速排气阀。图 3.49 是膜片式快排阀。当 P 口有输入时，膜片被压下封住排气口 O，气流经膜片四周小孔从 A 口输出。当 P 口排空时，A 口压力将膜片顶起，隔断 P 口与 A 口通路，A 口气体经排气口 O 迅速排出。快排阀靠气压密封，以低压室泄漏较大。快排阀主要用于气动元件或装置快速排气的场合。例如，把它安装在换向阀和气缸之间，使气缸排气时不通过换向阀而直接排出，这对缸、阀之间是长管路的回路尤为需要。

3.3.4 气动逻辑元件

气动逻辑元件是一种新型的自动化基础元件，气压传动的控制大多采用电气元件，通过电-气转换后再来控制气动执行元件（如气缸）的动作，但继电器等的触点寿命不长，往往容易造成误动作。采用气动逻辑元件所组成的全气动控制系统，由于控制和执行元件都采用压缩空气为动力，省去了电-气界面转换，故动作迅速、工作可靠，给生产设备的安装、使用和维修带来了不少方便。

气动逻辑元件是指在控制系统中能完成一定逻辑功能的器件。在一定的输入信号下，逻辑元件的输出信号状态只有“0”或“1”两种状态，所以它也称为开关元件（或数字元件）。

气动逻辑元件的响应时间在几毫秒至十几毫秒（微压元件在 2ms 左右）之间，这难以和电子器件的速度相比，一般不宜组成很复杂的控制系统，但对于常见的工业装置已能满足使用要求。普通的继电器在频繁工作时，其触头极易损坏，使用寿命较短，而气动逻辑元件的结构简单，动作可靠，使用寿命大大超过普通的继电器，即使高压截止式逻辑元件的寿命也在一千万次以上。

因此，气动逻辑元件作为一种低成本的自动化基础元件，在工业自动化领域中的作用已越来越受到人们的重视。

3.3.4.1 工作原理

气动逻辑元件内部气流的切换是由可动部件的机械位移来实现的，图 3.50 为电气控制元件和气动逻辑元件切换的基本原理示意图。

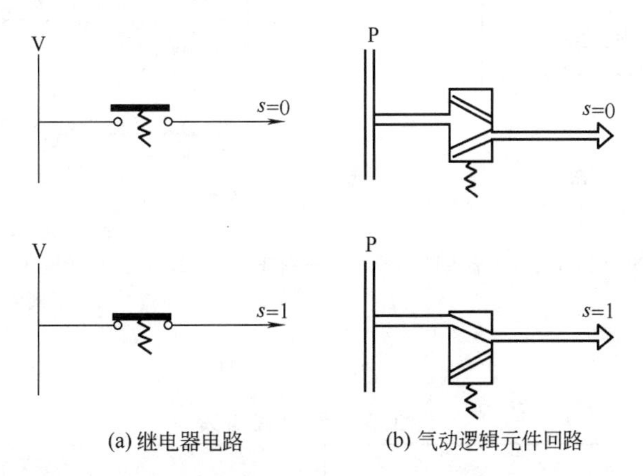

图 3.50　电气控制元件和气动逻辑元件切换原理示意图

继电器电路的切换是当触点断开时，电路失电（输出“0”状态）；而触点闭合时，则电路得电（输出状态为“1”），分别如图 3.50（a）的上、下图所示。

气动逻辑元件回路的切换是当元件的排气口被可动部件关断，同时气源与输出口的通路接通时，则有气压输出（输出状态为“1”）；当元件的气源被切断，同时输出口与排气口被接通，则元件无气压输出（输出状态为“0”），分别如图 3.50（b）的下、上图所示。

从图 3.50 所示工作原理可看出，气动逻辑元件内部气流通路只有两条，一条是气源到输出口的通路，另一条是输出口到排气口的通路。

3.3.4.2 逻辑元件

气动逻辑元件的种类和结构形式较多，主要可以从元件所使用的工作气源压力、结构形式及逻辑功能来分类。从使用压力来看，可分为高压型（工作压力 0.2～0.8MPa）、低压型（0.05～0.2MPa）和微压型（0.005～0.05MPa）三种。从逻辑功能来看，元件有或门、与门、非门、或非门等。从结构形式来看，主要有截止式、膜片式和滑阀式等。下面介绍几种最基本的逻辑元件，结构形式均为截止式。

（1）是门元件　图 3.51（a）为是门元件的原理图，图中：a 为输入信号，P 为气源，s 为输出信号。当阀芯 4 在气源压力（或弹簧力）的作用下，紧压在下阀座 3 上，输出口 5 与排气口相通，元件没有输出。当输入口 7 有输入信号 a 时，则膜片 1 在控制信号作用下将阀芯 4 紧压在上阀座 2 上，关闭输出口与排气口之间的通路，输出口与气源相通，于是，输出口 5 就有输出信号 s；而在输入口的输入信号 a 消失时，阀芯 4 复位，仍压在下阀座 3 上，关断气源与输出之间的通路，输出口无输出信号而输出通道中的剩余气体经上阀座 2 从排气口泄出。是门元件的输入和输出信号之间始终保持相同的状态，即没有输入信号时，没有输出；有输入信号时，才有输出。是门元件的真值表见表 3.3，其逻辑函数表达式为 $s=a$。

图 3.51（b）为是门元件的结构图。弹簧 10 用以保证元件工作可靠，小活塞（显示部件）3、手动按钮 1 用来检查元件工作状况。

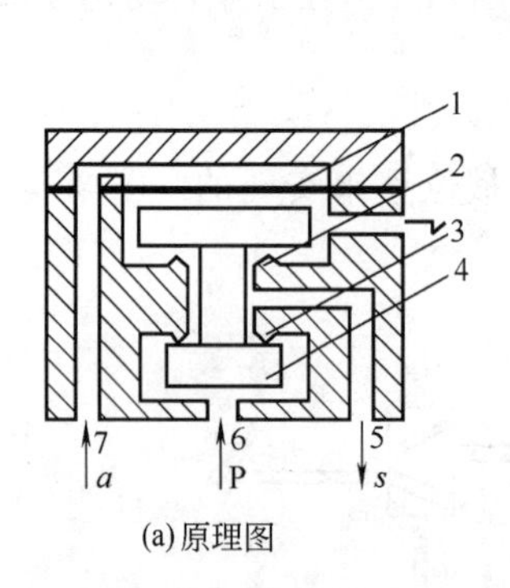

(a) 原理图

1—膜片；2—上阀座；3—下阀座；4—阀芯；5—输出口；6—气源口；7—输入口

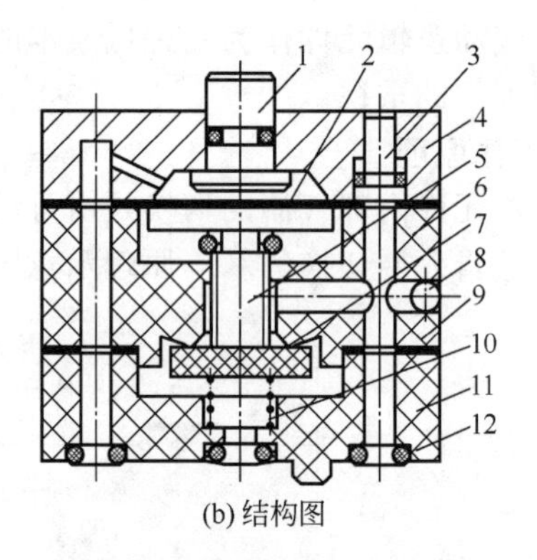

(b) 结构图

1—手动按钮；2—膜片；3—小活塞；4—上阀体；5—阀杆；6—中阀体；7—阀芯；8—钢珠；9—密封膜片；10—弹簧；11—下阀体；12—O 形圈

图 3.51　是门元件

表 3.3　是门真值表

a	s
0	0
1	1

（2）或门元件　图 3.52 为或门元件的原理图。图中 a、b 为输入信号，s 为输出信号。当有输入信号 a 时，阀芯 2 在输入信号作用下紧压在下阀座 3 上，气流经上阀座 1 从输出口 4 输出。当有输入信号 b 时，阀芯 2 在其作用下紧压在上阀座 1 上，气流经下阀座 3 从输出

口 4 输出。因此在两个输入口中，有一个口或两个口同时有输入信号出现，元件就有输出，即元件能实现或门逻辑功能。或门元件的结构简图见图 3.52（b）。为保证元件工作可靠，非工作通道不应有“窜气”现象发生，输入信号压力应等于额定工作压力。或门元件的真值表见表 3.4，它的逻辑函数表达式为 $s=a+b$。

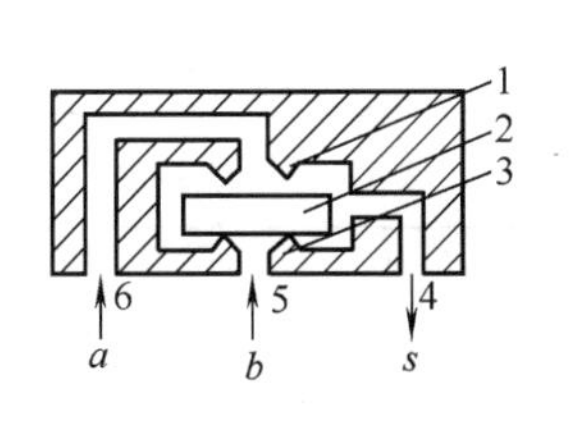

(a) 原理图

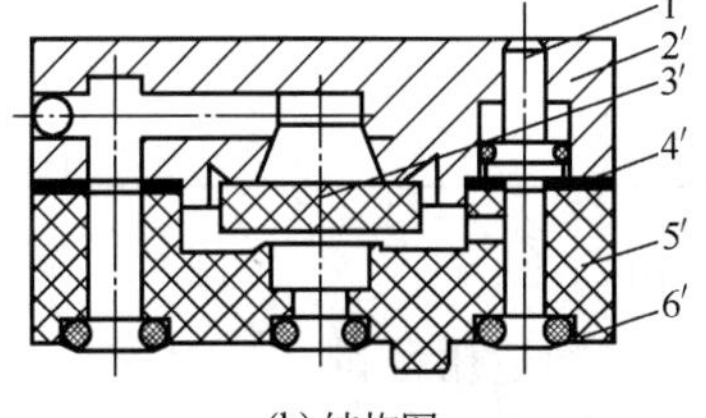

(b) 结构图

1—上阀座；2—阀芯；3—下阀座；4—输出口；5，6—输入口　　1′—显示活塞；2′—阀盖；3′—阀芯；4′—密封膜片；5′—阀底；6′—O 形圈

图 3.52　或门元件

表 3.4　或门真值表

a	b	s
0	0	0
1	0	1
0	1	1
1	1	1

表 3.5　与门真值表

a	b	s
0	0	0
1	0	0
0	1	0
1	1	1

（3）与门元件　图 3.53 为与门元件的原理图。图中 a、b 为输入信号，s 为输出信号。当有输入信号 a，没有输入信号 b 时，阀芯 3 在 a 的作用下压向上阀座 1，输出口 4 没有输出。同样，当有 b 信号，没有 a 信号出现时，亦没有输出信号。只有当两个输入口同时有输入信号 a、b 时，元件的输出口才有输出信号 s。与门元件的逻辑函数表达式为 $s=a\cdot b$，它的真值表见表 3.5。

如果把图 3.51 所示的是门元件气源口 P 改成输入 b，也就能作为与门元件使用。

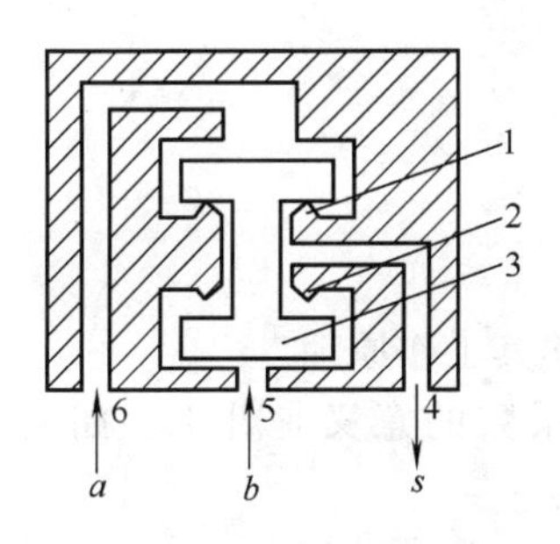

图 3.53　与门元件原理

1—上阀座；2—下阀座；3—阀芯；4—输出口；5，6—输入口

图 3.54　非门元件原理

1—膜片；2—上阀座；3—阀芯；4—下阀座；5—输出口；6—气源口；7—输入口

（4）非门元件　图 3.54 为非门元件的原理图。在输入口没有输入信号 a 时，阀芯 3 在气源压力作用下上移，封住上阀座 2，气流直接从输出口流出，元件有输出。当输入口有输入信号 a 出现时，由于膜片 1 的面积大于被阀芯所封住的阀座面积，阀芯在压差的作用下下移，封住下阀座 4，输出口 5 就没有信号输出。输出通道中的气体经上阀座 2 从排气口流至

大气。非门元件的真值表见表 3.6，非门元件的逻辑函数表达式为 $s=\overline{a}$。

表 3.6 非门真值表

a	s
0	1
1	0

3.3.4.3 元件的使用

(1) 气动逻辑元件的适用范围

① 机械设备本身采用气动执行机构（如气缸）时，用气动逻辑控制不需要工作介质的转换就能组成全气控的系统，具有很好的技术经济效果。

② 在易爆、易燃、多粉尘、强磁和辐射等工作环境中，电气、电子元件不能适应工作，这时气动逻辑元件能发挥其优越性。

③ 在一般的气动设备程序控制中，可优先考虑选用高压型逻辑元件，它能直接利用多数工厂的动力气源工作，元件输出的负载能力强；在与气动仪表配套时，可选用低压型逻辑元件；而当与传感检测或射流配套使用，要求运算速度快，宜选用微压型逻辑元件。

(2) 使用注意事项

① 所有元件在安装之前都应检查其逻辑功能是否正常。

② 气动逻辑元件对气源的净化处理要求较低，除了间隙密封的滑阀式逻辑元件外，要求空气的过滤精度为 50～60μm，采用普通分水过滤器。

由于元件内有橡胶膜片，应把逻辑控制用的气源，同需要润滑的元件供气分开，以免润滑油污损膜片。

③ 元件的安装位置要排列整齐，并留有一定的空间，便于检查、维修。连接管路在满足工作要求的前提下，长度要短。

3.4 习题

习题 3-1 写出气压传动与液压传动的异同点。

习题 3-2 气压传动对介质有何要求？为什么？

习题 3-3 气压传动系统由哪几部分组成的？

习题 3-4 常用的活塞式空压机有几种形式？简述其工作原理。

习题 3-5 空压机的供气量应如何选择？三个系数的意义是什么？如何确定它们的数值？

习题 3-6 油雾器和分水滤气器的功用是什么？简述其工作原理。

习题 3-7 气源装置中储气罐的作用是什么？如何确定储气罐的大小？

习题 3-8 气缸有哪些类型？与液压缸相比，气缸有哪些特点？

习题 3-9 冲击气缸的工作原理是什么？举例说明冲击气缸的用途。

习题 3-10 缓和气缸的工作原理是什么？

习题 3-11 已知单活塞杆双作用气缸的内径 $D=120$mm，活塞杆直径 $d=40$mm，工作压力 $p=0.5$MPa。求其气缸往复运动时的输出力各为多少？

习题 3-12　气马达与液压马达、电动机相比，有哪些异同点？

习题 3-13　气压传动与液压传动的减压阀和节流阀，在原理、结构及使用上有何异同？

习题 3-14　根据定值器的原理图和结构图，说明其工作原理。

习题 3-15　简述梭阀的工作原理，并举例说明其应用。

习题 3-16　画出是门、与门、非门、或门的逻辑符号、回路图，写出其真值表及表达式，并说明其功能。

4 气动基本回路

虽然实际的气动系统越来越复杂，但和液压传动系统一样，也是由各种功能的基本回路组成的。因此，熟悉掌握常用的基本回路是分析设计气动系统的基础。下面介绍几种最常用的基本回路。

4.1 换向回路

4.1.1 单作用气缸换向回路

图 4.1 是二位三通电磁阀控制回路。电磁铁通电时靠气压使活塞向左移动；断电时靠弹簧作用（或其他外力作用）使活塞向右移动。该回路比较简单，但对由气缸驱动的部件有较高要求，以保证气缸活塞可靠退回。

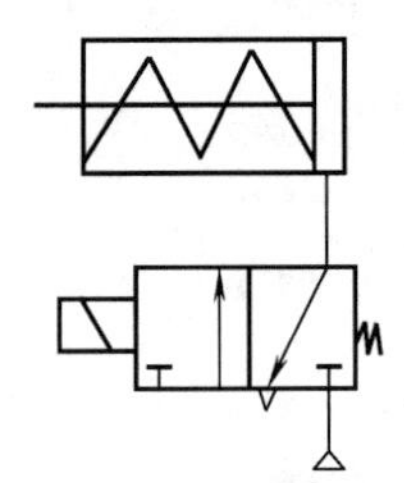

图 4.1 二位三通电磁阀控制电路

4.1.2 双作用气缸换向回路

图 4.2 是双电（气）控阀控制回路。图 4.2（a）为双电控换向回路；图 4.2（b）为双气控换向回路，主控阀两侧的两个二位三通阀可作远距离控制用，但两阀必须协调动作，不能同时接通气源。

图 4.3 是三位五通阀控制回路。该回路除可控制双作用缸换向外，还可使活塞在任意位置停留，但要求元件密封性好，适用于对定位要求不严的场合。

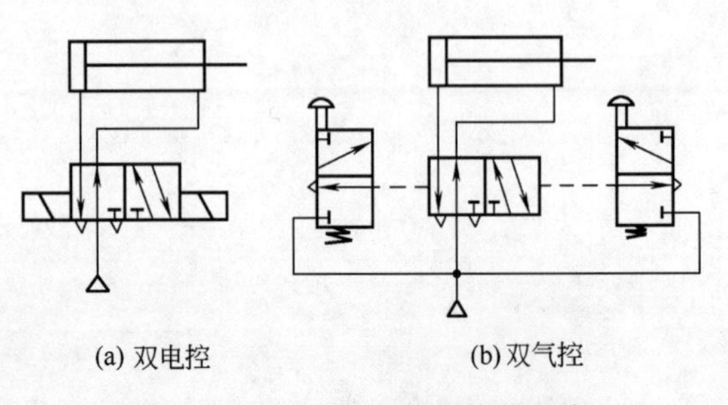

(a) 双电控　　(b) 双气控

图 4.2 双电和双气控阀控制回路

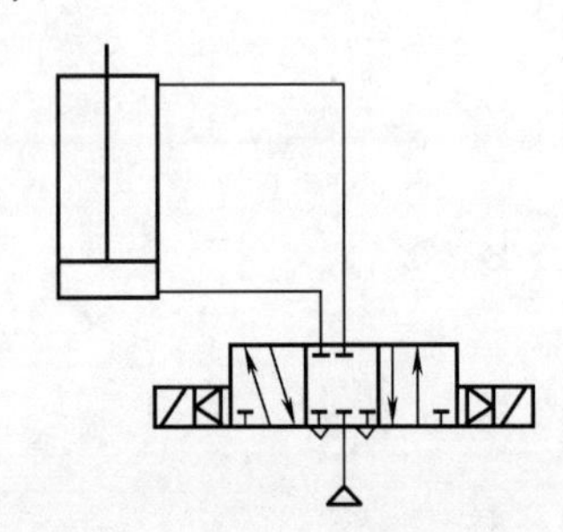

图 4.3 三位五通阀控制回路

4.2　速度控制回路

速度控制回路的功用在于调节或变换执行元件的工作速度。对于进口和出口节流调速回路的特点，气压传动和液压传动基本相同，在此不再重述。

4.2.1　单作用气缸速度控制回路

图 4.4 是采用单向节流阀的调速回路，活塞的两个方向运动速度分别由两个单向节流阀来调节。

图 4.5 是快速返回回路，利用快速排气阀可以实现快速返回，但返回速度不能调节。

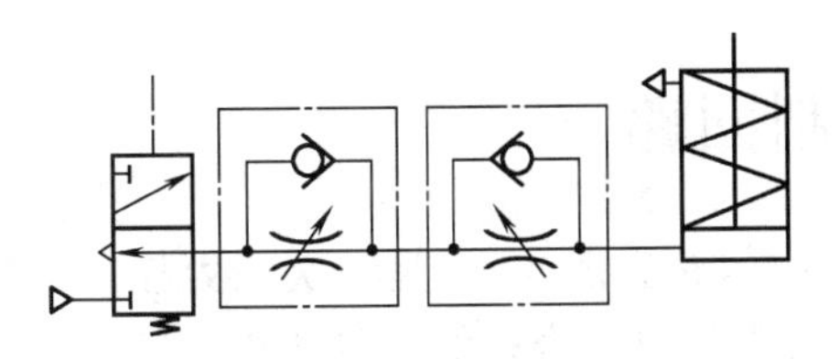

图 4.4　用单向节流阀的调速回路

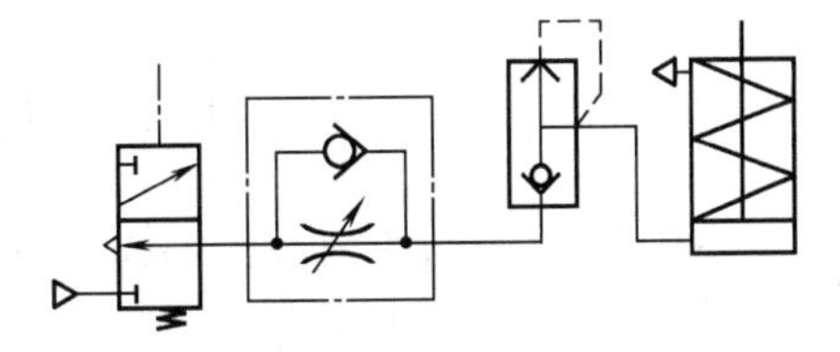

图 4.5　快速返回回路

4.2.2　双作用气缸速度控制回路

图 4.6 是出口节流调速回路，活塞的运动速度靠单向节流阀调节。该回路可承受负值负载，运动平稳性好，受外载变化的影响较小。

图 4.7 是排气节流阀调速回路。该回路的工作原理和特点与图 4.6 的基本相同。

图 4.8 是中途变速回路。在气缸动作到预定位置时，通过旁路回路中的二通换向阀可实现速度的切换。

图 4.9 是用快速排气阀的快速返回回路。当活塞运动到达预定位置时，电磁铁得电，活塞回程，压缩空气经快速排气阀快速排出，实现活塞快速返回。

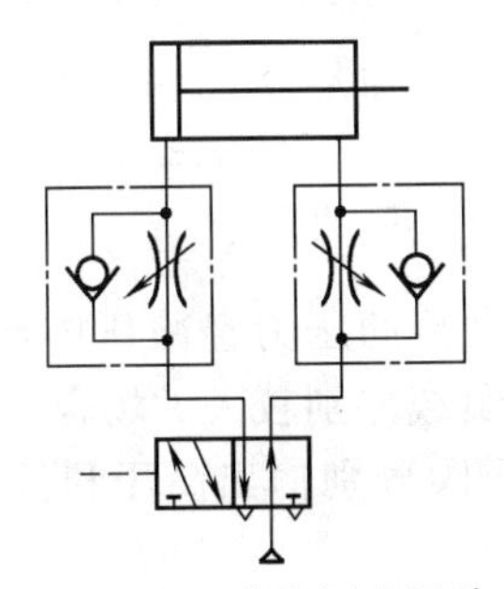

图 4.6　出口节流调速回路

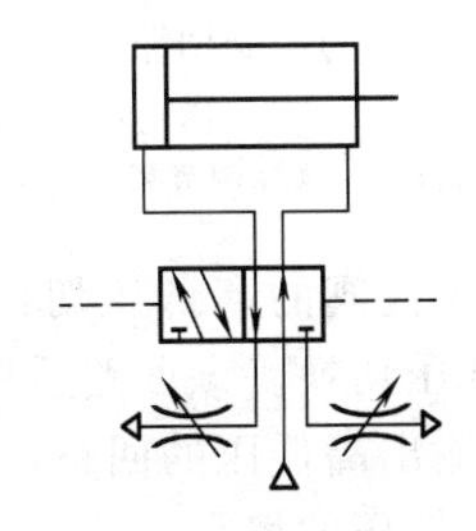

图 4.7　排气节流阀调速回路

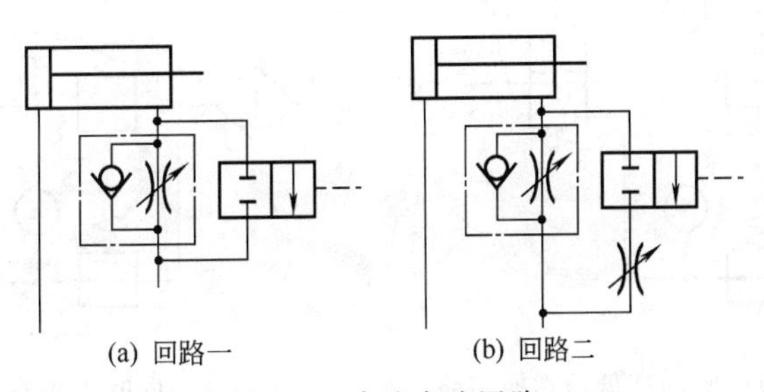

(a) 回路一　(b) 回路二

图 4.8　中途变速回路

图 4.10 是采用单向节流阀和行程换向阀组合的缓冲回路。当活塞前进到预定位置压下行程阀时，气缸排气腔的气流只能从节流阀通过，使活塞速度减慢，达到缓冲效果。

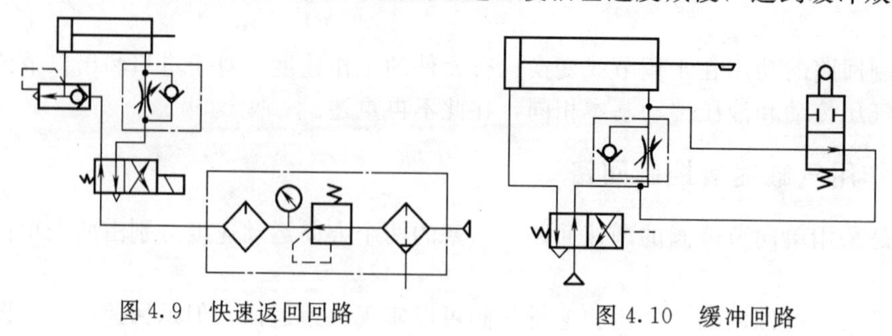

图 4.9　快速返回回路　　　图 4.10　缓冲回路

4.3　压力控制回路

对系统压力进行调节和控制的回路称为压力控制回路。图 4.11 是一次压力控制回路。常用外控型溢流阀保持供气压力基本恒定或用电接点式压力表来控制空气压缩机的转、停，使储气罐内压力保持在规定的范围内。采用溢流阀结构较简单，工作可靠，但气量浪费大。采用电接点式压力表对电动机进行控制要求较高，常用于对小型空压机的控制。一次压力控制回路的主要作用是控制储气罐内的压力，使其不超过规定的压力值。

图 4.12 是二次压力控制回路，利用溢流式减压阀来实现定压控制。二次压力回路的主要作用是控制气动系统的气源压力，以维持回路的机能和元件的性能。

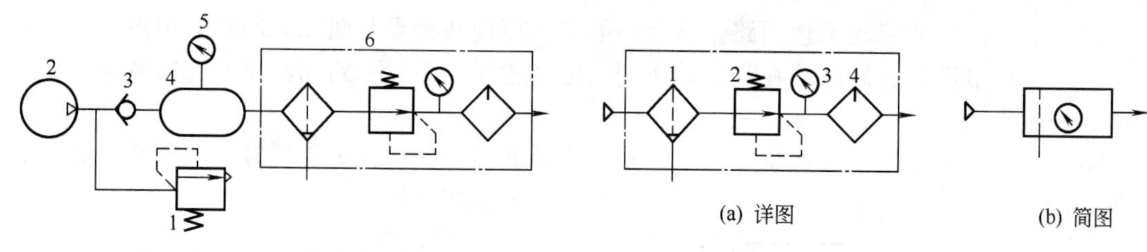

图 4.11　一次压力控制回路

1—溢流阀；2—空气压缩机；3—单向阀；4—储气罐；5—电接点压力表；6—气源调节装置

图 4.12　二次压力控制回路

1—空气过滤器；2—减压阀；3—压力表；4—油雾器

图 4.13 是利用换向阀的高低压切换回路，气源供给的压力经减压阀调到要求的压力，利用换向阀实现高低压切换。该回路适用于两种工况负载差别较大的场合。

图 4.14 是同时输出高低压的回路，利用两个减压阀分别输出高压和低压。该回路适用于需要同时输出高、低压的场合。

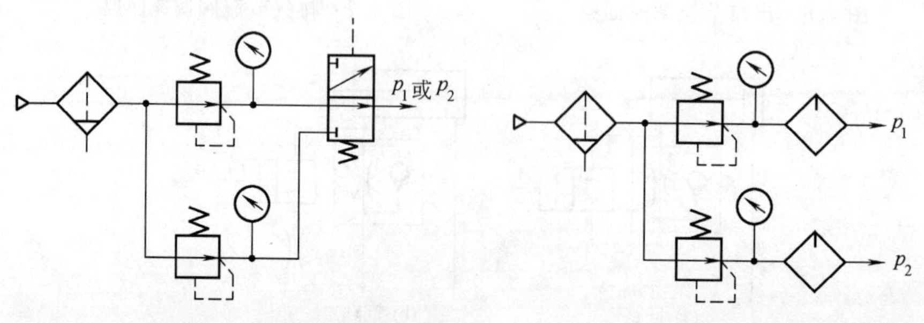

图 4.13　利用换向阀的高低压切换回路　　　图 4.14　同时输出高低压的回路

图 4.15 是使用单向减压阀的差压回路，活塞回程时，由减压阀提供低压，以节省耗气量。该回路运动平稳性较差，适用于双作用缸单向受载且对运动平稳性要求不高的场合。

图 4.16 是使用溢流阀的差压回路，利用溢流阀与减压阀相配合以控制气缸压力。该回路运动平稳，适用于双作用缸单向受载且对运动平稳性要求较高的场合。

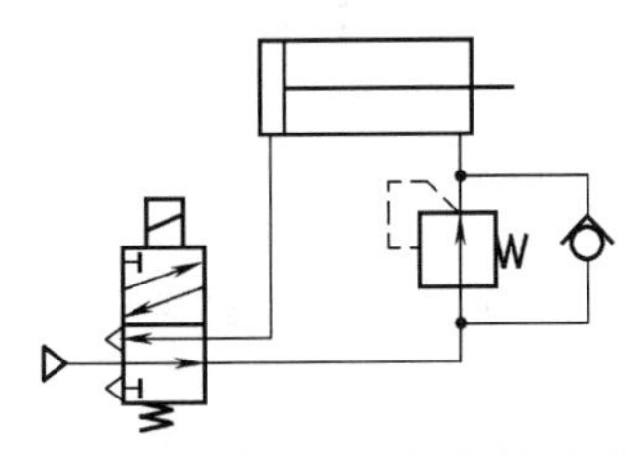

图 4.15　使用单向减压阀的差压回路

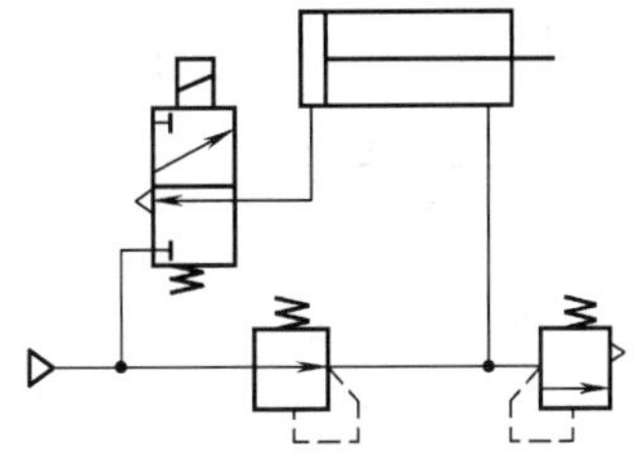

图 4.16　使用溢流阀的差压回路

图 4.17 是由三段活塞缸串联组成的增压回路。处于工作行程时，操纵电磁换向阀控制活塞的受压面积，从而控制活塞杆的输出力；图示为复位状态，使活塞杆退回。该回路增压倍数与串联的缸段数成正比，但输出力不能连续调节，适用于各工况负载差别较大的场合。

图 4.18 是摆动马达输出转矩控制回路。这是一个靠调节减压阀的输出压力来调节输出转矩的回路，但由于气源压力一般较低，气动马达的输出转矩调节范围小，仅适用于需对输出转矩作小范围调节的场合。该回路同样适用于控制气缸和马达。

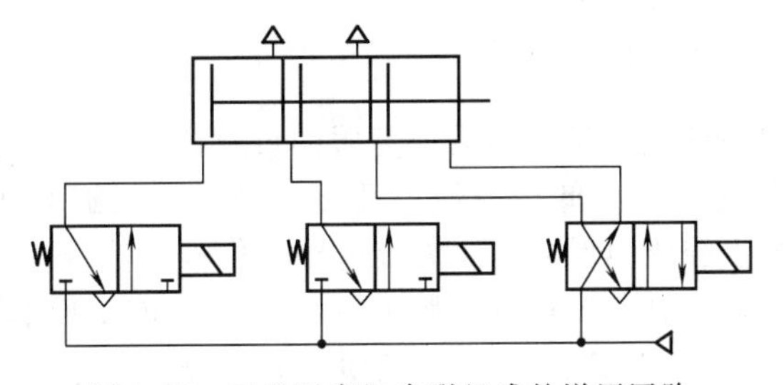

图 4.17　三段活塞缸串联组成的增压回路

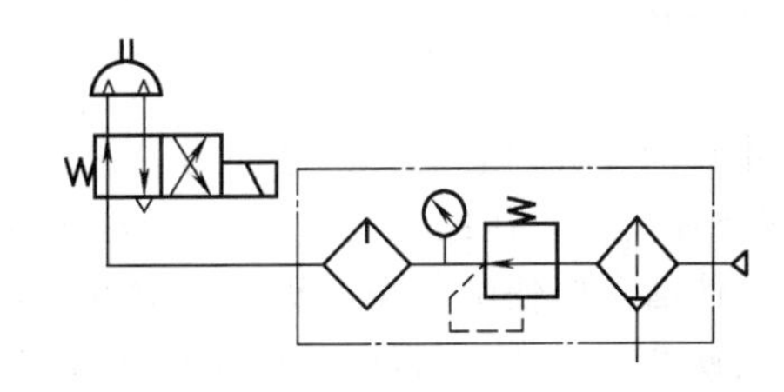

图 4.18　摆动马达输出转矩控制回路

4.4　气液联动回路

4.4.1　气液速度回路

气液传动速度控制回路具有运动平稳、停位准确、泄漏途径少、制造维修方便、能耗低等特点。

图 4.19 是气液转换器调速回路，利用两个气液转换器将气压变成液压，再用液压油驱动液压缸，从而得到平稳的运动速度。两个单向节流阀进行出口节流调速。在选用气液转换器时，要注意使其容量大于液压缸的容积，并有一定余量。

图 4.20 为采用行程阀的气液阻尼缸变速回路。当活塞杆向右快速运动时，撞块压下行程阀，液压缸右腔的油只能从节流阀通过，进入慢速运动，实现快慢速换接。行程阀的位置可根据需要进行调整，高位油箱起补充泄漏油液的作用。

4.4.2　气液增压回路

增压回路有多种形式，图 4.21 是由气液转换器和增压器组成的增压回路。图中 C 为带

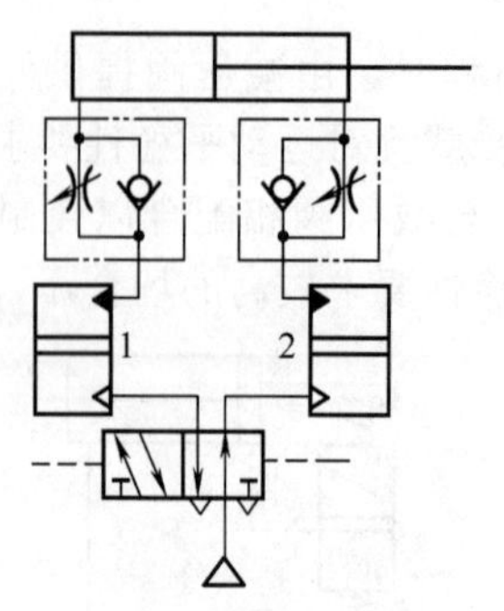

图 4.19 气液转换器调速回路
1,2—气液转换器

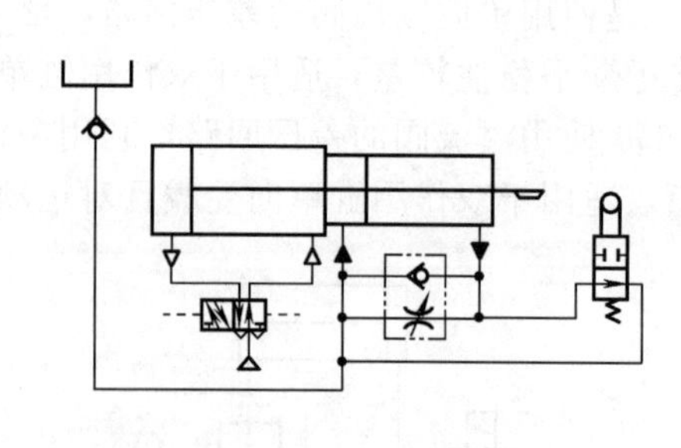

图 4.20 气液阻尼缸变速回路

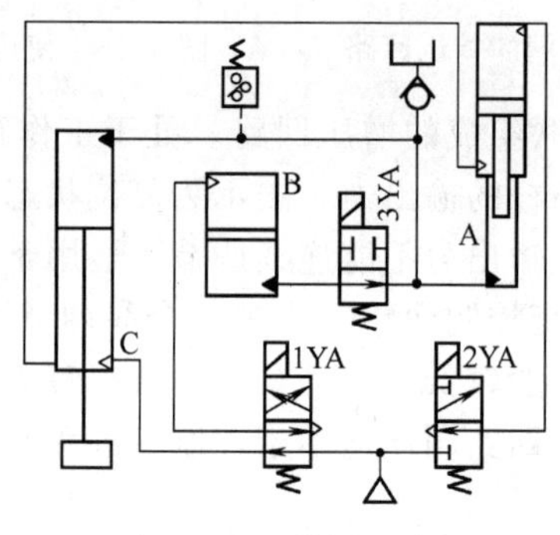

图 4.21 增压回路

有冲头的气缸，它的工作循环为：快进→工进→快退，工进时需要克服的负载较大。当电磁铁 1YA 得电，压缩空气进入气液转换器 B 并使之输出低压油液，低压油液进入气缸 C 上腔，使活塞杆快降。当冲头接触负载后，C 缸上腔压力增加，压力继电器动作输出信号，使电磁铁 2YA、3YA 得电。此时增压器 A 输出高压油进入 C 缸上腔进行工进。二位二通电磁阀的作用是防止高压油进入气液转换器。当 1YA、2YA、3YA 都断电，则压缩空气进入 C 缸下腔，使活塞杆快退复位。

4.5 其他常用回路

4.5.1 延时控制回路

图 4.22 是延时退回回路。压下手动控制阀 1，主控阀 2 换向，活塞杆伸出，至行程终

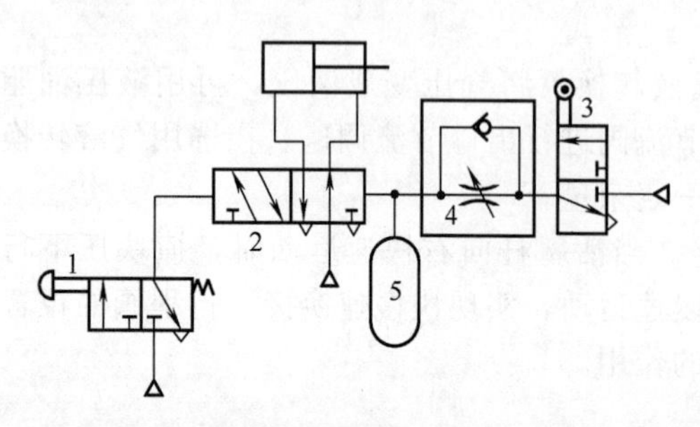

图 4.22 延时退回回路
1—手动控制阀；2—主控阀；3—行程阀；
4—单向节流阀；5—气容

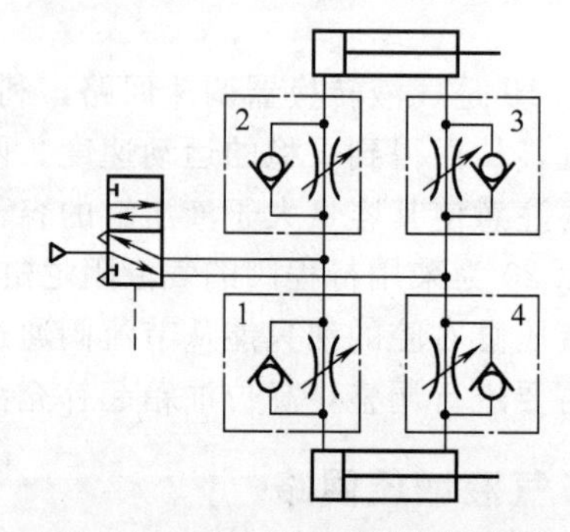

图 4.23 出口节流速度同步回路
1～4—单向节流阀

端，挡块压下行程阀 3 的阀芯，压缩空气经可调单向节流阀 4 向气容 5 充气，经过一定时间的延迟后，主控阀换向，活塞杆退回。延迟时间取决于节流阀的开度和气容的大小。这种延时退回回路可应用在镗削加工机床等。

4.5.2 同步回路

图 4.23 是一种出口节流速度同步回路。通过调节单向节流阀 1、2 或 3、4 可分别控制上、下两个活塞的速度，并使两缸速度相同。该回路的功用在于使两个执行元件克服摩擦、泄漏、制造质量等差异而实现同步，但只能保持速度同步，不能保持位置同步，并且同步精度低。仅适用于两缸负载相等，且对同步精度要求不太高的场合。

4.5.3 安全保护回路

图 4.24 为安全操作回路。回路中特意设置了两个手动二位三通换向阀构成了与门逻辑关系。使用时必须双手同时压下手动换向阀 1 和 2，主控阀 3 才能换向，气缸动作。这就对操作者的双手起了保护作用，可防止在冲床等生产过程中气缸推出的冲头和气锤压伤人。

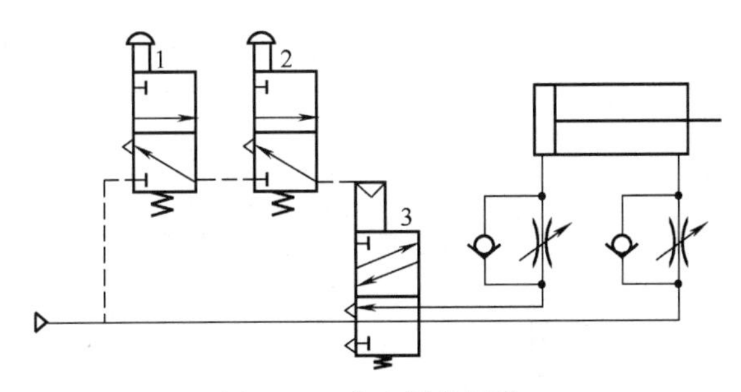

图 4.24 安全操作回路

1,2—手动换向阀；3—主控阀

4.5.4 往复运动回路

图 4.25 是行程阀控制的连续往复运动回路。当二位三通手动换向阀向右推，压缩空气进入左边行程阀，使二位五通主阀向左移，气缸无杆腔进气，活塞杆伸出，左边行程阀复

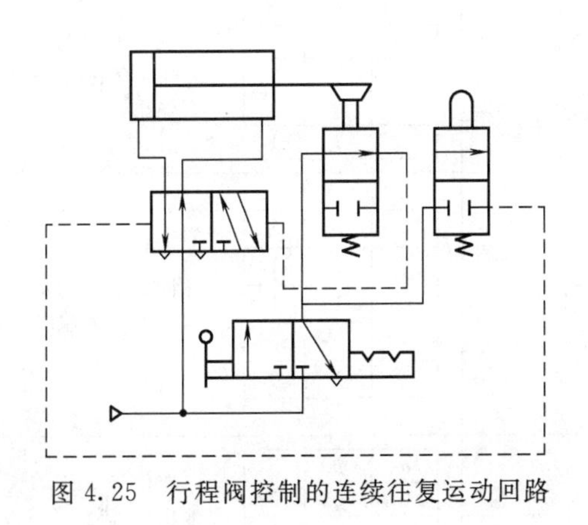

图 4.25 行程阀控制的连续往复运动回路

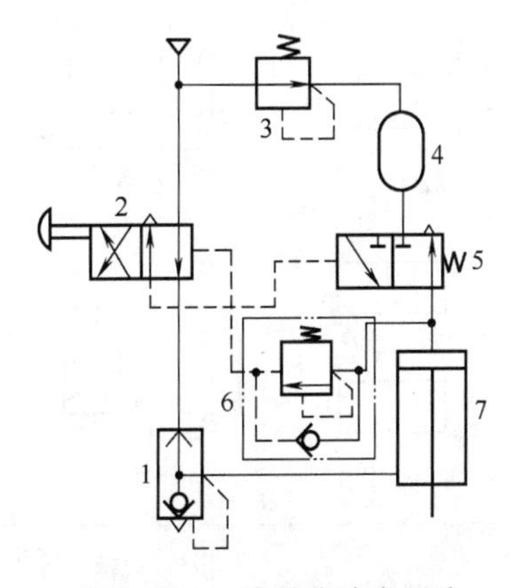

图 4.26 一次动作冲击回路

1—快速排气阀；2—手动换向阀；3—减压阀；4—储气罐；5—气控换向阀；6—单向顺序阀；7—冲击气缸

位；当活塞杆伸出到预定位置压下右边行程阀，使二位五通主阀复位，活塞杆缩回到原位；再压下左边行程阀，使活塞杆连续作往复运动。该回路结构简单，但可靠性常取决于行程的密封与弹簧的质量。

4.5.5 冲击回路

图 4.26 是一次动作冲击回路。按下二位四通换向阀 2 后，气控换向阀 5 切换至左位，储气罐快速供给冲击气缸 7 压缩空气，使气缸产生冲击动作，冲击气缸 7 排气经快速排气阀 1 排入大气；在产生冲击的同时，单向顺序阀 6 动作，阀 2 切换至右位，压缩空气经快速排气阀 1 进入气缸下腔，使气缸退回。该回路只要按一次阀 2，实现一次冲击动作，回路的冲击力由减压阀 3 调节。适用于非连续冲击的场合。

表 4.1 常见的逻辑回路

名称	回路图	逻辑符号及表达式	动作说明（真值表）	
是回路	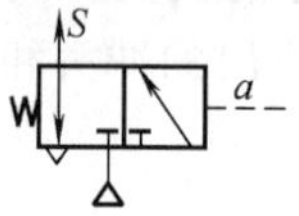 S, a	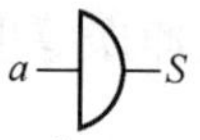 $S=a$	a S 0 0 1 1	有信号 a 则 S 有输出；无 a 则无输出
非回路	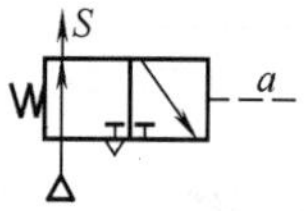 S, a	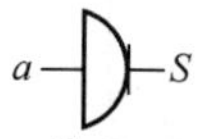 $S=\overline{a}$	a S 0 1 1 0	有 a 则 S 无输出；无 a 则 S 有输出
或回路	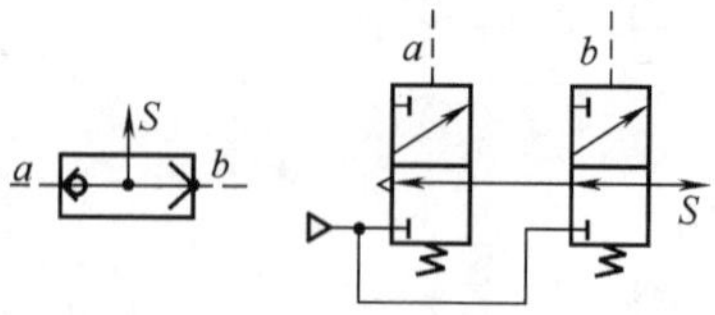 a, b, S	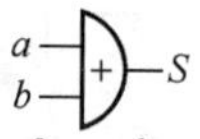 $S=a+b$	a b S 0 0 0 0 1 1 1 0 1 1 1 1	有 a 或 b 任一个信号，就有 S 输出
或非回路	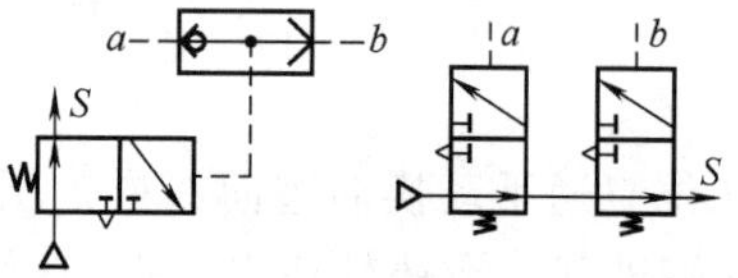 a, b, S	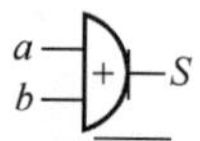 $S=\overline{a+b}$	a b S 0 0 1 0 1 0 1 0 0 1 1 0	有 a 或 b 任一个信号，S 无输出
与回路	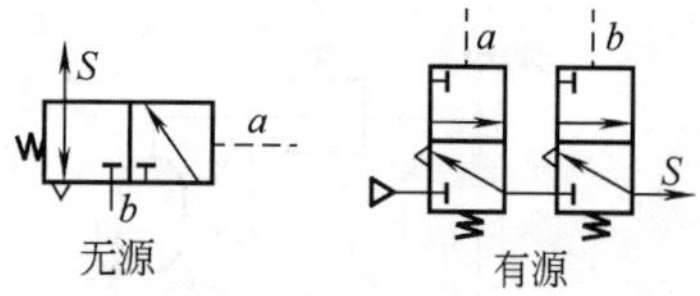 S, a, b 无源；a, b, S 有源	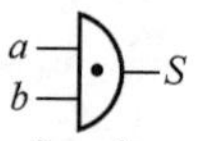 $S=a\cdot b$	a b S 0 0 0 0 1 0 1 0 0 1 1 1	只有当信号 a 和 b 同时存在时，S 才有输出
与非回路	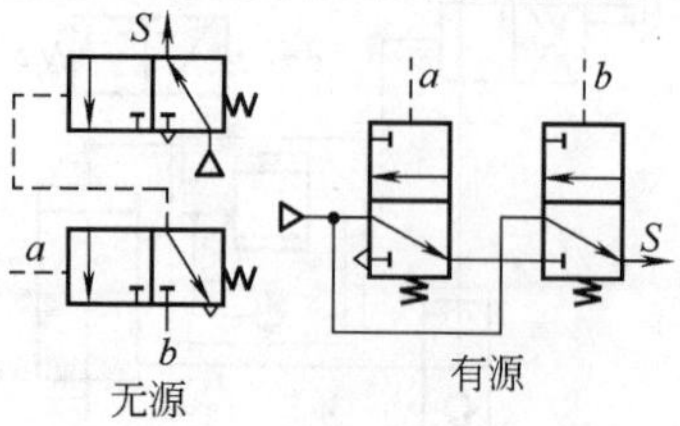 S, a, b 无源；a, b, S 有源	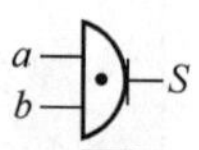 $S=\overline{a\cdot b}$	a b S 0 0 1 0 1 1 1 0 1 1 1 0	同时有信号 a 和 b 时，S 才无输出
禁回路	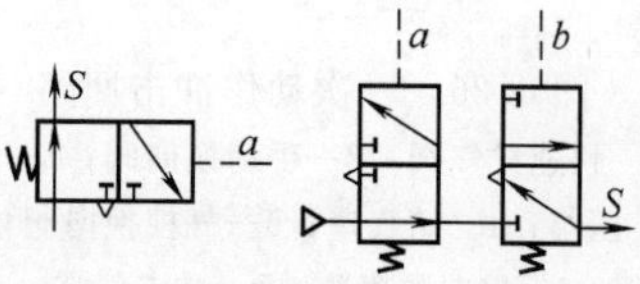 S, a；a, b, S	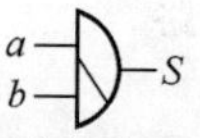 $S=\overline{a}\cdot b$	a b S 0 0 0 0 1 1 1 0 0 1 1 0	有信号 a 时，S 无输出（a 禁止了 S）；当无信号 a，有信号 b 时，S 才有输出

4.5.6　基本逻辑回路

气动逻辑回路是把气动回路按照逻辑关系组合，以完成某特定逻辑功能的回路。常见的各种逻辑回路如表 4.1 所示。

4.6　基本气动回路的应用

4.6.1　夹紧回路

此回路是机床夹具的气动回路，其动作循环是：先是垂直缸活塞杆下降将工件压紧，然后是两侧的气缸活塞杆同时前进，对工件进行两侧夹紧，夹紧后开始进行钻削加工，加工完成后夹紧缸退回，松开工件。图 4.27 是气动夹紧回路图。当用脚踏下阀 1，压缩空气进入垂直缸 A 的无杆腔，活塞杆下移将工件压紧，同时夹紧头与机动行程阀 2 接触后发出信号，压缩空气经单向节流阀 6 进入二位三通气控换向阀 4（调节节流阀开度可以控制阀 4 的延时接通时间），阀 4 切换至右位，压缩空气通过阀 4 和主阀 3 左位进入两侧的气缸 B 和 C 的无杆腔，使活塞杆前进而夹紧工件；与此同时，通过主阀 3 的一部分压缩空气经过单向节流阀 5 进入主阀 3 右端，经过一段时间后（由节流阀控制），主阀 3 切换为右位，两侧气缸后退到原来位置，同时一部分空气作为信号进入脚踏阀 1 的右端，使阀 1 右位接通，压缩空气进入缸 A 的下腔，夹紧头退回原位；夹紧头上升的同时使机动行程阀 2 复位，气控换向阀 4 也复位（此时主阀 3 右位已接通），压缩空气进入气缸 B、C 的有杆腔。无杆腔通过阀 3 排气，主阀 3 自动复位到左位，完成一个工作循环。此回路只有再踏下脚踏阀 1 才能开始下一个工作循环。

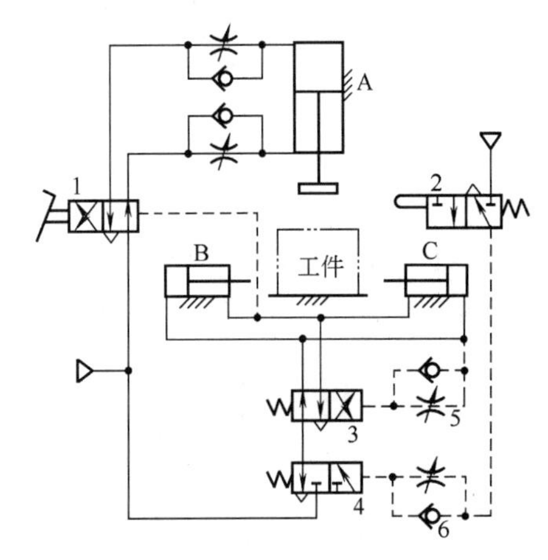

图 4.27　气动夹紧回路
1—人力控制换向阀；2—机动行程阀；
3,4—气控换向阀；5,6—单向节流阀

此回路由换向回路、延时回路、同步回路等组成。

4.6.2　液面自动控制装置气动回路

如图 4.28 所示，本装置用于将容器中的液体保持在一定高度范围内。打开启动阀 1，压缩空气经气动操作阀 2 使主阀 3 换向，输出压力 p_1'，打开注水阀 7，从而对容器加水。当水位低于液面下限时，下限检测传感器产生 p_1 信号，经先导阀 5 放大后关闭气动操作阀 2，使主阀右侧泄压，为换向作准备，此时仍保持记忆状态，使注水阀继续向容器内注水。当水位超过液面上限时，产生 p_2 信号，打开先导阀 4 使主阀 3 换向，从而压力 p_1' 消失，即关闭注水阀，而产生压力 p_2' 打开放水阀 8。随着液体的流出，液面下降，p_2 信号消失，先导阀 4 复位，但主阀仍记忆在放水位置，直到液面下降至下限以下，p_1 信号消失，先导阀 5、气动操作阀 2 复位，使主阀换向，再重复上述过程。

此回路由换向回路、压力回路、速度回路等组成。

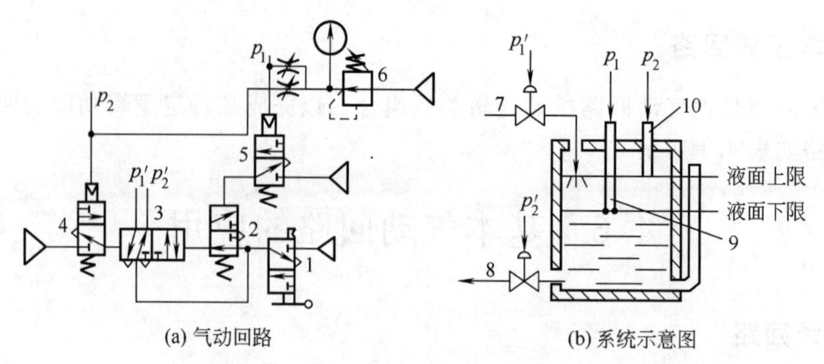

(a) 气动回路 (b) 系统示意图

图 4.28 液面自动控制装置气动系统图

1—启动阀；2—气动操作阀；3—主阀；4,5—先导阀；6—调压阀；7—注水阀；8—放水阀；9—液面下限检测传感器；10—液面上限检测传感器

4.7 习 题

习题 4-1 按功能分，有哪几种气动基本回路？

习题 4-2 用一个二位三通能否控制双作用气缸的换向？

5 典型气液电控制系统

在前几章中已经学习了液压、气动常用元件及基本控制环节，为了使气、液、电有机地组合在一起，本章在此基础上，将对典型生产机械设备的气、液、电控制系统进行分析和研究。机床设备在工矿企业中占的比例最大，且种类繁多，是机械制造业中的主要技术设备。现以常用机床的控制系统为例，讲解、分析典型设备的控制方法，加深对气动、液压和电气基本控制环节的理解，以及机械与气、液、电之间的配合，为典型设备控制系统的设计、安装、调试和运行打下一定基础。

在学习和分析机床控制系统时，应注意以下一些问题：

① 对机床的基本结构、运行情况以及工艺要求应有一定的了解；

② 应了解机床中机械与气、液、电之间的关系，明确机床对气、液、电的控制要求；

③ 按照从“化整为零”到“积零为整”的方法，将整个控制系统按功能分成若干部分逐一进行分析，并注意各部分间的联锁关系，最后再统观整个控制系统；

④ 应抓住各机床控制系统的特点，总结其控制规律，以期举一反三。

下面对组合机床、液压压力机、气动机械和制动气缸控制系统进行分析和讨论。

5.1 组合机床的电液控制

组合机床是以独立的通用部件为基础，配以部分专用部件组成的高效率专用机床。通常采用多刀、多面、多工位、多工序的加工方式，适用于小批、大批和大量生产企业，多用于加工大、中型箱体类工件，完成钻孔、扩孔、铰孔、加工各种螺纹、镗孔、车端面和凸台、在孔内镗各种形状槽，以及铣削平面和成形面等。

组合机床的通用部件有动力部件（如动力箱、动力滑台等）、支承部件（如床身、滑座、立柱等）、输送部件（如回转工作台、回转鼓轮等）、控制部件（如液压部件、控制板、按钮台等）以及辅助部件（如机械扳手、润滑装置、夹紧装置等）。

组合机床的控制系统大多采用机械、液压或气动、电气相结合的控制方式。其中，电气控制起着中枢联结作用。因此，在学习组合机床的控制系统时，应注意分析机、电、液或气之间的相互关系。

本节以由两个 HY 型液压动力滑台和固定式夹具组成的卧式双面单工位组合机床为例来分析组合机床的电液控制。

5.1.1 双面单工位组合机床的结构及工作循环

图 5.1 示出了由两个 HY 型液压滑台、动力箱、固定式夹具、底座、床身、液压站等部件组成的双面单工位组合机床的结构示意图。

组合机床可完成“半自动”和“调整”两种工作方式，其半自动工作循环如图 5.2 所

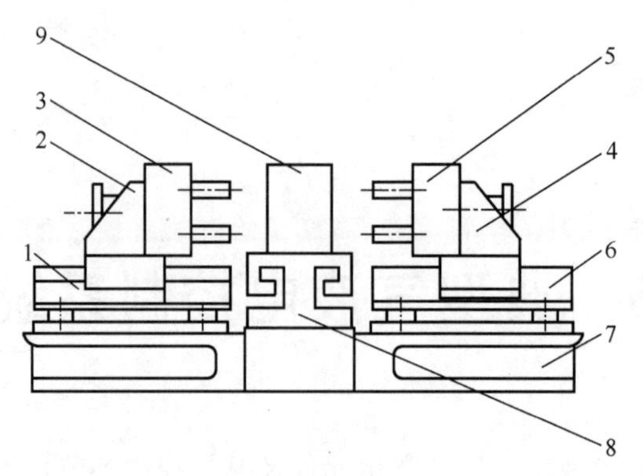

图 5.1 双面单工位组合机床结构示意图

1,6—滑台；2,4—动力箱；3,5—变速箱；
7—底座；8—工作台；9—工件

示。加工时，将工件放在工作台上并夹紧，当工件夹紧后，发出加工指令，左、右滑台开始快进，当近加工位置时，左、右滑台变为工作进给，直至终点后再快退返回，至原位左、右滑台分别停止，并将工件松开取下，工作循环结束。

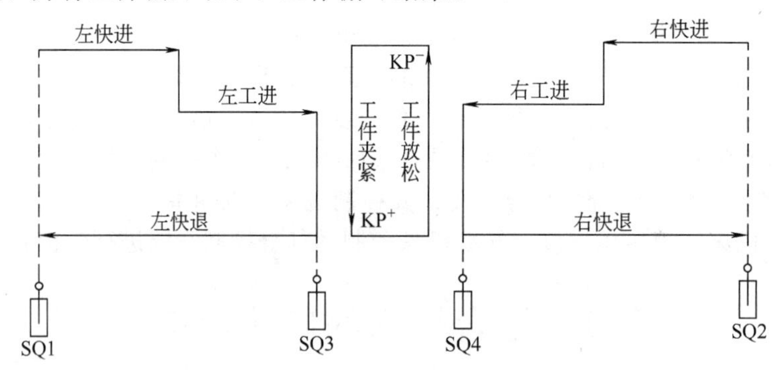

图 5.2 半自动工作循环示意图

5.1.2 双面单工位组合机床液压系统

图 5.3 为上述双面单工位组合机床的液压系统图，由于左、右液压滑台工作油路相同，所以图中只画出一个液压滑台的油路。系统液压元件动作情况如表 5.1 所示。

表 5.1 液压元件动作表

工步 \ 元件	1YA	2YA	3YA	4YA	5YA	6YA	KP
原　位	－	－	－	－	－	（＋）	－
工件夹紧	－	－	－	＋	＋	－	
滑台向前	＋	－	＋	－	（＋）	－	＋
滑台向后	－	＋	－	＋	（＋）	－	＋
工件松开	－	－	－	－	－	＋	－

注：“＋”为通电；“（＋）”为可继续保持通电；“－”为断电。

液压系统工作过程如下。

（1）工件夹紧　液压泵电动机启动后，按 SB5 按钮发出工件夹紧信号，使电磁阀 5YA 得电，二位四通电磁阀 5 右位工作，压力油经减压阀 3、单向阀 4 进入夹紧油缸 7 的

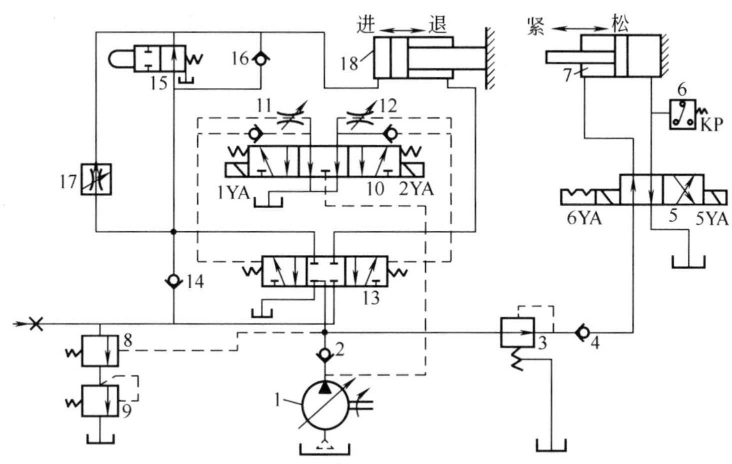

图 5.3　双面单工位组合机床液压系统图

1—变量泵；2,4,14,16—单向阀；3—减压阀；5—电磁阀；
6—压力继电器；7—夹紧油缸；8—顺序阀；9—背压阀；
10—先导阀；11,12—单向节流阀；13—液控主阀；
15—行程阀；17—调速阀；18—液压缸

大腔，而小腔回油至油箱，工件夹紧。当夹紧到位后压力继电器 KP 工作，表示工件已夹紧。

(2) 快速趋近　在压力继电器发出信号后，按 SB3 按钮，发出滑台快速移动信号，电磁阀 1YA (3YA) 得电，三位五通先导阀 10 左位工作，使液控主阀 13 左位工作，接通工作油路，压力油经行程阀 15 进入进给液压缸 18 大腔，而小腔内回油经过阀 13、阀 14、阀 15 再进入液压缸 18 大腔，使滑台向前快速移动。

(3) 工作进给　液压滑台快速移动到接近加工位置时，滑台上挡铁压下行程阀 15，切断压力油通路，压力油只能通过调速阀 17 进入进给液压缸大腔，减少进油量，降低滑台移动速度，滑台转为工作进给。此时由于负载增加，工作油路油压升高，顺序阀 8 打开，液压缸小腔回油不再经过单向阀 14 流入液压缸大腔，而是经顺序阀 8 流回油箱。

(4) 快速退回　当滑台工进到终点时，压下终点行程开关 SQ3 (SQ4)，使电磁阀 1YA (3YA) 断电，而电磁阀 2YA (4YA) 得电，阀 10 右位工作，使液控主阀 13 右位工作，压力油直接进入液压缸小腔，使滑台快速退回。同时大腔内的回油经单向阀 16、阀 13 直接流回油箱。当滑台快退回原位，压下行程开关，电磁阀 2YA (4YA) 失电，液压阀回中间位置，切断工作油路，滑台停止于原位。

(5) 工件松开　当滑台回原位停止后，按 SB6 按钮，使电磁阀 6YA 得电，二位四通电磁阀 5 左位工作，改变油路的方向，压力油进入夹紧油缸 7 小腔，大腔内的回油经阀 5 直接流回油箱，使工件松开，同时压力继电器 KP 复位，取下工件，一个工作循环结束。

5.1.3　双面单工位组合机床电气控制线路

图 5.4 为该双面单工位组合机床的电气控制线路图。机床的“半自动”和“调整”两种工作循环由转换开关 SA 进行选择。

(1) 电动机的控制　液压泵电动机 M3 由接触器 KM3 控制，左、右动力头电动机 M1、

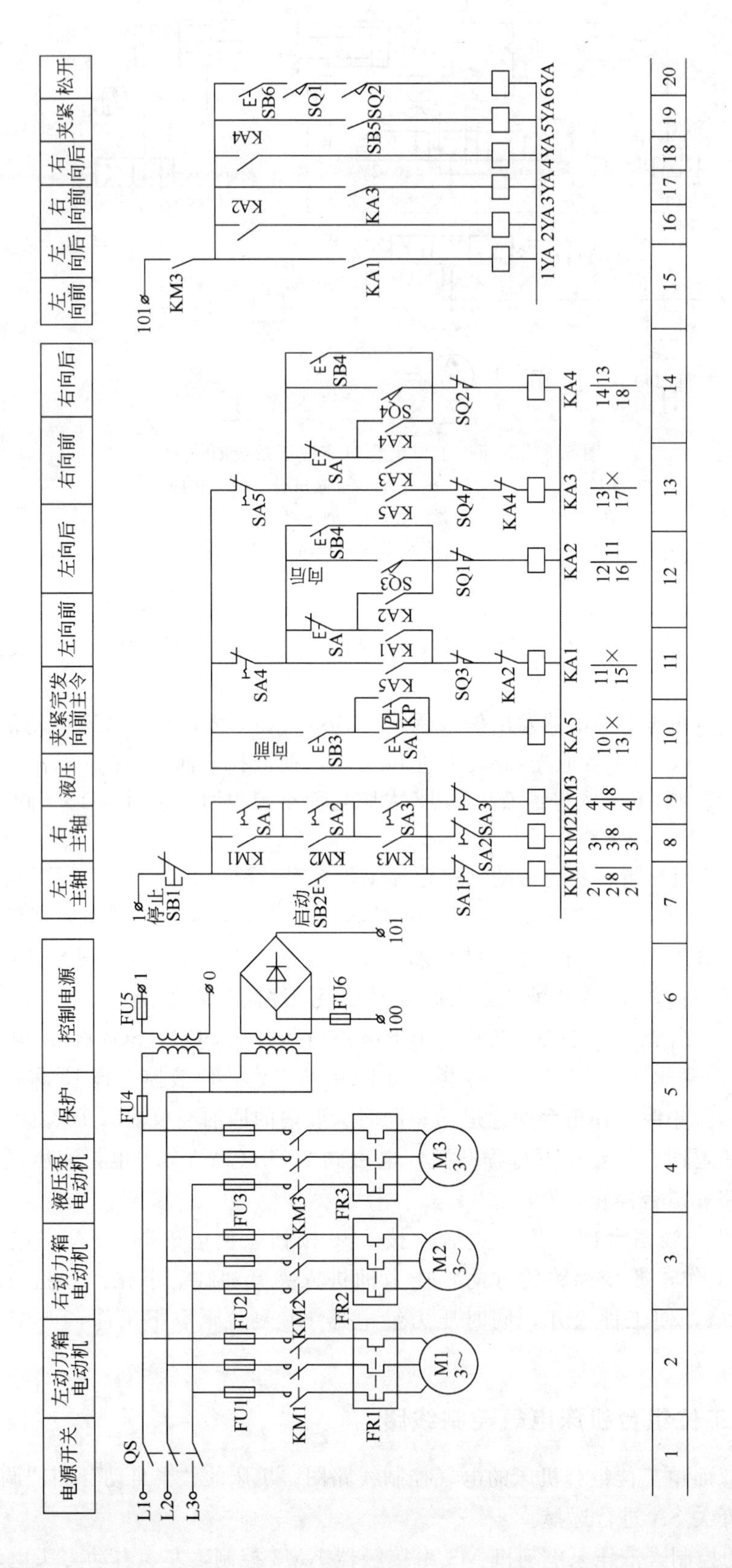

图 5.4 双面单工位组合机床电气控制线路图

M2 分别由接触器 KM1、KM2 控制。当合上电源开关 QS，按下启动按钮 SB2，电动机 M1、M2、M3 启动。SB1 为停止按钮。SA1、SA2、SA3 分别为 M1、M2、M3 的单独调整开关。

(2) 半自动工作循环的控制 装上工件，按下夹紧按钮 SB5，使夹紧电磁阀 5YA 得电，工件开始夹紧，夹紧后压力继电器 KP 常开触点闭合，为 KA5 得电作准备。注意，由于该电磁阀具有机械保持功能，虽然 SB5 按下后放开又使 5YA 断电，但电磁阀还处于夹紧工作位置。

工件夹紧后，再按向前按钮 SB5，KA5 得电，使左、右滑台的向前继电器 KA1、KA3 分别得电并自锁，同时分别接通向前电磁阀 1YA、3YA，左、右滑台快进，快进到压下各自的液压行程阀转工进，进行加工，加工到终点，各自终点挡铁压下终点限位行程开关 SQ3、SQ4，切断 KA1、KA3，使 1YA、3YA 断电，同时 SQ3、SQ4 的常开触点又使左、右滑台的向后继电器 KA2、KA4 得电并各自自锁，分别接通向后电磁阀 2YA、4YA，使左、右滑台快退，退到原位，压下各自的原位行程开关 SQ1、SQ2，切断 KA2、KA4，使 2YA、4YA 断电，左、右滑台停止于原位。

当左、右滑台停止于原位后，SQ1、SQ2 的常开触点接通，为 6YA 得电作准备。此时，按下松开按钮 SB6，松开电磁阀，6YA 得电，松开工件，至此一个循环结束。取下工件，装上新工件，准备下一次加工。

(3) 调整工作循环的控制 将转换开关 SA 扳至“调整”位置，再操作开关 SA1～SA5，按相应按钮，进行各部件的单独调整。例如，在不要动力箱电动机旋转且不装工件的情况下进行左滑台的单独调整是：断开开关 SA1、SA2 和 SA5，按 SB2，液压泵电动机启动工作，再按下 SB5，进行左滑台的向前点动调整；按 SB4，进行左滑台的向后点动调整。同理也可进行右滑台的单独调整，读者可自行分析。

5.2 液压压力机的电液控制

液压压力机是对金属材料、塑料、橡胶、粉末冶金制品进行压力加工的设备，在许多工业部门中得到了广泛的应用。

四柱式液压压力机用得最多，也最典型。它可以进行冲剪、弯曲、翻边、薄板拉伸等工艺，也可以从事校正、压装、砂轮成形、冷剂金属零件成形、塑料制品及粉末制品的压制成形等工艺。

下面就以 YB32-200 型万能液压压力机为例，来分析其液压系统和电气控制系统的工作原理及特点。

5.2.1 YB32-200 型液压压力机基本结构

YB32-200 型液压压力机由主机和控制机构两大部分组成，通过管路和电气装置联系起来构成一个整体。主机部分由机身、主缸、顶出缸及充液装置等组成，如图 5.5 所示。控制机构由动力机构、减速限程装置、管路及电气操纵箱等组成。

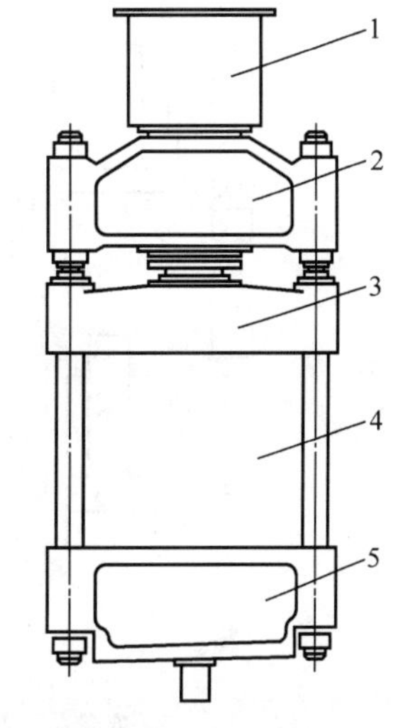

图 5.5 YB32-200 型液压压力机的基本结构
1—充液装置；2—上横梁；3—活动横梁；4—立柱；5—工作台

机身由上横梁、活动横梁、工作台、立柱等组成。依靠四个立柱作为主架，上横梁及工作台由锁紧螺母紧固于两端。主缸缸体紧固于上横梁，主缸活塞与活动横梁由螺母紧固连接，活动横梁内装有导向套，依靠四柱导向作上下运动。活动横梁及工作台表面均有T形槽，以便于安装模具。顶出缸装于工作台中心孔内。

动力机构由油箱、液压泵、电动机以及各压力阀和方向阀等组成。它是产生和分配工作液压，而使主机实现各种动作的机构。

5.2.2 YB32-200型液压压力机液压系统工作原理

图5.6为YB32-200型液压压力机的液压系统原理图。该系统采用变量泵-液压缸式容积调速回路，工作压力范围为10～32MPa。其主油路的最高压力由安全阀2限定，实际工作可由远控调压阀3调整。控制油路的压力由减压阀4调整。液压泵的卸荷压力可由顺序阀7调整。在分析其液压系统时，可参阅YB32-200型液压压力机电磁铁动作顺序表，见表5.2。

表5.2 YB32-200型压力机电磁铁动作顺序

液压缸	工作循环	信号来源	电磁铁			
			1YA	2YA	3YA	4YA
主缸	快速下行	启动按钮SB3	+	−	−	−
	慢速加压	上滑块压住工件	+	−	−	−
	保压延时	KP或SQ2	−	−	−	−
	泄压换向	时间继电器KT1	−	+	−	−
	快速退回	预泄阀换为下位	−	+	−	−
	原位停止	行程开关SQ1	−	−	−	−
顶出缸	向上顶出	顶出按钮SB5	−	−	+	−
	向下退回	时间继电器KT2	−	−	−	+
	原位停止	行程开关SQ4	−	−	−	−

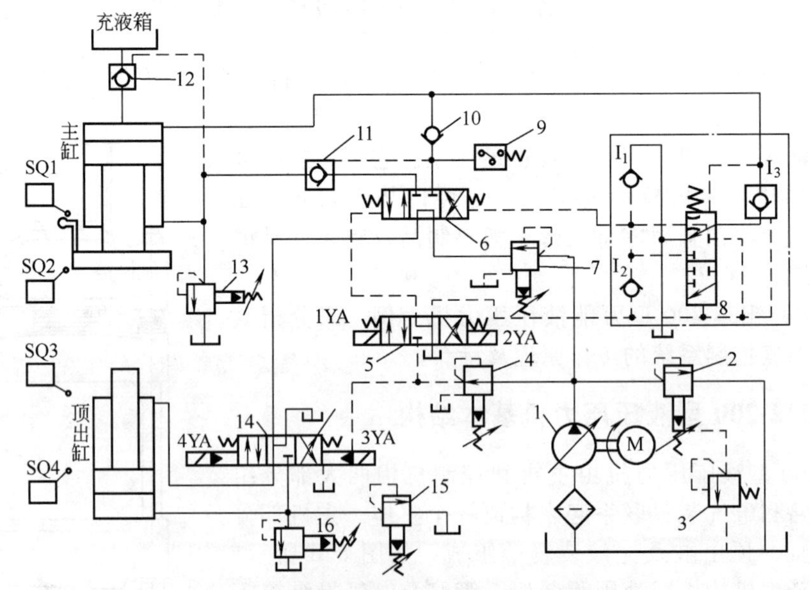

图5.6 YB32-200型液压压力机液压系统原理图

1—变量泵；2—先导式溢流阀（安全阀）；3—行程控制阀（远控调压阀）；4—先导式减压阀；5—电磁换向阀；6—液压换向阀；7—顺序阀；8—预泄换向阀；9—压力继电器；10—单向阀；11,12—液控单向阀；13—平衡阀；14—电液换向阀；15—溢流阀；16—安全阀

5.2.2.1 主缸运动

(1) 快速下行 按下启动按钮 SB3，电磁阀 1YA 通电，电磁换向阀 5 左位接入系统，控制油进入液压换向阀 6 的左端，阀 6 左位接入系统。主油路中压力油经顺序阀 7、换向阀 6 及单向阀 10 进入主缸上腔，并将液控单向阀 11 打开，使主缸下腔回油，主缸活塞带动上滑块快速下行，主缸上腔压力降低，其顶部充液箱的油经液控单向阀 12 向主缸上腔补油。

(2) 慢速加压 当主缸活塞带动上滑块接触到被压制工件时，主缸上腔压力升高，液控单向阀 12 关闭，充液箱不再向主缸上腔供油，且液压泵流量自动减少，滑块下移速度降低，慢速加压工作。

(3) 保压延时 当主缸上腔油压升高到压力继电器 9 的动作压力时，压力继电器发出信号，使电磁阀 1YA 断电，阀 5 换为中位。这时阀 6 两端油路均通油箱，因而阀 6 在两端弹簧力作用下换为中位，主缸上、下腔油路均被封闭保压；液压泵则经过阀 6 中位、阀 14 中位卸荷。同时，压力继电器还向时间继电器发出信号，使时间继电器开始延时。保压时间由时间继电器在 0～24min 范围内调节。

该系统也可利用行程开关控制使系统由慢速加压转为延时保压，即当慢速加压时，滑块下移到预定位置，由与滑块相连的运动件上的挡块压下行程开关 SQ2 发出信号，使阀 5、阀 6 换为中位停止状态，同时向时间继电器发出信号，使系统进入保压阶段。

(4) 泄压换向 保压延时结束后，时间继电器发出信号，使电磁阀 2YA 通电，阀 5 换为右位。控制油经阀 5 进入液控单向阀 I_3 的控制油腔，顶开其卸载阀芯，使主缸上腔油路的高压油经 I_3 卸载阀芯上的槽口及预泄换向阀 8 上位（图示位置）的孔道与油箱连通，从而使主缸上腔油卸压。

(5) 快速退回 主缸上腔泄压后，在控制油压作用下，阀 8 换为下位，控制油经阀 8 进入阀 6 右端，阀 6 左端回油，因此阀 6 右位接入系统。主油路中，压力油经阀 6、阀 11 进入主缸下腔，同时将液压单向阀 12 打开，使主缸上腔油返回充液箱，主缸活塞带动上滑块快速上升，退回到原位。

(6) 原位停止 当主缸活塞带动上滑块返回到原始位置，压下行程开关 SQ1 时，使电磁阀 2YA 断电，阀 5 和阀 6 均为中位（阀 8 复位），主缸上、下腔封闭，滑块停止运动。阀 13 为主缸平衡阀，起平衡滑块重量作用，可防止与上滑块相连的运动部件在上位时因自重而下滑。

5.2.2.2 顶出缸运动

(1) 向上顶出 按下顶出按钮 SB5，电磁阀 3YA 通电，阀 14 换为右位。压力油经阀 14 进入顶出缸下腔，其上腔回油，顶出缸活塞带动下滑块上移。将压制好的工件从模具中顶出。这时系统的最高工作压力可由溢流阀 15 调整。

(2) 停留 当下滑块上移到其活塞碰到缸盖时，便可停留在这个位置上。同时碰到上位行程开关 SQ_3，使时间继电器动作，延时停留。停留时间可由时间继电器调整。

(3) 向下退回 当停留结束时，时间继电器发出信号，使电磁阀 4YA 通电（3YA 断电），阀 14 换为左位。压力油进入顶出缸上腔，其下腔回油，下滑块下移。

(4) 原位停止 当下滑块退到原位时，挡铁压下下位行程开关 SQ4，使电磁阀 4YA 断电，阀 14 换为中位，运动停止，顶出缸上腔和泵油均经阀 14 中位回油箱。

5.2.2.3 浮动压边

(1) 上位停留 先使电磁阀 3YA 通电，阀 14 换为右位，顶出缸下滑块上升到顶出位置，由行程开关或按钮发出信号使 3YA 再断电，阀 14 换为中位，使下滑块停在顶出位置上。这时顶出缸下腔封闭，上腔通油箱。

（2）浮动压边　浮动压边时主缸上腔进压力油（主缸油路同慢速加压油路），主缸下腔油进入顶出缸上腔，顶出缸下腔油可经阀 15 流回油箱。

主缸上滑块下压薄板时，下滑块也在此压力下随之下行。这时阀 15 为背压阀，它能保证顶出缸下腔有足够的压力。阀 16 为安全阀，它能在阀 15 堵塞时起堵塞过载保护作用。

5.2.3　YB32-200 型液压压力机电气控制系统

5.2.3.1　概述

电气控制系统的任务是按液压系统规定的动作要求，驱动电动机，选择工作方式，在主令电气的信号作用下，使有关电磁铁动作以完成指定的工艺动作循环。图 5.7 所示为 YB32-200 型液压压力机电气控制线路。

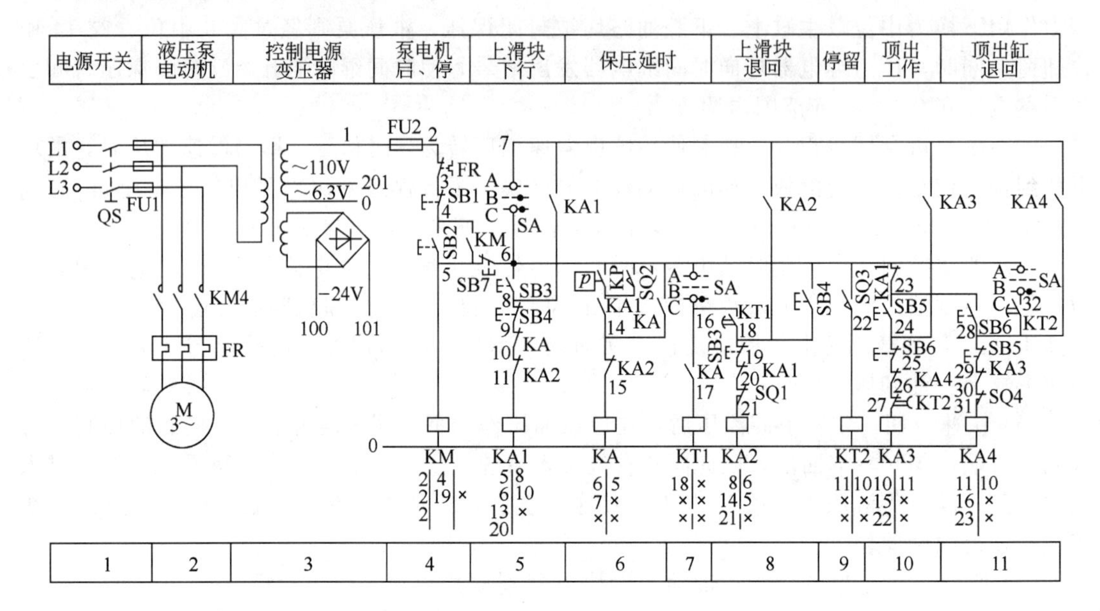

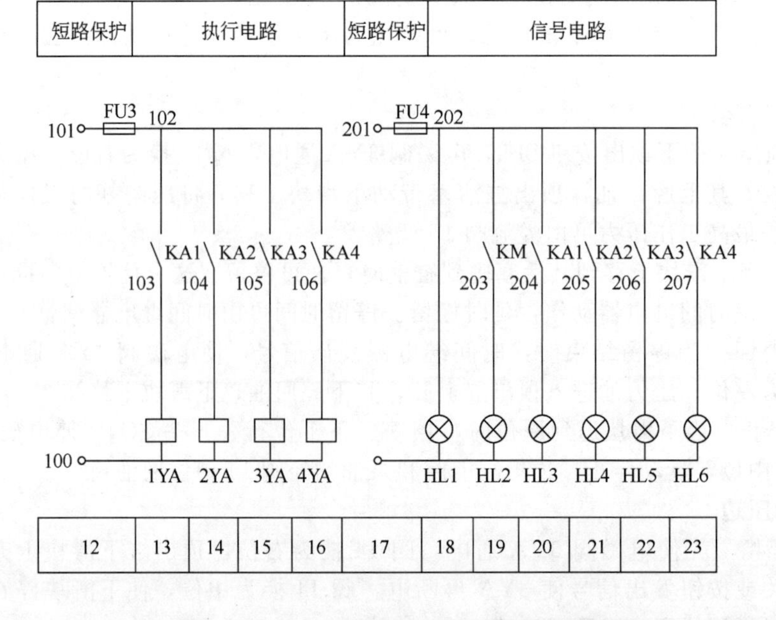

图 5.7　YB32-200 型液压压力机电气控制线路

（1）主电路　主电路采用三相交流 380V 电源，由电源开关 QS、熔断器 FU1、交流接触器 KM、热继电器和驱动油泵用的三相笼型异步电动机所组成。

（2）工作方式的选择　根据生产工艺的要求，本设备设有“调整”、“手动”和“半自动”三种工作方式。由转换开关 SA 来进行选择。

① 调整工作方式　将转换开关 SA 扳到“A”位置（即 6-7 断开、6-16 断开、6-32 断开），此时按下 SB3～SB6 按钮即可得到相应的动作，放开按钮即停止。

② 手动工作方式　将转换开关 SA 扳到“B”位置（即 6-7 接通、6-16 断开、6-32 断开），此时只要按下 SB3～SB6 按钮即可得到相应的动作，直到该动作完成为止。

③ 半自动工作方式　将转换开关 SA 扳到“C”位置（即 6-7 接通、6-16 接通、6-32 接通）。半自动工作方式又分为“定压成形”与“定程成形”两种。

“定压成形”时，按下工作按钮 SB3，上滑块即可自动按顺序进行快速下行、慢速加压，压力升到一定值时开始保压延时，延时到进行泄压换向、快速退回至原位停止。再按下顶出按钮 SB5，自动进行顶出工件、停留、顶出缸退回原位停止。

“定程成形”时，应事先将行程开关 SQ2 调整至所需位置，且将压力继电器 KP 的动作压力调整至大于加压的压力。当上滑块下行、加压碰到 SQ2 时开始保压延时，延时到自动退回。

（3）控制线路及执行线路　控制线路采用交流 110V 电源，可通过变压器降压得到。而电磁阀执行线路采用整流后的直流 24V 电源。

（4）信号线路　信号线路采用交流 6.3V 电源，通过信号灯来指示电源是否通电以及设备处于何种工作状态。

5.2.3.2　电气控制线路工作原理

现以半自动“定压成形”工作方式为例，对电气控制线路的工作原理分析如下。

① 首先将转换开关 SA 扳到“C”位置，然后合上电源开关 QS，信号灯 HL1 亮。

② 按下启动按钮 SB2，接触器 KM 线圈得电并自锁，使油泵电动机启动运行，信号灯 HL2 亮。注意：所有动作必须在液压泵电动机运行的情况下方可进行。

③ 按下工作按钮 SB3，中间继电器 KA1 得电并自锁，其触点接通电磁阀 1YA，上滑块快速下行，信号灯 HL3 亮，根据前面对液压系统的分析可知，当上滑块接触到被压制工件时，转为慢速下行。

④ 当压力升到一定值时，压力继电器 KP 动作，其常开触点（6-13）闭合使中间继电器 KA 得电并自锁，KA 常闭触点（9-10）断开 KA1，而 KA 常开触点（16-17）接通时间继电器 KT1 线圈，KT1 开始延时。

⑤ 当 KT1 的延时时间到，其触点（16-18）闭合，使 KA2 得电并自锁，KA2 常闭触点（14-15）断开 KA，从而切断 KT1 线路；同时 KA2 常开触点（102-104）接通 2YA，信号灯 HL4 亮，上滑块快速退回。

⑥ 当上滑块退回到原位，碰行程开关 SQ1，其常闭触点（20-21）断开，KA2 断电，2YA 断电，上滑块停止。

⑦ 按下按钮 SB5，中间继电器 KA3 得电并自锁，其常开触点（102-105）接通电磁阀 3YA，信号灯 HL5 亮，顶出缸活塞带动下滑块开始顶出工件。当下滑块上移到顶停止，同时碰到行程开关 SQ3，使时间继电器 KT2 开始延时。

⑧ 当 KT2 延时时间到，其常闭触点（26-27）断开 KA3，常开触点（32-28）接通中间继电器 KA4 并自锁，其常开触点（102-106）接通，电磁阀 4YA 得电，信号灯 HL6 亮，下滑块开始下移，当下移到原位，碰到行程开关 SQ4，切断 4YA 线路，下滑块停止。

有关“定程成形”及调整、手动工作方式的电路工作情况，读者可自行分析。

5.3 可移式气动通用机械手

5.3.1 可移式气动通用机械手的结构和工作循环

图 5.8 所示为一种比较简单的可移式气动通用机械手的结构示意图。它由真空吸头 1，水平缸 2，垂直缸 3，齿轮齿条副 4，回转缸 5 及小车等组成。可在三个坐标内工作。一般用于装卸轻质、薄片工件，只要更换适当的部件，还能完成其他工作。

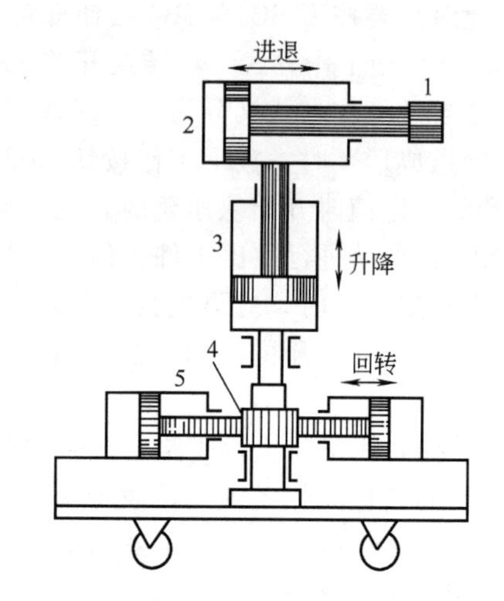

图 5.8 可移式气动通用机械手的结构示意图
1—真空吸头；2—水平缸；3—垂直缸；4—齿轮齿条副；5—回转缸

该机械手要求的工作循环是：垂直缸上升→水平缸伸出→回转缸转位→回转缸复位→水平缸退回→垂直缸下降。

5.3.2 可移式气动通用机械手的气动系统

图 5.9 所示为可移式气动通用机械手气动系统的工作原理图。空气压缩机 1 输出的压缩空气(或由空气压缩机站提供)进入储气罐 3，由溢流阀 2 控制储气罐内的压力。当压力高于调定值时，压力继电器 5 发出信号，使空气压缩机停止供气；而当压力下降到一定值时又使其开机供气。经储气罐输出的压缩空气，由油水分离器 7、过滤器 8 进行分水、过滤后，再经减压阀 9 减至系统所需的工作压力，并经油雾器 11 把润滑油雾化喷入气流中，分送各工作气缸。三个气缸均有三位四通双电控换向阀 12、15、21 和单向节流阀 14、16、20 组成换向、调速回路。各气缸的行程位置均由电气行程开关进行控制。表 5.3 为该机械手在工作循环中各电磁铁的动作顺序表。

表 5.3 电磁铁动作顺序

电磁铁 \ 动作顺序	垂直缸上升	水平缸伸出	回转缸转位	回转缸复位	水平缸退回	垂直缸下降
1YA	—	—	+	—	—	—
2YA	—	—	—	+	—	—
3YA	—	—	—	—	—	+
4YA	+	—	—	—	—	—
5YA	—	+	—	—	—	—
6YA	—	—	—	—	+	—

注：“+”表示通电；“—”表示断电。

5.3.3 可移式气动通用机械手的电气控制线路

图 5.10 为可移式气动通用机械手的电气控制线路，下面结合表 5.3 来分析它的工作过程。

① 当垂直缸处于原位时，SQ6 为压合，此时按下启动按钮 SB2，KA1 通电自锁，4YA

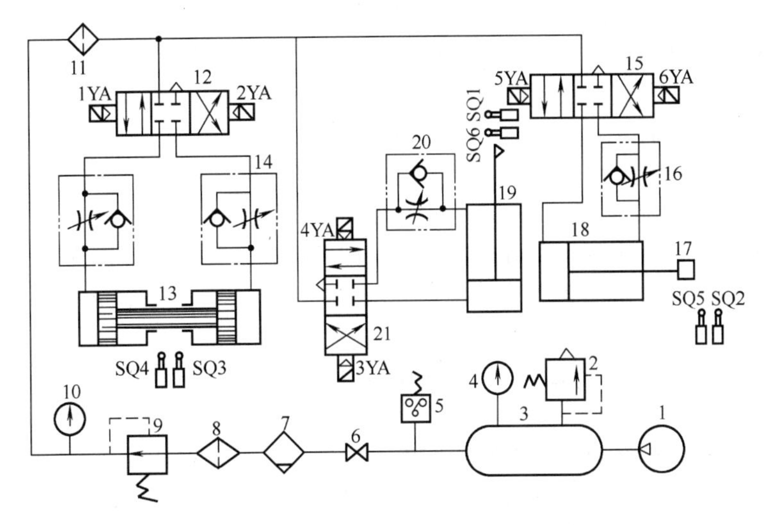

图 5.9　可移式气动通用机械手气动系统的工作原理

1—空气压缩机；2—溢流阀；3—储气罐；4，10—压力表；5—压力继电器；6—截止阀；7—油水分离器；8—过滤器；9—减压阀；11—油雾器；12，15，21—双电控换向阀；13—回转缸；14，16，20—单向节流阀；17—挡块；18—水平气缸；19—垂直气缸

接直流电源	垂直缸上升	水平缸伸出	回转缸转位	回转缸复位	水平缸退回	垂直缸下降

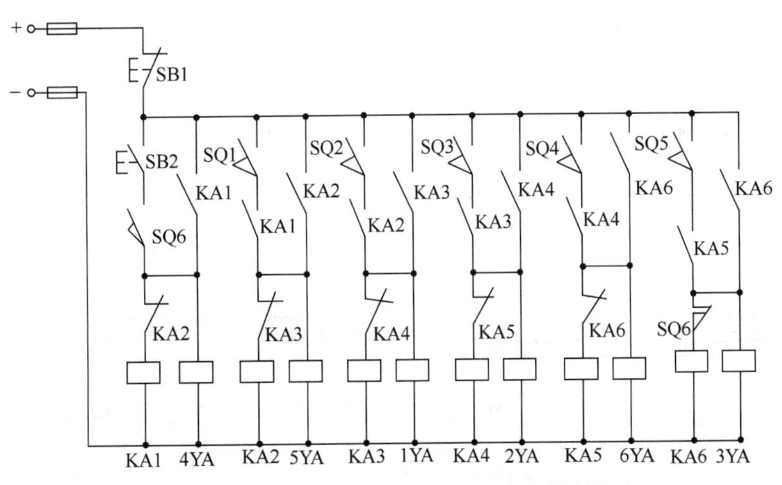

图 5.10　可移式气动通用机械手的电气控制线路

通电，阀 21 处于上位，压缩空气进入垂直气缸 19 下腔，活塞杆上升。

② 当缸 19 活塞杆上的挡块碰到电气行程开关 SQ1 时，KA1 与 4YA 断电，KA2 通电自锁，5YA 通电，阀 15 处于左位，水平气缸 18 的活塞杆伸出，带动真空吸头进入工作点并吸取工件。

③ 当缸 18 活塞杆上的挡块碰到电气行程开关 SQ2 时，KA2 与 5YA 断电，KA3 通电自锁，1YA 通电，阀 12 处于左位，回转缸 13 顺时针方向回转，使真空吸头进入下料点下料。

④ 当缸 13 活塞杆上的挡块压下行程开关 SQ3 时，KA3 与 1YA 断电，KA4 通电自锁，

2YA 通电，阀 12 处于右位，回转缸 13 逆时针方向回转复位。

⑤ 当回转缸复位时，其上挡块碰上电气行程开关 SQ4 时，KA4 与 2YA 断电，KA5 通电自锁，6YA 通电，阀 15 处于右位，水平气缸 18 活塞杆退回。

⑥ 当缸 18 活塞杆上挡块碰上行程开关 SQ5 时，KA5 与 6YA 断电，KA6 通电自锁，3YA 通电，阀 21 处于下位，垂直缸活塞杆下降，到原位时，碰上行程开关 SQ6，KA6 断电，3YA 也断电，至此完成一个工作循环。如再给启动信号，可进行同样的工作循环。

根据需要只要改变电气行程开关的位置，即可调节各气缸的行程位置；调节单向节流阀的开度，即可改变各气缸的运动速度。

5.4 制动气缸气压系统

制动气缸的气压回路不可按照传统的气压应用回路进行设计应用，要根据其气缸的制动方式和安装形式来选择以下推荐的设计应用回路。

5.4.1 制动气缸水平安装的基本回路

图 5.11（a）是弹簧制动气缸水平安装的应用回路。当 1YA、3YA 同时通电，使弹簧制动松开，活塞杆前进；当 1YA、2YA 同时通电，活塞杆退回；1YA、2YA（或 1YA、3YA）同时断电，活塞杆被制动定位在所需位置上。如果把图 5.11（a）中的二位三通电磁阀换成二位五通电磁阀就成为弹簧气压联合制动或气压制动气缸的水平安装应用回路，如图 5.11（b）所示。平衡状态时的调整压力 p_2 与 p_1 关系如下

$$p_2=(D^2-d^2)\times p_1/D^2 \tag{5.1}$$

式中，p_1、p_2 为减压阀的调整压力，Pa；D、d 为活塞、活塞杆的直径，m。

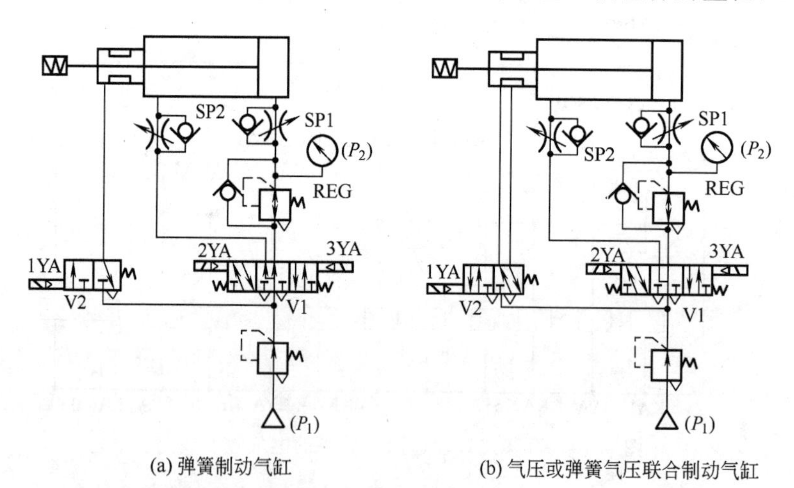

(a) 弹簧制动气缸　　(b) 气压或弹簧气压联合制动气缸

图 5.11　水平安装回路

5.4.2 制动气缸垂直向下安装的基本回路

图 5.12（a）是弹簧制动气缸垂直向下安装的应用回路。1YA、3YA 通电，弹簧制动松开，活塞杆上升；1YA、2YA 通电，活塞杆下移；1YA、3YA（或 1YA、2YA）断电，活塞杆被制动定位在某一位置。如果把图 5.12（a）中的二位三通电磁阀改用二位五通电磁阀就变成图 5.12（b）的气压制动或弹簧气压联合制动气缸垂直向下安装的应用回路。

减压阀必须安装在气缸的无杆腔一端，同时 p_2 与 p_1 的关系按下式进行调整

$$p_2=[\pi(D^2-d^2)\times p_1-4w]/[\pi\times D^2] \tag{5.2}$$

式中，w 为负载，N；其余符号与式（5.1）相同。

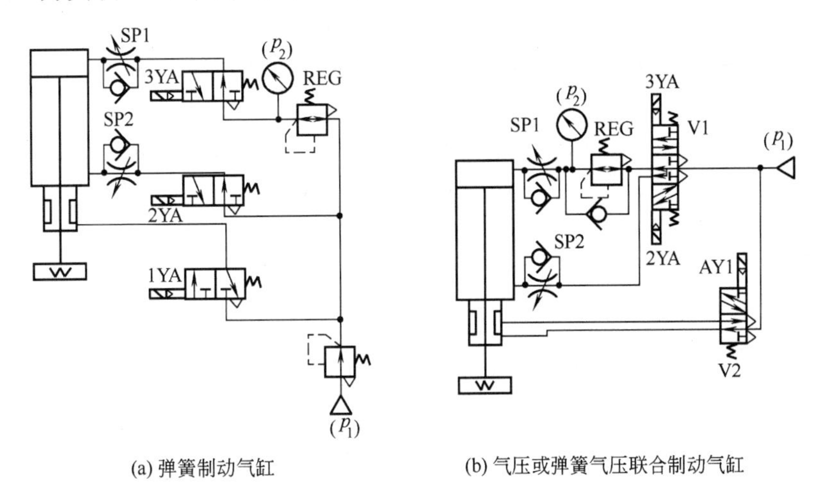

(a) 弹簧制动气缸　　(b) 气压或弹簧气压联合制动气缸

图 5.12　制动气缸垂直向下安装回路

5.4.3 制动气缸垂直向上安装的基本回路

图 5.13 是弹簧制动气缸垂直向上安装的应用回路。其工作原理与图 5.12 基本相同，不同的是减压阀要安装在有杆腔一侧。其阀的调节平衡压力 p_2 为

$$p_2=(\pi\times D^2\times p_1-4w)/[\pi(D^2-d^2)] \tag{5.3}$$

式中符号与式（5.1）、式（5.2）相同。

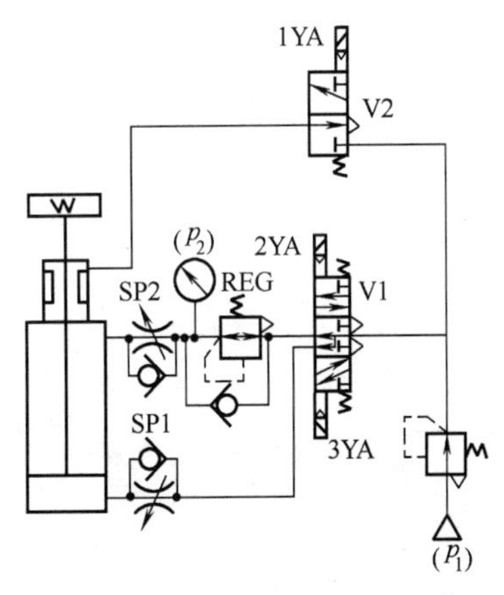

图 5.13　弹簧制动气缸垂直向上安装的应用回路

5.4.4 其他

正确设计选用制动气缸的应用回路后，还必须注意以下几点，以保证制动气缸正常工作。

① 一般情况下，气缸与电磁阀之间有一段配管，由于配管的阻尼等因素，往往会出现制动松开滞后现象，产生活塞杆突然弹出或缩回，容易发生事故。为了安全起见，设计时使制动气缸与制动用的电磁阀之间距离越短越好，最好做成一体，并且把制动松开信号先于活

塞杆进、退信号。若是两者间的距离为 1m 时，则超程量与重复精度都变成了两倍。

② 为了得到较高的定位精度，推荐选用气压制动或弹簧气压联合制动气缸，相应配置的电磁阀应采用直流驱动控制装置。由于定位精度及超程量（加制动信号后到停止位置的距离）随制动用的电磁阀的响应性而变化，所以要选择响应性好的阀。

③ 安装时，必须把连接的配管、接头等进行充分的清洗，避免灰尘、切屑等脏物进入气缸和阀件的内部。在灰尘多的工作环境中需要安装折叠式防护罩，防止尘土的侵入。

④ 气缸的 A、B 气控口之间的电磁阀可用两个二位三通电磁阀组合，也可用一个三位五通电磁阀（中位加压式）。无论采用何种形式电磁阀都必须在制动气缸停止时，活塞两侧压力相等，防止解除制动时活塞杆“弹出”的现象发生。

6　液压与气压控制系统设计

6.1　液压系统的设计

6.1.1　液压系统的设计步骤

液压系统的设计是整个机器设计的一部分，它的任务是根据机器的用途、特点和要求，利用液压传动的基本原理，拟定出合理的液压系统图，再经过必要的计算来确定液压系统的参数，然后按照这些参数来选用液压元件的规格和进行系统的结构设计。

液压系统的设计步骤大体如下。

6.1.1.1　液压系统的工况分析

在开始设计液压系统时，首先要对机器的工作情况进行详细的分析，一般要考虑下面几个问题。

① 确定该机器中哪些运动需要液压传动来完成。

② 确定各运动的工作顺序和各执行元件的工作循环。

③ 确定液压系统的主要工作性能。例如，执行元件的运动速度、调速范围、最大行程以及对运动平稳性要求等。

④ 确定各执行元件所承受的负载及其变化范围。

6.1.1.2　拟定液压系统原理图

拟定液压系统原理图一般要考虑以下几个问题。

① 采用何种形式的执行机构。

② 确定调速方案和速度换接方法。

③ 如何完成执行机构的自动循环和顺序动作。

④ 系统的调压、卸荷及执行机构的换向和安全互锁等要求。

⑤ 压力测量点的合理选择。

根据上述要求选择基本回路，然后将各基本回路组合成液压系统。当液压系统中有多个执行部件时，要注意到它们相互间的联系和影响，有时要采用防干扰回路。

在液压系统原理图中，应该附有运动部件的动作循环图和电磁铁动作顺序表。

6.1.1.3　液压系统的计算和选择液压元件

液压系统计算的目的是确定液压系统的主要参数，以便按照这些参数合理选择液压元件和设计非标准元件。具体计算步骤如下。

① 计算液压缸的主要尺寸以及所需的压力和流量。

② 计算液压泵的工作压力、流量和传动功率。

③ 选择液压泵和电动机的类型和规格。

④ 选择阀类元件和辅助元件的规格。

6.1.1.4 对液压系统进行验算

必要时，对液压系统的压力损失和发热温升要进行验算，但是有经过生产实践考验过的同类型设备可供类比参考，或有可靠的试验结果，那么也可以不再进行验算。

6.1.1.5 绘制正式工作图和编制技术文件

设计的最后一步是要整理出全部图纸和技术文件。正式工作图一般包括如下内容：液压系统原理图；自行设计的全套工作图（指液压缸和液压油箱等非标准液压元件）；液压泵、液压阀及管路的安装总图。

技术文件一般包括以下内容：基本件、标准件、通用件及外购件汇总表，液压系统安装和调试要求，设计说明书等。

6.1.2 组合机床液压系统设计实例

现设计一台铣削专用机床，要求液压系统完成的工作循环是：工件夹紧→工作台快进→工作台工进→工作台快退→工件松开。运动部件的重力为 25000N，快进、快退速度为 5m/min，工进速度为 100～1200mm/min，最大行程为 400mm，其中工进行程为 180mm，最大切削力为 18000N，采用平面导轨，夹紧缸的行程为 20mm，夹紧力为 30000N，夹紧时间为 1s。

按上述设计步骤计算如下。

6.1.2.1 工况分析

首先根据已知条件，绘制运动部件的速度循环图，如图 6.1 所示。然后计算各阶段的外负载并绘制负载图。

液压缸所受外负载 F 包括三种类型，即

$$F=F_w+F_f+F_a \tag{6.1}$$

式中，F_w为工作负载，对于金属切削机床来说，即为沿活塞运动方向的切削力，在本例中 F_w为 18000N；F_a为运动部件速度变化时的惯性负载；F_f为导轨摩擦阻力负载，启动时为静摩擦阻力，启动后为动摩擦阻力，对于平导轨 F_f可由下式求得

$$F_f=f(G+F_{rn})$$

式中，G 为运动部件重力；F_{rn}为垂直于导轨的工作负载，本例中为零；f 为导轨摩擦系数，在本例中取静摩擦系数为 0.2，动摩擦系数为 0.1。则求得

$$\begin{aligned} F_{fs}&=0.2\times 25000\ (\text{N})=5000\ (\text{N}) \\ F_{fa}&=0.1\times 25000\ (\text{N})=2500\ (\text{N}) \end{aligned} \tag{6.2}$$

式中，F_{fs}为静摩擦阻力；F_{fa}为动摩擦阻力。

$$F_a=\frac{G}{g}\frac{\Delta u}{\Delta t} \tag{6.3}$$

式中，g 为重力加速度；Δt 为加速或减速时间，一般 $\Delta t=0.01\sim 0.5\text{s}$；$\Delta u$ 为 Δt 时间内的速度变化量。在本例中

$$F_a=\frac{25000}{9.8}\times\frac{5}{0.05\times 60}\ (\text{N})=4252\ (\text{N})$$

根据上述计算结果，列出各工作阶段所受的外负载（见表 6.1），并画出如图 6.2 所示的负载循环图。

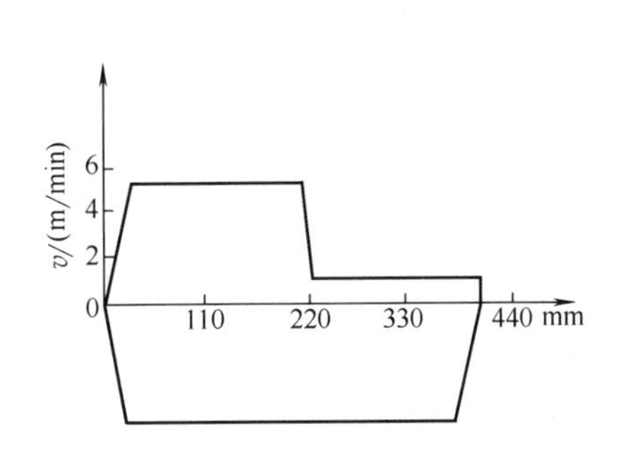

图 6.1　速度循环图

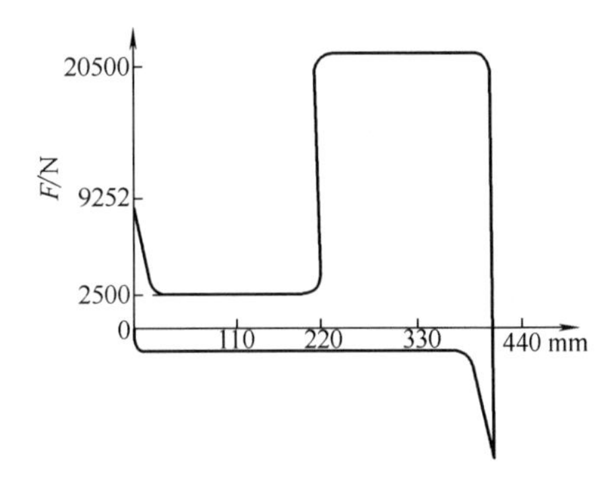

图 6.2　负载循环图

表 6.1　工作循环各阶段的外负载

工作循环	外负载 F/N		工作循环	外负载 F/N	
启动、加速	$F=F_{fs}+F_a$	9252	工进	$F=F_{fa}+F_w$	20500
快进	$F=F_{fa}$	2500	快退	$F=F_{fa}$	2500

6.1.2.2　拟定液压系统原理图

(1) 确定供油方式　考虑到该机床在工作进给时负载较大，速度较低；而在快进、快退时负载较小，速度较高。从节省能量、减少发热考虑，泵源系统宜选用双泵供油或变量泵供油。现采用带压力反馈的限压式变量叶片泵。

(2) 调速方式的选择　在中、小型专用机床的液压系统中，进给速度的控制一般采用节流阀或调速阀。根据铣削类专用机床工作时对低速性能和速度负载特性都有一定要求的特点，决定采用限压式变量泵和调速阀组成的容积节流调速。这种调速回路具有效率高、发热小和速度刚性好的特点，并且调速阀装在回油路上，具有承受负切削力的能力。

(3) 速度换接方式的选择　本系统采用电磁阀的快慢速换接回路，它的特点是结构简单、调节行程比较方便，阀的安装也较容易，但速度换接的平稳性较差。若要提高系统的换接平稳性，则可改用行程阀切换的速度换接回路。

(4) 夹紧回路的选择　用二位四通电磁阀来控制夹紧、松开换向动作时，为了避免工作时突然失电而松开，应采用失电夹紧方式。考虑到夹紧时间可调节和当进油路压力瞬时下降时仍能保持夹紧力，所以接入节流阀调速和单向阀保压。在该回路中还装有减压阀，用来调节夹紧力的大小和保持夹紧力的稳定。

最后把所选择的液压回路组合起来，即可设计成图 6.3 所示的液压系统原理图。

6.1.2.3　液压系统的计算和选择液压元件

(1) 液压缸主要尺寸的确定

① 工作压力 p 的确定。工作压力 p 可根据负载大小及机器的类型来初步确定，现参阅表 1.8 取液压缸工作压力为 3MPa。

② 计算液压缸内径 D 和活塞杆直径 d。由负载图知最大负载 F 为 20500N，按表 1.9 可取 p_2 为 0.5MPa，η_{cm}为 0.95，考虑到快进、快退速度相等，取 d/D 为 0.7。上述数据代入式 (1.58) 可得

$$D=\sqrt{\frac{4\times 20500}{3.14\times 30\times 10^5\times 0.95\times\left\{1-\frac{5}{30}\left[1-(0.7)^2\right]\right\}}}\ (\mathrm{m})=9.9\times 10^{-2}\ (\mathrm{m})$$

根据表 1.11，将液压缸内径圆整为标准系列直径 D=100mm；活塞杆直径 d，按 d/D=0.7 及表 1.12 活塞杆直径系列取 d=70mm。

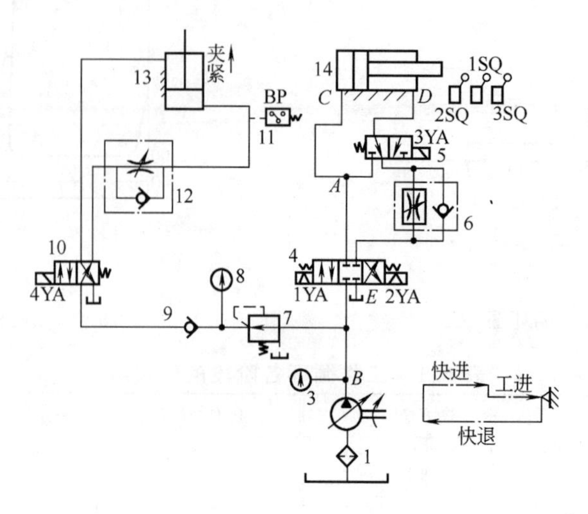

图 6.3　液压系统原理图

1—滤油器；2—变量泵；3，8—压力表；4—三位四通电磁换向阀；5—二位三通电磁换向阀；6—单向调速阀；7—减压阀；9—单向阀；10—二位四通电磁换向阀；11—压力继电器；12—单向节流阀；13—夹紧液压缸；14—主液压缸

按工作要求夹紧力由两个夹紧缸提供，考虑到夹紧力的稳定，夹紧缸的工作压力应低于进给液压缸的工作压力，现取夹紧缸的工作压力为 2.5MPa。回油背压力为零，η_{cm} 为 0.95，则按式（1.58）可得

$$D=\sqrt{\frac{4\times15000}{3.14\times25\times10^5\times0.95}}\ (\mathrm{m})=8.96\times10^{-2}\ (\mathrm{m})$$

按表 1.11 及表 1.12 液压缸和活塞杆的尺寸系列，取夹紧液压缸的 D 和 d 分别为：100mm 及 70mm。

按最低工进速度验算液压缸的最小稳定速度，由式（1.59）可得

$$A>\frac{q_{\min}}{v_{\min}}=\frac{0.05\times10^3}{10}\ (\mathrm{cm^2})=5\ (\mathrm{cm^2})$$

式中，$q_{\min}$ 是由产品样本查得 GE 系列调速阀 AQF3-E10B 的最小稳定流量为 0.05L/min。

本例中调速阀是安装在回油路上，故液压缸节流腔有效工作面积应选取液压缸有杆腔的实际面积，即

$$A=\frac{\pi}{4}(D^2-d^2)=\frac{\pi}{4}\times(10^2-7^2)\ (\mathrm{cm^2})=40\ (\mathrm{cm^2})$$

可见上述不等式能满足，液压缸能达到所需低速。

③ 计算在各工作阶段液压缸所需的流量

$$q_{快进}=\frac{\pi}{4}d^2v_{快进}=\frac{\pi}{4}\times(7\times10^{-2})^2\times5\mathrm{m^3/min}$$
$$=19.2\times10^{-3}\ (\mathrm{m^3/min})=19.2\ (\mathrm{L/min})$$

$$q_{工进}=\frac{\pi}{4}D^2v_{工进}=\frac{\pi}{4}\times0.1^2\times1.2\text{m}^3/\text{min}$$
$$=9.42\times10^{-3}\ (\text{m}^3/\text{min})=9.42\ (\text{L/min})$$

$$q_{快退}=\frac{\pi}{4}(D^2-d^2)v_{快退}=\frac{\pi}{4}\times(0.1^2-0.07^2)\times5\ (\text{m}^3/\text{min})$$
$$=20\times10^{-3}\ (\text{m}^3/\text{min})=20\ (\text{L/min})$$

$$q_{夹}=\frac{\pi}{4}D_{夹}^2v_{夹}=\frac{\pi}{4}\times0.1^2\times20\times10^{-3}\times60(\text{m}^3/\text{min})$$
$$=9.42\times10^{-3}\ (\text{m}^3/\text{min})=9.42\ (\text{L/min})$$

(2) 确定液压泵的流量、压力和选择泵的规格

① 泵的工作压力的确定。考虑到正常工作中进油管路有一定的压力损失，所以泵的工作压力为

$$p_p=p_1+\sum\Delta p \tag{6.4}$$

式中，p_p为液压泵最大工作压力；p_1 为执行元件最大工作压力；$\sum\Delta p$ 为进油管路中的压力损失，初算时简单系统可取 0.2～0.5MPa，复杂系统取 0.5～1.5MPa，本例取 0.5MPa。

$$p_p=p_1+\sum\Delta p=3+0.5\ (\text{MPa})=3.5\ (\text{MPa})$$

上述计算所得的 p_p是系统的静态压力，考虑到系统在各种工况的过渡阶段出现的动态压力往往超过静态压力。另外，考虑到一定的压力储备量，并确保泵的寿命，因此选泵的额定压力 p_p应满足 $p_n\geqslant(1.25\sim1.6)p_p$。中低压系统取小值，高压系统取大值。在本例中 $p_n=1.25p_p=4.4\text{MPa}$。

② 泵的流量确定。液压泵的最大流量应为

$$q_p\geqslant K_L(\sum q)_{max} \tag{6.5}$$

式中，q_p为液压泵的最大流量；$(\sum q)_{max}$为同时动作的各执行元件所需流量之和的最大值，如果这时溢流阀正进行工作，尚需加溢流阀的最小溢流量 2～3L/min；K_L为系统泄漏系数，一般取 $K_L=1.1\sim1.3$，现取 $K_L=1.2$。

$$q_p=K_L(\sum q)_{max}=1.2\times20\ (\text{L/min})=24\ (\text{L/min})$$

③ 选择液压泵的规格。根据以上算得的 p_p和 q_p再查阅有关手册，现选用 YBX-16 限压式变量叶片泵，该泵的基本参数为：每转排量 $q_o=16\text{mL/r}$，泵的额定压力 $p_n=6.3\text{MPa}$，电动机转速 $n_H=1450\text{r/min}$，容积效率 $\eta_v=0.85$，总效率 $\eta=0.7$。

④ 与液压泵匹配的电动机的选定。首先分别算出快进与工进两种不同工况时的功率，取两者较大值作为选择电动机规格的依据。由于在慢进时泵输出的流量减小，泵的效率急剧降低，一般当流量在 0.2～1L/min 范围内时，可取 $\eta=0.03\sim0.14$。同时还应注意到，为了使所选择的电动机在经过泵的流量特性曲线最大功率点时不致停转，需进行验算，即

$$\frac{p_Bq_p}{\eta}\leqslant2P_n \tag{6.6}$$

式中，P_n为所选电动机额定功率；p_B为限压式变量泵的限定压力；q_p为压力为 p_B时，泵的输出流量。

首先计算快进时的功率，快进时的外负载为2500N，进油路的压力损失定为0.3MPa，由式（6.4）可得

$$p_{\mathrm{P}}=\frac{2500}{\frac{\pi}{4}\times0.07^2}\times10^{-6}+0.3\ (\mathrm{MPa})=0.95\ (\mathrm{MPa})$$

快进时所需电动机功率为

$$P=\frac{p_{\mathrm{P}}q_{\mathrm{p}}}{\eta}=\frac{0.95\times20}{60\times0.7}\ (\mathrm{kW})=0.45\ (\mathrm{kW})$$

工进时所需电动机功率为

$$P=\frac{3.5\times9.42}{60\times0.7}\ (\mathrm{kW})=0.79\ (\mathrm{kW})$$

查阅电动机产品样本，选用Y90S-4型电动机，其额定功率为1.1kW，额定转速为1400r/min。

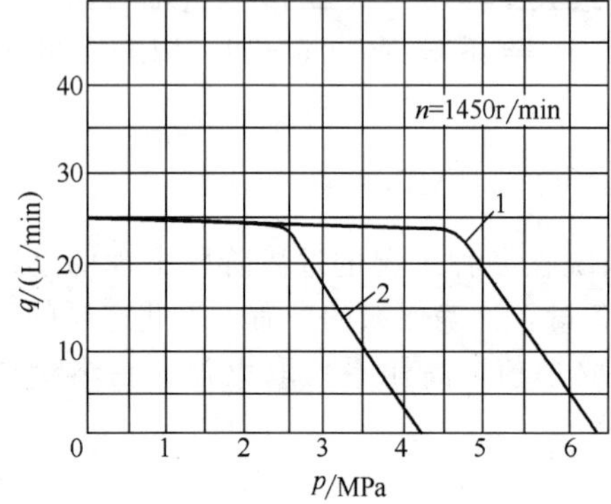

图6.4　YBX-16液压泵流量-压力特性曲线

1—额定流量、压力下的特性曲线；

2—实际工作时间的特性曲线

根据产品样本可查得YBX-16的流量-压力特性曲线。再由已知的快进时流量为24L/min，工进时的流量为11L/min，压力为3.5MPa，做出泵的实际工作时的流量-压力特性曲线，如图6.4所示，查得该曲线拐点处的流量为24L/min，压力为2.6MPa，该工作点对应的功率为

$$P=\frac{2.6\times24}{60\times0.7}\ (\mathrm{kW})=1.48\ (\mathrm{kW})$$

所选电动机功率满足式（6.6），拐点处能正常工作。

（3）液压阀的选择　本液压系统可采用力士乐系统或GE系列的阀。方案一：控制液压缸部分选用力士乐系列的阀，其夹紧部分选用叠加阀。方案二：均选用GE系列阀。根据所拟定的液压系统图，按通过各元件的最大流量来选择液压元件的规格。选定的液压元件如表6.2所示。

表6.2　液压元件明细

序号	元件名称	方案一	方案二	通过流量/(L/min)
1	滤油器	XU-B32×100	XU-B32×100	24
2	液压泵	YBX-16	YBX-16	24
3	压力表开关	K-H6	KF3-EA10B	
4	三位四通换向阀	4WE6E50/OAG24	34EFF30-E10B	20
5	二位三通换向阀	3WE6A50/OAG24	23EF3B-E10B	20
6	单向调速阀	2FRM5-20/6	AQF3-E10B	20
7	减压阀	J-FC10-P-1	JF3-10B	9.4
8	压力表开关	4K-F10D-1	与3共用	
9	单向阀	A-F10D-D/DP_1	AF3-EA10B	9.4
10	二位四通换向阀	24DF3B-E10B-B	24EF3-E10B	9.4
11	压力继电器	DP_1-63N	DP_1-63N	9.4
12	单向节流阀	LA-F10D-B-1	ALF-E10B	9.4

（4）确定管道尺寸　油管内径尺寸一般可参照选用的液压元件接口尺寸而定，也可按管路允许流速进行计算。本系统主油路流量为差动时流量 $q=40\text{L/min}$，压油管的允许流速取 $v=4\text{m/s}$，则内径 d 为

$$d=4.6\sqrt{q/v}=4.6\times\sqrt{40/4}\ (\text{mm})=14.5\ (\text{mm})$$

若系统主油路流量按快退时取 $q=20\text{L/min}$，则可算得油管内径 $d=10.3\text{mm}$。

综合诸因素，现取油管的内径 d 为 12mm。吸油管同样可按上式计算（$q=24\text{L/min}$、$v=1.5\text{m/s}$），现参照 YBX-16 变量泵吸油口连接尺寸，取吸油管内径 d 为 25mm。

（5）液压油箱容积的确定　本例为中压液压系统，液压油箱有效容量按泵的流量的 5～7 倍来确定［式（1.70）］，现选用容量为 160L 的油箱。

6.1.2.4　液压系统的验算

已知该液压系统中进、回油管的内径均为 12mm，各段管道的长度分别为：$AB=0.3\text{m}$，$AC=1.7\text{m}$，$AD=1.7\text{m}$，$DE=2\text{m}$。选用 L-HL32 液压油，考虑到油的最低温度为 15℃，查得 15℃时该液压油的运动黏度 $\nu=150\text{cst}=1.5\text{cm}^2/\text{s}$，油的密度 $\rho=920\text{kg/m}^3$。

（1）压力损失的验算

① 作进给时进油路压力损失。运动部件工作进给时的最大速度为 1.2m/min，进给时的最大流量为 9.42L/min，则液压油在管内流速 v_1 为

$$v_1=\frac{q}{\frac{\pi}{4}d^2}=\frac{4\times9.42\times10^3}{3.14\times1.2^2}\ (\text{cm/min})=8330\ (\text{cm/min})=139\ (\text{cm/s})$$

管道流动雷诺数 Re_1 为

$$Re_1=\frac{v_1 d}{\nu}=\frac{139\times1.2}{1.5}=111$$

$Re_1<2300$，可见油液在管道内流态为层流，其沿程阻力系数

$$\lambda_1=\frac{75}{Re_1}=\frac{75}{111}=0.68$$

进油管道 BC 的沿程压力损失 Δp_{1-1} 为

$$\Delta p_{1-1}=\lambda\frac{l}{d}\frac{\rho v^2}{2}=0.68\times\frac{(1.7+0.3)}{1.2\times10^{-2}}\times\frac{920\times1.39^2}{2}\ (\text{Pa})=0.1\times10^6\ (\text{Pa})$$

查得换向阀 4WE6E50/OAG24 的压力损失为 $\Delta p_{1-2}=0.05\times10^6\text{Pa}$。

忽略油液通过管接头、油路板等处的局部压力损失，则进油路总压力损失 Δp_1 为

$$\Delta p_1=\Delta p_{1-1}+\Delta p_{1-2}=0.1\times10^6+0.05\times10^6=0.15\times10^6\ (\text{Pa})$$

② 工作进给时回油路的压力损失。由于选用单活塞杆液压缸，且液压缸有杆腔的工作面积为无杆腔的工作面积的二分之一，则回油管道的流量为进油管道的二分之一，则

$$v_2=\frac{v_1}{2}=69.5\ (\text{cm/s})$$

$$Re_2=\frac{v_2 d}{\nu}=\frac{69.5\times1.2}{1.5}=55.5$$

$$\lambda_2=\frac{75}{Re_2}=\frac{75}{55.5}=1.39$$

回油管道的沿程压力损失 Δp_{2-1} 为

$$\Delta p_{2-1}=\lambda\frac{l}{d}\frac{\rho v^2}{2}=1.39\times\frac{2}{1.2\times10^{-2}}\times\frac{920\times0.695^2}{2}\ (\text{Pa})=0.05\times10^6\ (\text{Pa})$$

查产品手册知换向阀 3WE6A50/OAG24 的压力损失 $\Delta p_{2-2}=0.025\times10^6\,\text{Pa}$，换向阀 4WE6E50/OAG24 的压力损失 $\Delta p_{2-3}=0.025\times10^6\,\text{Pa}$，调速阀 2FRM5-20/6 的压力损失 $\Delta p_{2-4}=0.5\times10^6\,\text{Pa}$。

回油路总压力损失 Δp_2 为

$$\Delta p_2=\Delta p_{2-1}+\Delta p_{2-2}+\Delta p_{2-3}+\Delta p_{2-4}=(0.05+0.025+0.025+0.5)\times10^6\ (\text{Pa})$$

$$=0.6\times10^6\ (\text{Pa})$$

③ 变量泵出口处的压力 p_p

$$p_p=\frac{F/\eta_{cm}+A_2\Delta p_2}{A_1}+\Delta p_1=\frac{21500/0.95+40.05\times10^{-4}\times0.6\times10^6}{78.54\times10^{-4}}+0.15\times10^6\ (\text{Pa})$$

$$=3.2\times10^6\ (\text{Pa})$$

④ 快进时的压力损失。快进时液压缸为差动连接，自汇流点 A 至液压缸进油口 C 之间的管路 AC 中，流量为液压泵出口流量的两倍即 40L/min，AC 段管路的沿程压力损失 Δp_{1-1} 为

$$v_1=\frac{q}{\frac{\pi}{4}d^2}=\frac{4\times40\times10^3}{3.14\times1.2^2\times60}\ (\text{cm/s})=590\ (\text{cm/s})$$

$$Re_1=\frac{v_1 d}{\nu}=\frac{590\times1.2}{1.5}=472$$

$$\lambda_1=\frac{75}{Re_1}=\frac{75}{472}=0.159$$

$$\Delta p_{1-1}=\lambda\frac{l}{d}\frac{\rho v^2}{2}=0.159\times\frac{1.7}{1.2\times10^{-2}}\times\frac{920\times5.9^2}{2}\ (\text{Pa})=0.36\times10^6\ (\text{Pa})$$

同样可求管道 AB 段及 AD 段的沿程压力损失 Δp_{1-2} 和 Δp_{1-3} 为

$$v_2=\frac{q}{\frac{\pi}{4}d^2}=\frac{4\times20\times10^3}{3.14\times1.2^2\times60}\ (\text{cm/s})=295\ (\text{cm/s})$$

$$Re_2=\frac{v_2 d}{\nu}=\frac{295\times1.2}{1.5}=236$$

$$\lambda_2=\frac{75}{Re_2}=\frac{75}{236}=0.32$$

$$\Delta p_{1-2}=0.32\times\frac{0.3}{1.2\times10^{-2}}\times\frac{920\times2.95^2}{2}\ (\text{Pa})=0.032\times10^6\ (\text{Pa})$$

$$\Delta p_{1-3}=0.32\times\frac{1.7}{1.2\times10^{-2}}\times\frac{920\times2.95^2}{2}\ (\text{Pa})=0.181\times10^6\ (\text{Pa})$$

查产品样本知，流经各阀的局部压力损失为：

4WE6E50/OAG24 的压力损失 $\Delta p_{2-1}=0.17\times10^6\,\text{Pa}$；

3WE6A50/OAG24 的压力损失 $\Delta p_{2-2}=0.17\times10^6$ Pa。

据分析在差动连接中，泵的出口压力 p_p 为

$$p_p=2\Delta p_{1-1}+\Delta p_{1-2}+\Delta p_{1-3}+\Delta p_{2-1}+\Delta p_{2-2}+\frac{F}{A_2\eta_{cm}}$$

$$=(2\times0.36+0.032+0.181+0.17+0.17)\times10^6+\frac{2500}{40.05\times10^{-4}\times0.95}\ (\text{Pa})$$

$$=1.93\times10^6\ (\text{Pa})$$

快退时压力损失验算从略。上述验算表明，无需修改原设计。

(2) 系统温升的验算　在整个工作循环中，工进阶段所占的时间最长，为了简化计算，主要考虑工进时的发热量。一般情况下，工进速度大时发热量较大，由于限压式变量泵在流量不同时，效率相差极大，所以分别计算最大、最小时的发热量，然后加以比较，取数值大者进行分析。

当 $v=10$cm/min 时

$$q=\frac{\pi}{4}D^2v=\frac{\pi}{4}\times0.1^2\times0.1\ (\text{m}^3/\text{min})=0.785\times10^{-3}\ (\text{m}^3/\text{min})=0.785\ (\text{L/min})$$

此时泵的效率为 0.1，泵的出口压力为 3.2MPa，则有

$$P_{输入}=\frac{3.2\times0.785}{60\times0.1}\ (\text{kW})=0.42\ (\text{kW})$$

$$P_{输出}=Fv=20500\times\frac{10}{60}\times10^{-2}\times10^{-3}\ (\text{kW})=0.034\ (\text{kW})$$

此时的功率损失为

$$\Delta P=P_{输入}-P_{输出}=0.42-0.034\ (\text{kW})=0.386\ (\text{kW})$$

当 $v=120$cm/min 时，$q=9.42$L/min，总效率 $\eta=0.7$，则

$$P_{输入}=\frac{3.2\times9.42}{60\times0.7}\ (\text{kW})=0.718\ (\text{kW})$$

$$P_{输出}=Fv=20500\times\frac{120}{60}\times10^{-2}\times10^{-3}\ (\text{kW})=0.41\ (\text{kW})$$

$$\Delta P=P_{输入}-P_{输出}=0.718-0.41\ (\text{kW})=0.31\ (\text{kW})$$

可见在工进速度低时，功率损失为 0.386kW，发热量最大。

假定系统的散热状况一般，取 $K=10\times10^{-3}$kW/(cm^2·℃)，油箱的散热面积 A 为

$$A=0.065\sqrt[3]{V^2}=0.065\times\sqrt[3]{160^2}\ (\text{m}^2)=1.92\ (\text{m}^2)$$

系统的温升为

$$\Delta t=\frac{\Delta P}{KA}=\frac{0.386}{10\times10^{-3}\times1.92}\ (℃)=20.1\ (℃)$$

验算表明系统的温升在许可范围内。

6.1.2.5　叠加阀系统设计

根据前述的方案一将图 6.3 所示的液压系统中夹紧部分设计成叠加阀，下面介绍叠加阀系统的设计。

(1) 液压叠加回路设计　图 6.5 是某组合铣床夹紧回路由叠加阀组成的液压叠加回路。要把普通液压回路变成叠加回路，应先对叠加阀系列型谱进行研究，重点注意的是叠加阀的

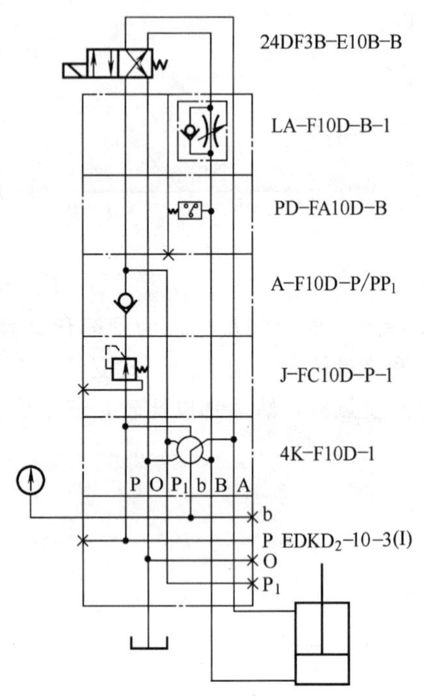

图 6.5 某组合铣床夹紧系统叠加阀回路

机能、通径和工作压力，对选用的叠加阀应将其与普通阀原理相对比，验证其使用后的正确性，最后将选好的叠加阀按一定的规律叠成液压叠加回路。设计绘制叠加回路时，要注意如下几点。

① 通径及连接尺寸　一组叠加阀回路中的主换向阀、叠加阀和底板块之间的通径、安装连接尺寸必须一致，图 6.5 中采用的是 10mm 通径系列的叠加阀。

② 叠加阀安装位置　主换向阀应该布置在叠加阀组的最上面兼作顶盖用，与执行器连接用的底板块放在最下面，叠加阀均安装在主换向阀和底板块之间，其顺序按系统的动作要求而定。

③ 选用液控单向阀应注意的事项

a. 采用液控单向阀的系统，其主换向阀的中位机能必须采用 Y 型。

b. 图 6.6 所示系统的 A、B 油路均采用液控单向阀，B 油路采用减压阀，这种系统中的液控单向阀应靠近执行器。如果按图 6.6（b）所示布置，由于减压阀的控制油路与液压缸 B 腔和液控单向阀之间的油路接通，这时液压缸 B 腔的油可经减压阀泄漏，使液压缸在停止时的位置无法保证，失去了设置液控单向阀的意义。

c. 使用液控单向阀与单向节流阀组合时，应使单向节流阀靠近执行器，如图 6.7（a）所示。如果按图 6.7（b）所示配置时，则当 B 口进油，A 口回油时由于单向节流阀的节流效果，在回油路的 1～2 段会产生压力，当液压缸需要停位时，液控单向阀不能及时关闭，而且有时还会反复关、开，使液压缸产生冲击。

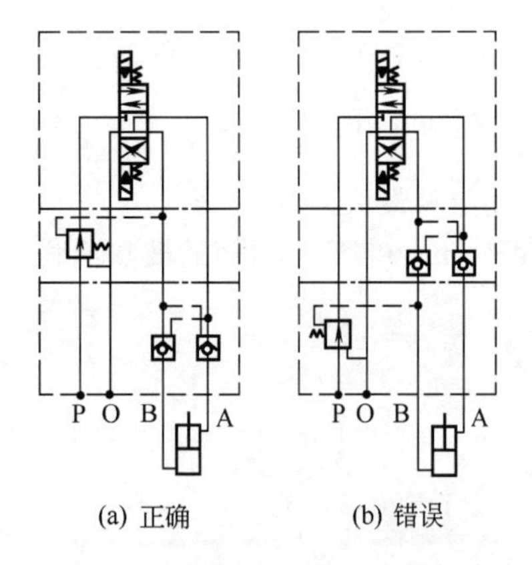

图 6.6 减压阀与液控单向阀组合

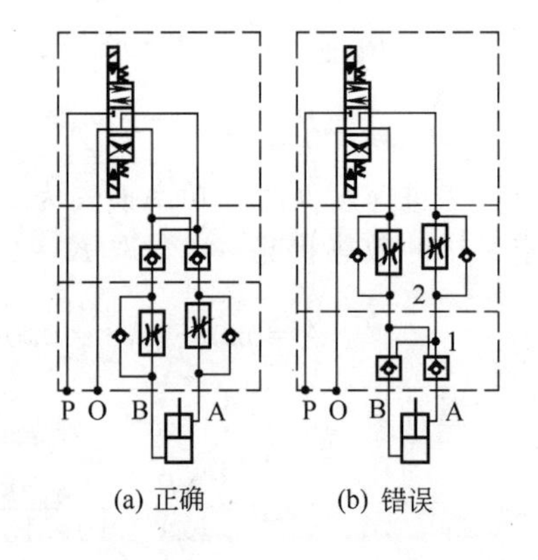

图 6.7 液控单向阀与单向节流阀组合

④ 顺序阀和溢流阀的选择　集中供油系统中的顺序阀通径按高压泵流量确定，溢流阀通径按系统液压泵的总流量确定。

⑤ 减压阀和单向节流阀组合　图 6.8（a）所示为 A、B 油路都采用节流阀，B 油路采用减压阀的系统。

这种系统节流阀应靠近执行器，如果按图 6.8（b）所示配置，则当 A 口进油，B 口回油时，由于节流阀的节流作用，使液压缸B腔与单向节流阀之间这段油路的压力升高。这个压力又去控制减压阀，使减压阀减压口关小，出口流量变小，造成供给液压缸的流量不足。当液压缸的运动趋于停止时，液压缸B腔压力又会降下来，控制压力随之降低，减压阀口开度加大，出口流又增加。这样反复变化，会使液压缸运动不稳定，还会产生振动。

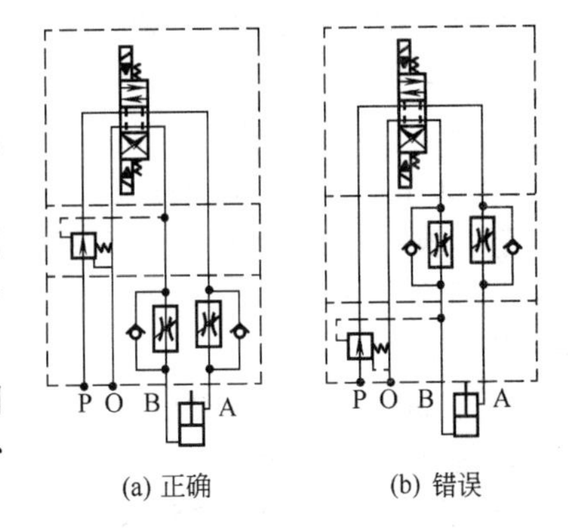

(a) 正确 (b) 错误

图 6.8 减压阀与单向节流阀组合

⑥ 回油路上调速阀、节流阀的位置 回油路上的调速阀、节流阀等，其安装位置应紧靠主换向阀，尽量减少回路压力损失，有利于其他阀的回油或泄漏油畅通。

⑦ 压力表开关位置 压力表开关位置必须紧靠底板块；在集中供油系统中，压力表开关的数量至少应有一个，最多与集中供油系统中减压阀的数量相同，凡有减压阀的支路系统都应设一个压力表开关。

⑧ 叠加阀的安装方向 叠加阀原则上应垂直安装，尽量避免水平安装方式。叠加阀叠加的元件越多，重量就越大，安装用的贯通螺栓越长，水平安装时，在重力作用下，螺栓发生拉伸和弯曲变形，叠加阀间会产生渗油现象。

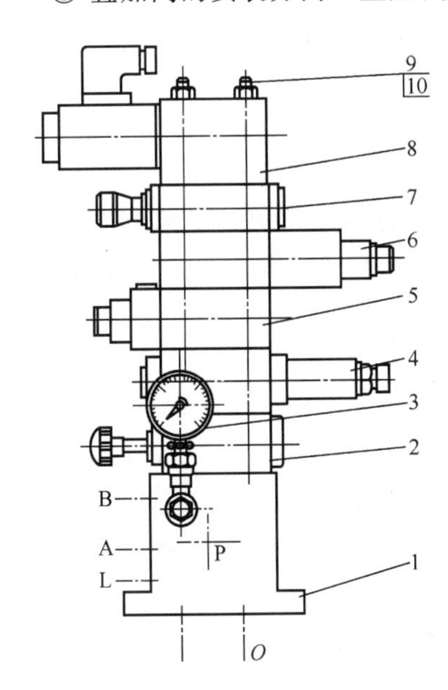

图 6.9 组合铣床夹紧系统叠加阀装置

1—底板块；2—压力表开关；3—压力表；4—减压阀；5—单向阀；6—压力继电器；7—单向节流阀；8—电磁换向阀；9—螺栓；10—螺母

⑨ 多个执行器系统的组合 一般情况下，一叠阀只能控制一个执行器，如系统复杂，多缸工作时，可通过底板块连接出多叠阀。因此在选用底板块时，要分清用哪一种。通径6mm的底板块可按需要直接选联数，如一叠阀选一联，二叠选二联等。特别要注意通径10mm以上的底板块有左、中、右之分，如有二叠以上的阀，应选一块左、一块右底板块；若只有一叠阀则可选用一块左边块或右边块，不用的孔应注明堵死。

(2) 绘制液压叠加回路总装图 把所设计的液压叠加回路进行反复校验，与系统图进行比较，确认其工作原理无误后，即可动手绘制总装图（图 6.9）。绘制总装图的过程实质上是把叠加回路上的职能符号按真实阀的比例画成图。画图时要画出每个阀的轮廓特征和每个附件的位置、形状，以便于工人按图进行装配。底板块上不使用的孔必须将其堵上，还要注明向外连接管道的孔的位置和名称，如A、B、P和T等。

叠加阀系统一般没有零件图，装配图画好之后即可生产。

6.2 气动控制系统设计

6.2.1 气动系统设计流程

6.2.1.1 明确设计要求

通常应了解主机结构，主机的工作过程。在设计前需对主机的传动方式，如机械传动、电气传动、液压传动或气压传动等各种方案进行评估，最终若确定采用气压传动时才进行以下各步。

设计气动系统首先应弄清主机对气动执行机构的动作要求，即需明确以下几个方面。

① 执行机构的运动速度及其调整范围；运动平稳性；运动的定位精度；传感元件的安装位置；执行元件的操作力；信号转换、联锁要求、紧急停车；操作距离；自动化程度等。

② 了解主机的工作环境，如温度和湿度变化范围、振动、冲击、防尘、防爆、防腐蚀要求等。

③ 和机、电、液配合的要求；气动系统对控制方式、动作的程序要求；整机对控制系统要求等。

④ 了解气动系统对外形尺寸、重量、价格和可靠性的要求。气动系统的外形尺寸和重量必须限制在主机空间允许和主机结构能够承受的范围内进行设计。在主机达到正常工作和可靠的前提下，气动系统的价格应尽量节省。

6.2.1.2 选择、设计气动执行元件

(1) 选择执行元件类型

① 气动执行元件的类型一般应与主机动作相协调，即直线往复运动选用气缸，回转运动选用气马达，作往复摆动运动选用摆动马达或摆动缸。

② 根据主机的动作要求选择气缸和气缸的安装形式，而气缸的安装形式与气缸的运动、主机的结构、空间有关。

(2) 气缸内径的确定　由作用在活塞杆上的工作载荷和初选的工作压力，利用下述公式计算出缸径 D。单活塞杆双作用气缸是广泛使用的气缸。当活塞杆输出推力 F_1 克服载荷做功时，气缸内径为

$$D=\sqrt{4F_1/(\pi p\eta)} \tag{6.7}$$

式中，D 为气缸内径，m；F_1 为活塞上的推力或称工作载荷，N；p 为初选的工作压力，Pa，一般为 $p=(0.3\sim1)\text{MPa}$；η 为总机械效率，当气缸动态性能要求和工作频率较高时，取 $\eta=0.3\sim0.5$，速度低时取大值，速度高时取小值，当气缸动态性能要求一般，工作频率较低时，可取 $\eta=0.7\sim0.85$。

当活塞杆输出拉力 F_2 克服载荷做功时，气缸内径为

$$D=\sqrt{\frac{4F_2}{\pi p\eta}+d^2} \tag{6.8}$$

式中，F_2 为活塞杆的拉力，N；d 为根据拉力预先估定的活塞杆直径，m，估定活塞杆直径可按 $d/D=0.2\sim0.3$（也可按 $d/D=0.16\sim0.4$）选取。

把 $d/D=0.16\sim0.4$ 代入式 (6.8)，则可得

$$D=(1.01\sim1.09)\sqrt{\frac{4F_2}{\pi p\eta}} \tag{6.9}$$

式中，系数在缸径较大时取小值，在缸径较小时取大值。

单作用气缸直径为

$$D=\sqrt{\frac{4(F_1+F_t)}{\pi p\eta}} \tag{6.10}$$

式中，D 为气缸直径，m；F_1 为活塞杆输出推力，N；p 为初选的工作压力，Pa；F_t 为压缩弹簧的反作用力，N。

弹簧反作用力的计算公式为

$$F_t=C(L+S) \tag{6.11}$$

式中，L 为弹簧预压缩量，m；S 为活塞行程，m；C 为弹簧刚度，N/m。

(3) 气缸结构设计

① 选用标准气缸　依据气缸产品样本，查出所选气缸的安装尺寸、气缸的接管连接尺寸、气缸的外形尺寸等，作为设计和选用其他元件的参数。

② 设计制造气缸　由于特殊的工作要求，没有可供选择的标准气缸时，要自行设计并制作气缸，详见有关设计手册。

(4) 气缸耗气量的计算　气缸耗气量与气缸的直径 D、行程 S、缸的动作时间和换向阀到气缸管道的容积有关。忽略气缸管道容积时，则气缸的单位时间压缩空气消耗量按下式计算

$$q=q_1=\frac{\pi}{4}\frac{D^2S}{t_1} \tag{6.12}$$

$$q=q_2=\frac{\pi}{4}\frac{(D^2-d^2)S}{t_2} \tag{6.13}$$

式中，q 为每秒钟压缩空气消耗量，m^3/s；q_1 为气缸无活塞杆端进气时或柱塞缸的压缩空气消耗量，m^3/s；q_2 为气缸有活塞杆端进气时压缩空气消耗量，m^3/s；D 为气缸内径，m；d 为活塞杆直径，m；t_1 为气缸活塞杆伸出时所需时间，s；t_2 为气缸活塞杆缩回时所需时间，s；S 为气缸的行程，m。

为了便于选用空气压缩机，应把压缩空气消耗量换算为自由空气消耗量。

$$q'=q(p+p_a)/p_a \tag{6.14}$$

式中，q' 为每秒钟自由空气消耗量，m^3/s；p 为气缸的工作压力（表压力），Pa；p_a 为标准大气压，$p_a=1.013\times10^5$ Pa。

6.2.1.3 设计和拟定气动系统原理图

设计的气动系统，回路简单或程序动作简单时，可采用“类比设计法”，即可借鉴一些基本回路及常用回路或者参照现有成功应用的回路，适当补充、局部修改而成。这种设计法只是在启动控制方式、自动或手动、急停、循环选择等方面对原设计加以补充修改。

程序控制回路的设计可采用逻辑设计法设计。通常用信号-动作线图法（X-D 线图法）和卡诺图法（参考有关设计手册）。卡诺图法适用于执行元件不超过五六个的逻辑回路。当执行元件数量过多时，即使用 X-D 线图法也要相当大的工作量。随着 PC（可编程序控制器）的发展，气动系统可由 PC 实现程序控制。

气动回路设计的一般步骤如下。

① 根据主机的工作要求，绘制执行元件的工作程序图，或动作状态时序图。

② 采用 X-D 线图设计法，由工作程序图再绘出 X-D 线图。若用卡诺图设计法时，也可由动作状态时序图绘出卡诺图。

③ 由 X-D 线图或卡诺图画出系统的逻辑原理图。

④ 利用系统的逻辑原理图，并参考各种气动基本回路和常用回路，用元件图形符号代替逻辑符号，绘出气动系统回路图。

由于逻辑原理图能用几种不同的控制方案来实现，如气控、电控、电-气控等，而每种控制方案都可绘出其控制回路图，这对方案的比较是方便和有利的。

气动系统回路原理图绘出后，还必须考虑对气动系统中各执行机构的运动速度、输出力进行调节的方案；动作部分与控制部分的连接方案；控制元件采用集中布置还是分散布置以及排气的管理方式、空气质量和润滑管理等。

6.2.1.4 选择控制元件

常用于气动控制系统的控制元件有电磁阀、气控阀和气动逻辑元件。这三种类型的控制元件由于结构上的不同，在性能上各有所长，在实现同一控制目的时可按要求选择。电磁阀结构形式和规格繁多，适合于可编程序控制器控制的气动回路；直动式电磁阀若使用交流电磁铁时，万一阀芯换向不灵或卡死，易烧毁交流电磁铁线圈，因而其可靠性较气控阀和气动逻辑元件的为差；电磁阀对恶劣环境（如高温、潮湿、粉尘多、易爆、易燃等）的适应性较差，而气控阀和气动逻辑元件对环境的适应性较强；电磁阀对控制信号的响应速度快，气控阀对控制信号的响应时间要十几毫秒，气动逻辑元件的响应时间要几毫秒乃至十几秒；气动逻辑元件的体积较小；电磁阀和气动逻辑元件的系统组成性（即连接、调试、匹配）优于气控阀。

根据执行元件的规格，在确定方向控制阀时，必须明确流量特性、响应特性、工作温度范围、安装尺寸、最低工作压力和所用润滑油等各项性能。控制阀的这些特性必须和执行元件相匹配，以符合系统的要求。

流量控制阀的好坏对气缸的平稳运动有很大的影响，应根据流量控制阀与执行元件的工作速度范围确定流量控制阀的规格。

选择控制元件规格的主要参数是元件的通径。根据控制阀的流量特性和工作压力初选阀的通径，应使阀的实际计算流量小于表中的额定流量。然后使所选阀的通径与连接的管道直径或其他元件的连接直径相匹配，尽量避免异径管连接。

各种逻辑元件的通径常为2.5～3mm。当选定某种类型的逻辑元件时，其相应的通径也就定了。

气动系统对减压阀或定值器的选择，必须考虑压力调整范围。

6.2.1.5 选择气动辅件

气动辅件也是气动控制装置的重要组成部分，不论回路的设计方案有多好，若气动辅件使用不当也不能成功。气动辅件包括油水分离器、滤气器、油雾器、消声器、气罐、干燥机、管道等。

（1）空气过滤器的选用　由于饱和蒸气压的关系，其安装处最好是温度尽量低，且靠近气动装置的地方，以便供给系统清洁干燥的压缩空气。其类型可根据执行元件和控制元件的过滤精度而定。

① 操纵气缸等一般气动回路及截止阀等，取过滤精度50～70μm。

② 用空气压力使金属部件之间作高速相对运动的场合（如操纵气马达等），以及像喷雾润滑那样向机械部件的滑动部分吹入空气的场合，取过滤精度≤50μm。

③ 气动精密测量装置所用的空气、金属硬配合滑阀等，取过滤精度5～10μm。

必须指出，由于进入空气过滤器的空气是指已通过压缩机、后冷却器、油水分离器、气罐的空气，空气质量不同，上述数据有时要适当变化。

空气过滤器的通径应与减压阀相同。

（2）油雾器的选用　油雾器的性能指标有：流量特性、喷雾特性、响应速度、油雾均匀性等。油雾器的规格与类型，应根据空气流量和对油雾颗粒的大小要求来选用。当与减压阀、过滤器串联，组合成三联件使用时，其三者通径应取相同值。

(3) 消声器的选用　消声器是一种能降低一般气动装置产生空气动力性噪声的元件，一般多安装在气动元件的排气口上或装置的排气管口上。对中、高频噪声，应选用吸收型消声器；在主要是中、低频噪声的场合，应选用膨胀干涉型消声器；要求消声效果特别好时，可选用膨胀干涉型消声器。

(4) 气罐的选用　气罐有立式和卧式两种，一般采用立式较多。立式结构对空气的净化、排污较为有利，占地面积小。卧式结构在移动的场合（如车辆、空气压缩机车等）使用较多，由于高度不大，有利于移动。气罐的主要参数是储气容积，可根据工作要求的耗气量和工作压力来决定。

(5) 确定管道直径　压缩空气管道的管径是根据压缩空气流量来确定的。不同的管段应采用不同的计算流量作为计算管径和压力降的依据。然后必须用计算得到的管径和流量来验算压力降，使压力损失在根据技术经济分析推荐的经验数据范围内。若验算出来的压力降数值超过允许的范围时，应采取增大管径以降低流速的办法来解决。

(6) 选择空气压缩机　空气压缩机是根据气动系统所需要的工作压力和流量两个主要参数来选择的，具体可参考有关设计手册，此处不再赘述。

6.2.2 设计气动系统时应注意的事项

(1) 气动装置前的气源应适当净化　为保证气动装置的工作效率，避免意外事故、误动作等，必须对进入气动装置的压缩空气进行净化处理。

对于低温环境（冬天在－10℃以下）下工作的气动装置，为防止压缩空气中的水分凝结成冰，造成气动装置动作失灵，必须加强压缩空气的除水、干燥处理，以保证气动装置的正常工作。对严寒的北方地区，可在空气压缩机输出口后的过滤器的后面串接乙醇定量装置，使压缩空气经过该装置时溶入适量的乙醇，以降低空气中水分的凝固点。

(2) 元件质量必须保证，选用要匹配　元件的质量必须保证，质量不佳的阀类元件，会使电磁铁线圈容易烧毁；磨损造成的泄漏，往往造成气动装置的误动作或停车，致使生产效率降低。

元件的选用要匹配，选择不当会使气动装置不能有效地工作。例如，在焊接设备及其周围的气动设备上，必须选用难燃性的尼龙（TR）和软尼龙（TRS）系列软管；在温度大于60～80℃的环境中，应选用耐高温的密封材质，如聚氨酯橡胶允许在－20～100℃范围内工作。

(3) 必须有可靠的安全保护措施　设计气动系统时，应考虑系统的正常工作和人身安全，如考虑系统在突然停电、紧急停车及重新开车时的联锁保护装置。

在突然停电时，空气压缩机停止生产压缩空气，气罐内储存的压缩空气应能供应一定时间，因此，气罐容积应按这一要求来进行设计；为保证气动装备和人身安全，气罐的制造单位必须持有压力容器生产许可证；在气罐上必须设置安全阀，以保证超压时卸压；为防止气压降低到最低压力后发生故障，应设置安全保护和显示装置，如压力继电器及指示灯。

使用电磁控制阀的气动系统，如在生产过程中发生停电和烧毁线圈（尤其是单电控气阀，在弹簧力作用下阀立即复位，引起执行装置的误动作）会导致生产过程的严重事故，如损坏机械设备或出人身事故等，应引起足够重视。

在采用行程程序控制时，如在要求几个控制阀动作的先后次序十分严格的情况下，从安全性考虑，可采用如图 6.10 所示的机械联锁装置。

采用行程程序控制的设备，在异常情况下需紧急停车时，在设计中应考虑安装“急停”

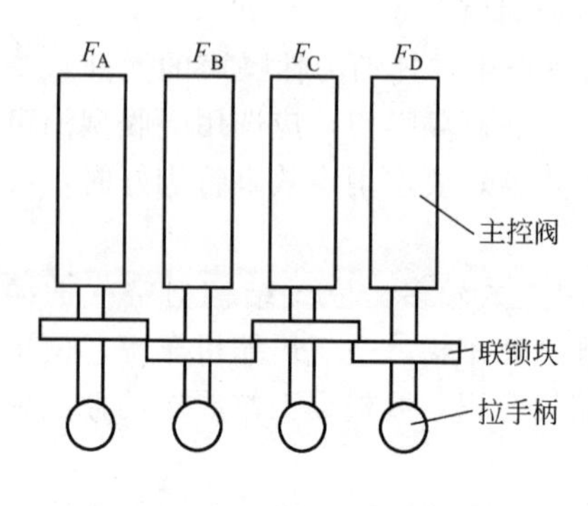

图 6.10 主控阀的机械联锁装置

开关。使机器在生产中按下“急停”开关后，能立即停在原位或全部恢复到安全工作位置，然后进行事故处理。

(4) 环境保护 气动装置在生产过程中造成环境的污染主要是排气中含有的油雾和气动设备发出的噪声。

排气中的油雾会对现场操作人员和气动设备所加工的产品，如食品、药品、纺织品、印刷品等，带来不良的后果。为此可将各排气口用管道集中到一起，使排出的气体通过回路油雾洁净器、集液器等元件，将排气中的润滑油与气体分离并收集，避免浪费和污染。

气动装置的噪声主要是排气噪声和气源中空气压缩机或鼓风机发出的噪声。排气噪声的大小与阀进出口的压力差、阀开启的速度、排气量和阀前后的空气通道形状有关。为降低此类噪声，应在排气口安装合适的消声器。至于气源设备的工作噪声，可选用低噪声的空气压缩机，如使用螺杆式空气压缩机代替活塞式压缩机等。另一方法是把气源设备安装在单独的操作室并予以隔音，从而降低环境噪声。

6.3 习　　题

习题 6-1 设计一台专用钻床液压系统，此系统应能完成快速进给→工作进给→快速退回→原位停止的工作循环。设计的原始数据如下：最大轴向切削力 12000N，动力头自重 20000N，快速进给行程 $S_1=100$mm，工作进给行程 $S_2=50$mm，快进和快退速度 $v_{max}=6$m/min，加、减速时间 $\Delta t\leqslant 0.2$s，工作速度要求无级调速，$v_2=50\sim100$mm/min，动力头为平导轨，水平放置，摩擦系数 $f_d=0.1$，$f_s=0.2$ (其中 f_d是动摩擦系数，f_s是静摩擦系数)。

习题 6-2 设计一台双面钻孔卧式组合机床进给系统及其装置。机床的工作循环为工件夹紧→左、右动力部件快进→左、右动力部件工进→左动力部件快退、右动力部件继续工进→左动力部件停止、右动力部件快退→左、右动力部件皆停止，工件松开。知工件的夹紧力为 8×10^3N，两侧加工切削负载皆为 15×10^3N，工作部件的重量皆为 9.8×10^3N，快进、快退速度为 5m/min，工进速度为 55mm/min，快进行程为 100mm，左动力部件工进行程为 50mm，右动力部件工进行程为 80mm，往复运动的加速、减速时间为 0.2s，滑动台为平导轨，静、动摩擦系数分别为 0.2 和 0.1。

习题 6-3 一台专用铣床，铣头驱动电动机的功率为 7.5kW，铣刀直径为 150mm，转速为 300r/min，切削力为 20kN，工作台重量为 4×10^3N，工件和夹具最大重量为 1.8×10^3N，工作台行程为 500mm（快进 350mm，工进 150mm），快进速度为 50～800mm/min，往返加速（减速）时间为 0.1s，工作台为平导轨，静摩擦系数 $f_s=0.2$，动摩擦系数 $f_d=0.1$。

习题 6-4 设计一台加工垂直孔（有数个圆柱孔和圆锥孔）和水平孔（不通孔）的专用组合机床，主机的工况要求如下。

(1) 工作性能和动作循环。

立置动力滑台，所加工孔的粗糙度和尺寸要求较高，换向精度要求也较高，故在滑台终点加死挡铁停留。为了满足扩锥孔的进给量的要求而设置第二次工进（慢速)。其动作循环为快进→Ⅰ工进→Ⅱ工进→死挡块停留→快退至原位停止。卧置动力滑台的动作循环为快进→工进→停留→快退至原位停止。

(2) 运动和动力系数。

滑台名称	切削力/N		移动件 G/N	速度 v/(m/min)			行程 S/mm				启动制动时间 Δt/s
	Ⅰ工进	Ⅱ工进		快进	Ⅰ工进	Ⅱ工进	快进	Ⅰ工进	Ⅱ工进	快退	
立置滑台	12000	4000	25000	4.5	0.045	0.028	207	35	8	250	0.2
卧置滑台	3000		3200	6	0.025		160	40		202	0.2

立置滑台宽 320mm，采用平导轨。卧置滑台宽 200mm，采用平面和 V 形（$\alpha=90°$）导轨组合方式，静摩擦系数 $f_s=0.2$，动摩擦系数 $f_d=0.1$。

(3) 自动化程度。

采用电液结合方式实现自动循环。为提高效率，要求二滑台同时实现工作循环，但要防止互相干扰。

习题 6-5 专用铣床工作台重量为 3000N，工件及夹具最大重量为 1000N，切削力最大达 9000N，工作台的快进速度为 4.5m/min，进给速度为 60～1000mm/min，行程为 400mm（其中快进 340mm、工进 60mm）。工作循环为快进→工进→快退→原位停止。工作台往返运动的加速、减速时间为 0.05s，假定工作台采用平面导轨，其摩擦系数 $f_s=0.2$，$f_d=0.1$，试设计其液压系统。

习题 6-6 某厂需设计一台钻镗专用机床，加工铸铁的箱型零件上的孔系，要求孔的加工精度为二级。加工完成的工作循环是快进→工进→快退→原位停止。加工时最大切削力 12000N，动力头自重 20000N，工作进给速度要求能在 20～1200mm/min 内进行无级调速，快进和快退速度均为 6m/min。动力头的导轨形式为平导轨，最大行程为 400mm（其中快进 350mm，工进 50mm）。机加工时要求动力头快进转工进时平稳，加工终了时动力头自动退回到原位，并发出原位电气信号，为下次加工做准备。为使装拆工件和调整刀具方便，希望动力头可以手动调整进退并能中途停止。试设计该液压系统（$f_s=0.2$，$f_d=0.1$）。

习题 6-7 设计一台钻镗两用组合机床液压系统，完成 6 个 ϕ16mm 孔的加工进给传动。该系统的工作循环是快速进给→工作进给→快速退回→原位停止。设计的原始数据如下：快进、快退速度均为 4.5m/min（0.075m/s），工进速度应能在 20～120mm/min（0.0003～0.002m/s）范围内无级调速，最大行程为 400mm（其中工作行程为 180mm），最大切削力为 20kN，运动部件自重为 20kN，启动换向时间 $\Delta t=0.05$s，采用水平放置的平导轨，动摩擦系数 $f_d=0.1$，静摩擦系数 $f_s=0.2$。

习题 6-8 试为冲压机设计一气动系统。已知该冲压机有 A、B 两个气缸，A 为夹紧缸，需要的压力较低；B 为冲压缸，需要的压力较高且要快速冲压。要求画出系统原理图。

部分习题参考答案

习题 1.1-1：(1) 156N；(2) 39.8MPa；(3) 1.25mm。

习题 1.1-2：(1) 169N；(2) 40.6MPa；(3) 1.09mm。

习题 1.1-3：8350Pa。

习题 1.1-4：6.37MPa；2.83MPa。

习题 1.1-5：$1463cm^3/s$。

习题 1.2-1：(1) 0.938；(2) 84.77kW；(3) 0.928；(4) 852N·m。

习题 1.2-3：(1) 输出功率 0.9kW；(2) 输入功率 1.05kW。

习题 1.2-4：(1) $q_t = 159.6$ L/min；(2) $\eta_v = 0.94$；(3) $\eta_m = 0.925$；(4) $P = 84.77$ kW；(5) $T = 852.1$N·m。

习题 1.3-1：(1) $n_M = 81$r/min；(2) $T = 369.8$N·m。

习题 1.3-2：(1) 3.5L/min；(2) 36.9×10^5Pa。

习题 1.3-3：(1) 2.69kW；(2) 2.18kW；(3) 1174.5r/min，13.6N·m，1.67kW。

习题 1.3-4：$\frac{Av}{Av+\Delta Q}$，$\frac{Av}{Q}$或$\frac{Q-\Delta Q}{Q}$；$\frac{F_L}{pA}$，$\frac{F_L}{F_L+f}$或$\frac{pA-f}{pA}$。

习题 1.3-5：$V=\frac{4Q}{\pi(d^2-d_0^2)}$，$F=p\frac{1}{4}\pi(d^2-d_0^2)$。

习题 1.3-6：$v_{左}=\frac{4Q}{\pi d_1^2}$，$F_{左}=p\frac{1}{4}\pi d_1^2$；$v_{右}=\frac{4Q}{\pi d_2^2}$，$F_{右}=p\frac{1}{4}\pi d_2^2$。

习题 1.3-7：$\frac{pA_3A_2}{A_1}$，$\frac{QA_1}{A_3A_2}$；pA_1，$\frac{Q}{A_1}$。

习题 1.3-8：(1) 缸动作顺序：缸Ⅰ，缸Ⅱ，缸Ⅲ。(2) 泵的工作压力：20×10^5Pa（缸Ⅰ动时）；30×10^5Pa（缸Ⅱ动时）；40×10^5Pa（缸Ⅲ动时）；50×10^5Pa（三缸停止时）。(3) 缸运动的速度都是 q/A。

习题 1.3-9：(a) $F=\frac{\pi}{4}p(D^2-d^2)$；$v=\frac{4q}{\pi(D^2-d^2)}$；缸体向左移动，杆受拉；(b) $F=\frac{\pi}{4}pd^2$；$v=\frac{4q}{\pi d^2}$；缸体向右移动，杆受压；(c) $F=\frac{\pi}{4}pd^2$；$v=\frac{4q}{\pi d^2}$；缸体向右移动，柱塞受压。

习题 1.3-10：(1) $F_1 = 5000$N；$v_1 = 120$cm/min；$v_2 = 96$cm/min；(2) $F_1 = 5400$N；$F_2 = 4500$N；(3) 11250N。

习题 1.3-11：(1) 1000r/min，0；(2) 79.6N·m；(3) 8.33kW。

习题 1.3-12：(1) 100mm，70mm；(2) 4.9mm。

习题 1.4-12：

中位机能 / 特性	O	P	M	Y	H
系统保压	√			√	
系统卸荷			√		√
换向精度高	√		√		
启动平稳	√	√	√		
浮　　动		√		√	√

习题 1.4-13：Y 型。

习题 1.4-16：2MPa；3MPa。

习题 1.4-17：2MPa；6MPa。

习题 1.4-18：(1) 4；(2) 2；(3) 0。

习题 2-4：(a) $p_A=p_B=2$MPa；$p_A=5$MPa，$p_B=3$MPa；(b) $p_A=3$MPa，$p_B=2$MPa；$p_A=p_B=5$MPa。

习题 2-5：(1) $p_A=4$MPa，$p_B=4$MPa，$p_C=2$MPa；(2) 运动时：$p_A=p_B=3.5$MPa，$p_C=2$MPa；到终点时：$p_A=p_B=4$MPa，$p_C=2$MPa；(3) 运动时：$p_A=p_C=0$MPa，$p_B=0$MPa；到终点时：$p_A=p_B=4$MPa，$p_C=2$MPa。

习题 2-7：(1) 200cm/min，2MPa；(2) 0，2.4MPa；(3) 63cm/min，2.4MPa。

习题 2-8：(1) 3.33MPa；(2) 速度 u 增加两倍。

习题 2-9：(1) A、B、C 点的压力，在夹紧缸运动时，为 5×10^5Pa、5×10^5Pa、5×10^5Pa；在进给缸运动时，为 16×10^5Pa、减压阀调整压力、14×10^5Pa；(2) 25×10^5Pa；(3) 泵、节流阀、溢流阀、减压阀选 25L/min，背压阀选 16L/min。

习题 2-10：(1) 4MPa，4MPa；(2) 1MPa，3MPa；(3) 5MPa，5MPa。

习题 2-11：$p_X>p_Y$ 时，泵压力为 p_Y；$p_X<p_Y$ 时，泵压力为 p_X；对调位置后，泵出口处的压力为 p_X+p_Y。

习题 2-12：(1) $p_p=p_A=p_B=6$MPa，$p_C=1.5\sim6$MPa，视阀的泄露情况而定；(2) $p_p=p_A=p_B=4.5$MPa，$p_C=0$。

习题 2-13：

电磁铁工作状态		压力值/MPa	
1DT	2DT	*A* 点	*B* 点
−	−	0	0
+	−	0	2
−	+	4	4
+	+	4	6

习题 2-14：运动时 $p_A=p_B=p_C=0.8$MPa；停止时 $p_A=3.5$MPa，$p_B=4.5$MPa，$p_C=2$MPa。

习题 2-15：$v_{左}=\dfrac{q_p}{A_B+A_C-A_A}$；$v_{右}=\dfrac{q_p}{A_A-A_B}$。

习题 2-16：

动作名称	电磁铁工作状态			
	1DT	2DT	3DT	4DT
快进	+	−	+	−
工进(1)	+	−	−	+
工进(2)	+	−	−	−
快退	−	+	−	−
停止	−	−	−	−

习题 2-17：$p_J=1$MPa 时缸Ⅰ移动，缸Ⅱ不动；$p_J=2$MPa 时缸Ⅰ、缸Ⅱ同时动作；$p_J=4$MPa 时缸Ⅱ移动，停止后缸Ⅰ再移动。

习题 2-19：

动作名称	电磁铁工作状态			
	1DT	2DT	3DT	4DT
快进	+	−	+	−
工进(1)	+	−	−	−
工进(2)	+	−	−	+
快退	−	+	+	−
停止	−	−	−	−

附　　录

附录 A　常用液压与气动元件图形符号（摘自 GB 786.1—93）

名　称	符　号	名　称	符　号
单向定量液压泵	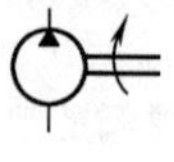	定量液压泵-马达	
双向定量液压泵		变量液压泵-马达	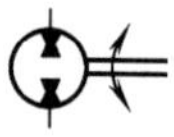
单向变量液压泵		液压整体式传动装置	
双向变量液压泵		摆动马达	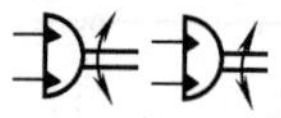
单向定量马达	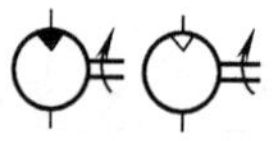	单作用弹簧复位缸	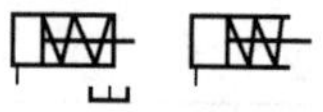
双向定量马达	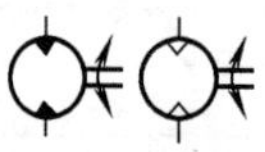	单作用伸缩缸	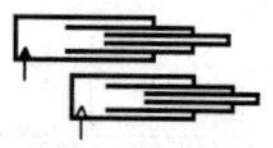
单向变量马达	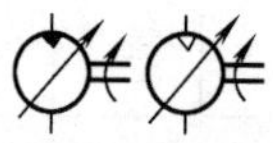	双作用单活塞杆缸	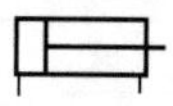
双向变量马达		双作用双活塞杆缸	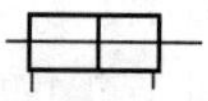
单向缓冲缸	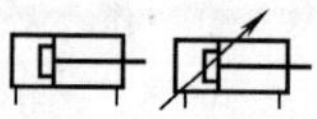	双作用伸缩缸	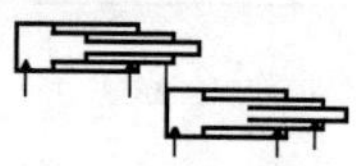
双向缓冲缸	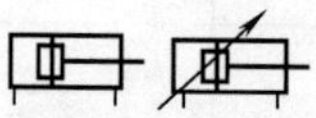	增压器	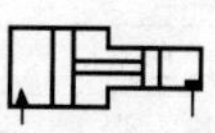

续表

名称	符号	名称	符号
直动式溢流阀		直动式顺序阀	
先导式溢流阀		先导式顺序阀	
先导式比例电磁溢流阀		单向顺序阀(平衡阀)	
卸荷溢流阀		集流阀	
双向溢流阀		分流阀	
直动式减压阀		单向阀	
先导式减压阀		可调节流阀	
直动式卸荷阀		可调单向节流阀	
制动阀		减速阀	
不可调节流阀		带消声器的节流阀	
溢流减压阀		调速阀	
先导式比例电磁式溢流阀		温度补偿调速阀	
定比减压阀		旁通型调速阀	
定差减压阀		单向调速阀	
		分流集流阀	

续表

名　称	符　号	名　称	符　号
三位四通换向阀		空气过滤器	
三位五通换向阀		除油器	
液控单向阀		空气干燥器	
液压锁		油雾器	
		气源调节装置	
或门型梭阀		冷却器	
与门型梭阀		加热器	
		蓄能器	
快速排气阀		气罐	
二位二通换向阀		压力计	
二位三通换向阀		液面计	
二位四通换向阀		温度计	
		流量计	
二位五通换向阀		压力继电器	
三位四通电液伺服阀		消声器	
温度调节器		液压源	
过滤器		气压源	
磁芯过滤器		电动机	M
污染指示过滤器		原动机	M
分水排水器		气-液转换器	

附录 B　常用电气图图形文字符号新旧对照表

名　称	GB 312—64 图形符号	GB 1203—75 文字符号	GB 4728—85 图形符号	GB 7159—87 文字符号
直流电				
交流电				
交直流电				
正、负极	+ −		+ −	
三角形连接的三相绕组				
星形连接的三相绕组				
导线				
三根导线				
导线连接				
端子				
可拆卸的端子				
端子板	12345678	JX	12345678	XT
接地				E
插座		CZ		XS
插头		CT		XI
滑动(滚动)连接器				E
电阻器一般符号		R		R
可变(可调)电阻器		R		R
滑动触点电位器		W		RP
电容器一般符号		C		C
极性电容器		C		C
电感器、线圈、绕组、扼流圈		L		L
带铁芯的电感器		L		L

续表

名称	GB 312—64 图形符号	GB 1203—75 文字符号	GB 4728—85 图形符号	GB 7159—87 文字符号
电抗器		K		L
可调压的单相自耦变压器		ZOB		T
有铁芯的双绕组变压器		B		T
星形连接三相自耦变压器		ZOB		T
电流互感器		LH		TA
他励直流电动机	D	ZD	M	M
三相笼形异步电动机	D	JD	M 3～	M 3～
三相绕线型异步电动机	D	JD	M 3～	M 3～
普通刀开关		K		Q
普通三相刀开关		K		Q
按钮开关动合触点（启动按钮）		QA		SB
按钮开关动断触点（停止按钮）		TA		SB
位置开关动合触点		XK		SQ

续表

名　　称	GB 312—64 图形符号	GB 1203—75 文字符号	GB 4728—85 图形符号	GB 7159—87 文字符号
位置开关动断触点		XK		SQ
熔断器		RD		FU
接触器动合主触点		C		KM
接触器动合辅助触点				
接触器动断主触点				
接触器动断辅助触点				
继电器动合触点		J		KA
继电器动断触点		J		KA
热继电器动合触点		RJ		FR
热继电器动断触点		RJ		FR
延时闭合的动合触点		SJ		KT
延时断开的动合触点		SJ		KT
延时闭合的动断触点		SJ		KT
延时断开的动断触点		SJ		KT

续表

名称	GB 312—64 图形符号	GB 1203—75 文字符号	GB 4728—85 图形符号	GB 7159—87 文字符号
接近开关动合触点		JK		SP
接近开关动断触点		JK		SP
气压式液压继电器动合触点		YJ		KP
气压式液压继电器动断触点		YJ		KP
速度继电器动合触点		SDJ		KV
速度继电器动断触点		SDJ		KV
操作器件一般符号 接触器线圈		C		KM
缓慢释放继电器的线圈		SJ		KT
缓慢吸合继电器的线圈		SJ		KT
热继电器的驱动器件		RJ		FR
电磁离合器		CLH		YC

续表

名　　称	GB 312—64 图形符号	GB 1203—75 文字符号	GB 4728—85 图形符号	GB 7159—87 文字符号
电磁阀	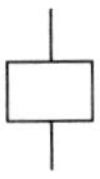	YD		YV
电磁制动器	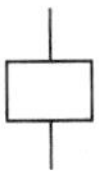	ZC		YB
电磁铁	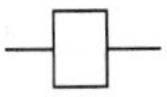	DT	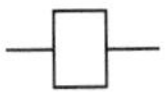	YA
照明灯一般符号	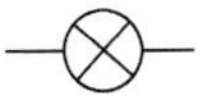	ZD	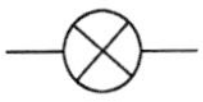	EL
指示灯/信号灯一般符号		ZSD/XD	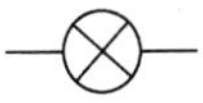	HL
电铃		DL		HA
电喇叭	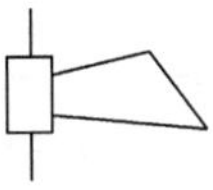	LB	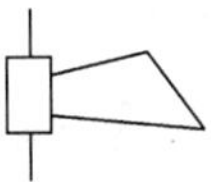	HA
蜂鸣器		FM		HA
电警笛、报警器		JD		HA
普通二极管		D		VD
普通晶闸管		T SCR KP	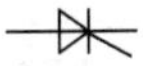	VT
稳压二极管		DW CW	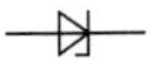	VS
PNP 三极管	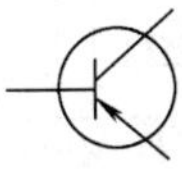	BG	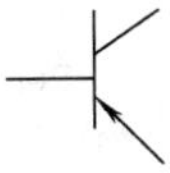	VT
NPN 三极管	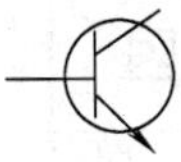	BG	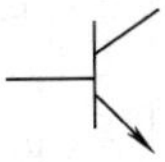	VT

附录C 叠加阀系列型谱（ϕ10mm）

元件名称	图形符号	型号	公称流量/(L/min)	阀高/mm	备注
溢流阀	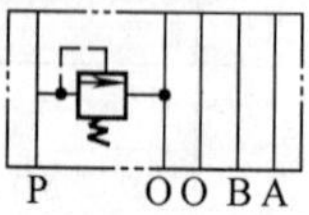 P OOBA	Y_1-F※10D-P/O-1	40	50	※分 a. c 二级
	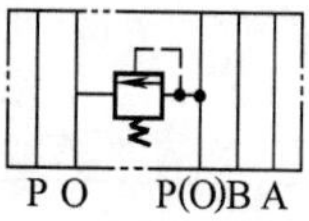 PO P(O)BA	Y_1-F※6/10D-P_1/O-1	10	50	
	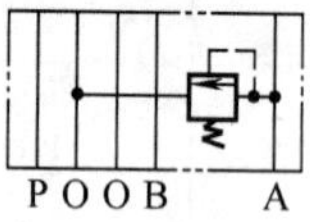 POOB A	Y_1-F※10D-A/O	40	50	
	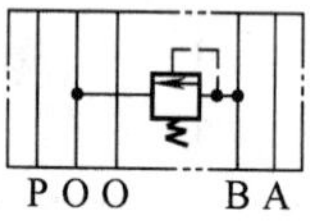 POO BA	Y_1-F※10D-B/O	40	50	
	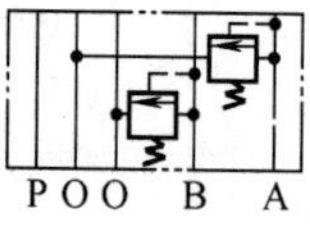 POO B A	$2Y_1$-F※10D-AB/O-1	40	50	
电磁溢流阀	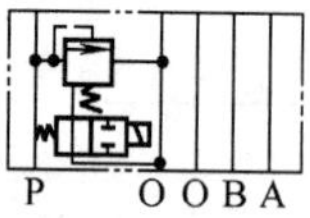 P OOBA	Y_1EH-F※10D-P/O-1	40	55	
减压阀	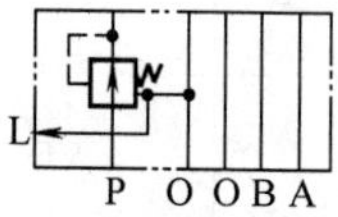 L P OOBA	J-F※10D-P-1	40	60	
	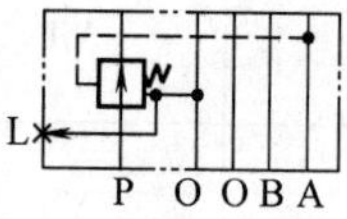 L P OOBA	J-F※10D-P(A)-1	40		
	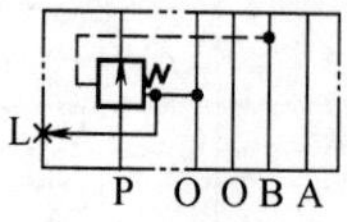 L P OOBA	J-F※10D-P(B)-1	40		
单向顺序阀	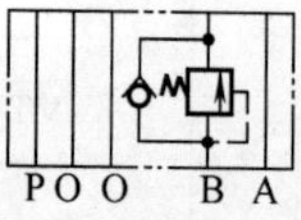 POO B A	XA-F_f6/10D-B-1	10	60	
		XA-Fa10D-B	40		

元件名称	图形符号	型号	公称流量/(L/min)	阀高/mm	备注
顺序阀	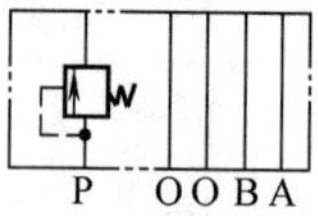 P OOBA	X-F※10D-P-1	40	60	※分 g. a 二级
	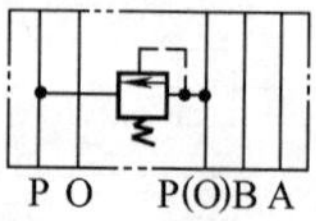 PO P(O)BA	X_1-F※6/10D-P_1/P-1	10	55	※分 a. c 二级
	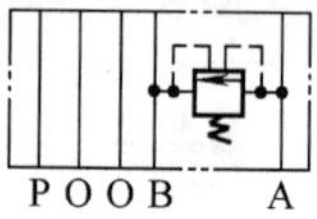 POOB A	2X-F※10D-AB/BA-1	40	40	
外控顺序阀	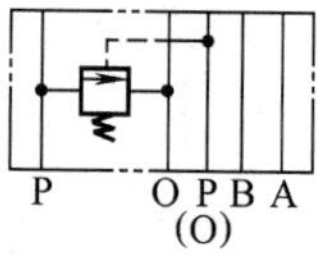 P OPBA (O)	XY-F※10D-P/O(P_1)-1	40	60	※分 g. a 二级
外控单向顺序阀	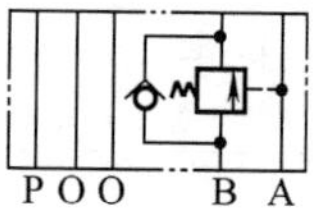 POO BA	XYA-F※10D-B(A)-1	40	60	
顺序节流阀	 PO P(O)BA	XYL-F_g6/10D-P_1/P(A)-1	10	40	
顺序背压阀	POO B A	BXY-F_g6/10D-B(A)-1	40	60	
节流阀	P OOBA	L-F10D-P-1	40	50	
	P O OBA	L-F10D-O-1	40	50	
	PO P(O)BA	L-F6/10D-P_1/P-1	10	40	

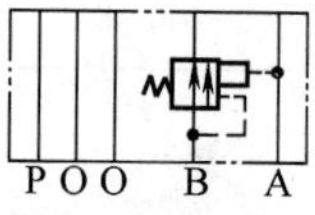

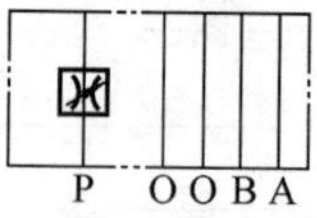

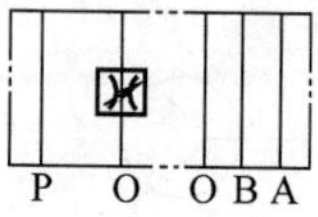

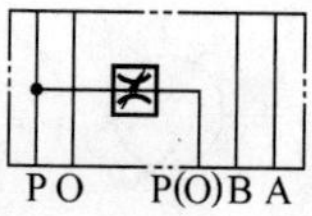

续表

元件名称	图形符号	型号	公称流量/(L/min)	阀高/mm	备注
溢流阀	P OO B A	Y_1-F※10D-P/O-1	40	50	※分 a. c 二级
	P O P(O) B A	Y_1-F※6/10D-P_1/O-1	10	50	
	P O O B A	Y_1-F※10D-A/O	40	50	
	P O O B A	Y_1-F※10D-B/O	40	50	
	P O O B A	2Y_1-F※10D-AB/O-1	40	50	
电磁溢流阀	P O O B A	Y_1EH-F※10D-P/O-1	40	55	
减压阀	L P O O B A	J-F※10D-P-1	40	60	
	L P O O B A	J-F※10D-P(A)-1	40		
	L P O O B A	J-F※10D-P(B)-1	40		
单向顺序阀	P O O B A	XA-F_f6/10D-B-1	10	60	
		XA-Fa10D-B	40		
顺序阀	P O O B A	X-F※10D-P-1	40	60	※分 g. a 二级
	P O P(O) B A	X_1-F※6/10D-P_1/P-1	10	55	※分 a. c 二级
	P O O B A	2X-F※10D-AB/BA-1	40	40	
外控顺序阀	P O P B A (O)	XY-F※10D-P/O(P_1)-1	40	60	※分 g. a 二级
外控单向顺序阀	P O O B A	XYA-F※10D-B(A)-1	40	60	
顺序节流阀	P O P(O) B A	XYL-F_g6/10D-P_1/P(A)-1	10	40	
顺序背压阀	P O O B A	BXY-F_g6/10D-B(A)-1	40	60	
节流阀	P O O B A	L-F10D-P-1	40	50	
	P O O B A	L-F10D-O-1	40	50	
	P O P(O) B A	L-F6/10D-P_1/P-1	10	40	

续表

元件名称	图形符号	型号	公称流量/(L/min)	阀高/mm	备注
单向阀	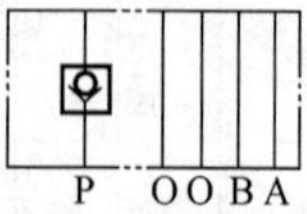 P OOBA	A-F10D-P	40	50	
	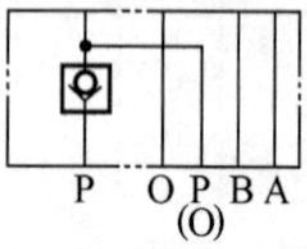 P OPBA (O)	A-F10D-P/PP_1	40	50	
	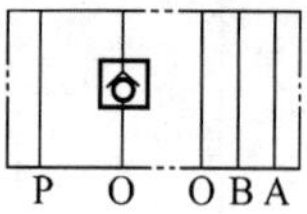 P O OBA	A-F10D-O	40	50	
	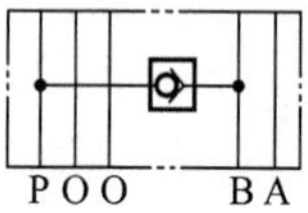 POO BA	A-F10D-B/P	40	50	
液控单向阀	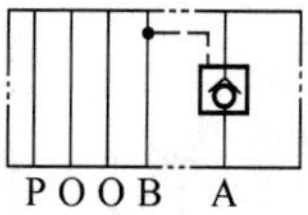 POOB A	AY-F10D-A(B)	40	50	
	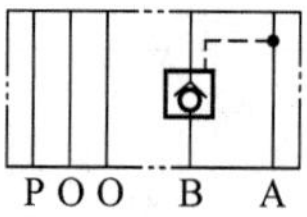 POO B A	AY-F10D-B(A)	40	50	
	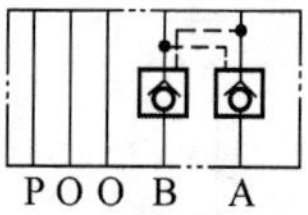 POO B A	2AY-F10D-AB(BA)	40	50	

元件名称	图形符号	型号	公称流量/(L/min)	阀高/mm	备注
压力继电器	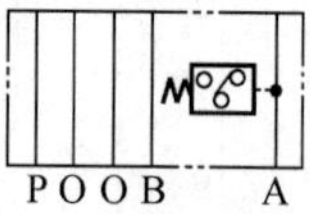 POOB A	PD-F※10D-A		50	※分a. c二级
	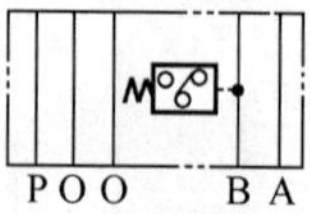 POO BA	PD-F※10D-B		50	
	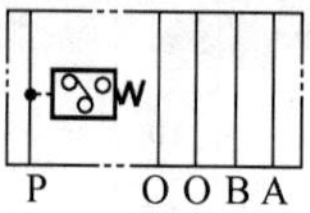 P OOBA	PD-F※10D-P		50	
压力继电器	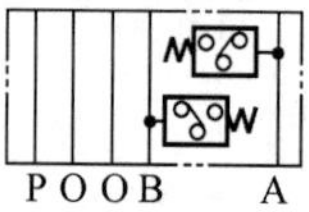 POOB A	2PD-F※10D-AB		50	※分a. c二级
压力表开关	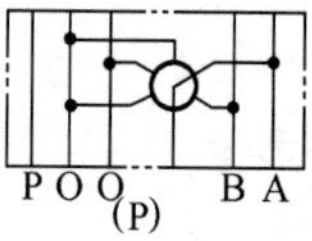 POO BA (P)	4K-F10D-1		50	

参考文献

1 尹佑盛．机械控制学．重庆：重庆出版社，1995

2 施进发．机械模块学．重庆：重庆出版社，1995

3 雷天觉．液压工程手册．北京：机械工业出版社，1990

4 薛祖德．液压传动．北京：中央广播电视大学出版社，1997

5 袁承训．液压与气动传动．北京：机械工业出版社，1995

6 骆简文．液压传动与控制．重庆：重庆大学出版社，1996

7 王懋瑶．液压传动与控制教程．天津：天津大学出版社，1987

8 张利平．液压气动系统设计手册．北京：机械工业出版社，1997

9 清华大学流体传动及控制研究室，上海工业大学流体传动及控制教研室编著．气压传动与控制．上海：上海科学技术出版社，1986

10 张磊．实用液压技术300题．北京：机械工业出版社，1988

11 杨培元．液压系统设计简明手册．北京：机械工业出版社，1997

12 徐炳辉．气动技术基础知识．液压与气动，1994

13 左健民．液压与气压传动．北京：机械工业出版社，2000

14 许福玲．液压与气压传动．北京：机械工业出版社，1996

15 陈鼎宁．机械设备控制技术．北京：机械工业出版社，1999

16 赫贵成．液压传动与气动．北京：冶金工业出版社，1981

17 赵应樾．液压控制阀及其修理．上海：上海交通大学出版社，1999

18 徐克林．气动技术基础．重庆：重庆大学出版社，1997

19 焦振学．机械电气控制技术．北京：北京理工大学出版社，1992

20 王光铨．机床电力拖动与控制．北京：机械工业出版社，1997

21 郗安民．机电系统原理及应用．北京：机械工业出版社，1999

22 陈远龄．机床电气自动控制．重庆：重庆大学出版社，1995

23 齐占庆．机床电气自动控制．北京：机械工业出版社，1985

24 刘金琪．机床电气自动控制．哈尔滨：哈尔滨工业大学出版社，1999

25 章宏甲．液压与气压传动．北京：机械工业出版社，2000

26 姜继海．液压传动．哈尔滨：哈尔滨工业大学出版社，1997

27 江苏省液压传动编写组．液压传动．南京：江苏科技出版社，1986

28 黄谊．机床液压传动习题集．北京：机械工业出版社，1994

29 徐长寿．设计叠加阀液压系统的几个基本原则．液压与气动，2001，(12)

30 陶亦亦．机械设备液压气压控制技术．南京：东南大学出版社，2001

31 徐长寿．制动气缸气压系统的几个基本原则．液压与气动，2004，(3)